信息技术人才培养系列规划教材

数据结构与算法
C语言篇

慕课版

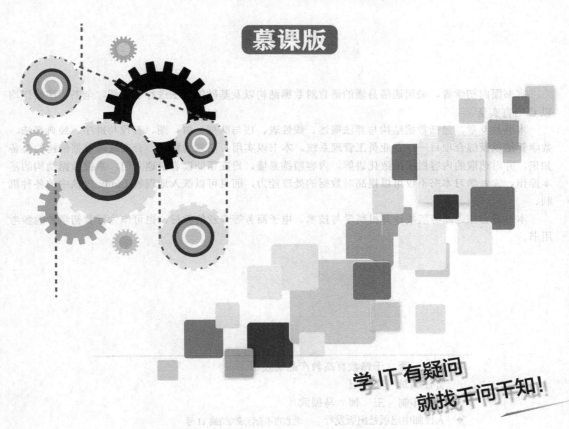

学IT 有疑问
就找千问千知!

◎ 千锋教育高教产品研发部 编著

U0191573

人民邮电出版社

北京

图书在版编目（CIP）数据

数据结构与算法. C语言篇 / 千锋教育高教产品研发
部 编著. -- 北京 : 人民邮电出版社，2022.1
信息技术人才培养系列规划教材
ISBN 978-7-115-54484-1

Ⅰ. ①数… Ⅱ. ①千… Ⅲ. ①数据结构－高等学校－
教材②算法分析－高等学校－教材 Ⅳ. ①TP311.12

中国版本图书馆CIP数据核字(2020)第127285号

内 容 提 要

本书面向初学者，采用通俗易懂的语言对数据结构以及基础的算法进行了讲解。全书程序操作均以 C 语言实现。

本书共 9 章，包括数据结构与算法概述、线性表、栈与队列、树、图、查找与排序、经典算法、数学算法以及综合项目——企业员工管理系统。本书以实用、高效为标准，合理选取数据结构的必备知识，并对选取的内容做了细致化讲解，内容精练易懂，旨在帮助读者快速入门，掌握数据结构的基本操作。读者学习本书不仅可以提高对数据的处理能力，而且可以深入地理解 Linux 内核中的各种机制。

本书适合作为高等院校计算机科学与技术、电子商务等专业的教材，也可作为行业初学者的参考用书。

◆ 编　　著　千锋教育高教产品研发部
　　责任编辑　李　召
　　责任印制　王　郁　马振武

◆ 人民邮电出版社出版发行　　北京市丰台区成寿寺路 11 号
　　邮编　100164　　电子邮件　315@ptpress.com.cn
　　网址　https://www.ptpress.com.cn
　　固安县铭成印刷有限公司印刷

◆ 开本：787×1092　1/16
　　印张：18　　　　　　　　　　　2022 年 1 月第 1 版
　　字数：445 千字　　　　　　　 2025 年 1 月河北第 6 次印刷

定价：59.80 元

读者服务热线：(010)81055256　印装质量热线：(010)81055316
反盗版热线：(010)81055315
广告经营许可证：京东市监广登字 20170147 号

编 委 会

当今世界是知识爆炸的世界，科学技术与信息技术快速发展，新技术层出不穷，教科书也要紧随时代的发展，纳入新知识、新内容。目前很多教科书注重算法讲解，但是如果在初学者还不会编写一行代码的情况下，教科书就开始讲解算法，会打击初学者学习的积极性，让其难以入门。

IT 行业需要的不是只有理论知识的人才，而是技术过硬、综合能力强的实用型人才。高校毕业生求职面临的第一道门槛就是技能与经验。而学校往往注重学生理论知识的学习，忽略了对学生实践能力的培养，导致学生无法将理论知识应用到实际工作中。

为了杜绝这一现象，本书倡导快乐学习、实战就业，在语言描述上力求准确、通俗易懂，在章节编排上循序渐进，在语法阐述中尽量避免术语和公式，从项目开发的实际需求入手，将理论知识与实际应用相结合，目标就是让初学者能够快速成长为初级程序员，积累一定的项目开发经验，从而在职场中拥有一个高起点。

千锋教育

本书特点

数据结构是计算机科学与技术、计算机信息管理与应用、电子商务等专业的基础课，是一门十分重要的核心课程。所有的计算机系统软件和应用软件都要用到各种类型的数据结构，因此，想要有效地使用计算机、充分发挥计算机的性能，就必须学习和掌握数据结构的相关知识。算法指的是解决问题的策略，虽然数据结构与算法属于不同的研究课题，但优秀的程序设计离不开二者的相辅相成。

本书基于 C 语言，对常用的数据结构操作与基础算法进行了全面的介绍，按照实战开发的需求，精选内容，突出重点、难点，将详细的示例与知识点结合，使读者真正实现学以致用。同时，本书最后一章通过一个完整的项目案例，帮助读者巩固和运用理论知识、提升开发能力。

读者通过本书将学到以下内容。

第 1 章：介绍了数据结构与算法的基本概念。

第 2 章：介绍了线性表的顺序存储与链式存储的实现。

第 3 章：介绍了栈与队列的顺序存储与链式存储的实现。

第 4 章：介绍了树的概念与实现。

第 5 章：介绍了图的存储方式以及遍历等。

第 6 章：介绍了查找与排序的常用算法。

第 7 章：介绍了一些经典算法示例。

第 8 章：介绍了一些数学算法示例。

第 9 章：介绍了一个完整的综合项目——企业员工管理系统。

针对高校教师的服务

千锋教育基于多年的教育培训经验，精心设计了"教材+授课资源+考试系统+测试题+辅助案例"教学资源包。教师使用教学资源包可节约备课时间，缓解教学压力，显著提高教学质量。

本书配有千锋教育优秀讲师录制的教学视频，按知识结构体系已部署到教学辅助平台"扣丁学堂"，可以作为教学资源使用，也可以作为备课参考资料。本书配套教学视频，可登录"扣丁学堂"官方网站下载。

高校教师如需配套教学资源包，也可扫描下方二维码，关注"扣丁学堂"师资服务微信公众号获取。

扣丁学堂

针对高校学生的服务

学 IT 有疑问，就找"千问千知"，这是一个有问必答的 IT 社区。平台上的专业答疑辅导老师承诺在工作时间 3 小时内答复您学习 IT 时遇到的专业问题。读者也可以通过扫描下方的二维码，关注"千问千知"微信公众号，浏览其他学习者在学习中分享的问题和收获。

学习太枯燥，想了解其他学校的伙伴都是怎样学习的？你可以加入"扣丁俱乐部"。"扣丁俱乐部"是千锋教育联合各大校园发起的公益计划，专门面向对 IT 有兴趣的大学生，提供免费的学习资源和问答服务，已有超过 30 万名学习者获益。

千问千知

资源获取方式

本书配套资源的获取方法：读者可登录人邮教育社区 www.ryjiaoyu.com 进行下载。

致谢

本书由千锋教育教学团队整合多年积累的教学实战案例，通过反复修改最终撰写完成。多名院校老师参与了教材的部分编写与指导工作。除此之外，千锋教育的 500 多名学员参与了教材的试读工作，他们站在初学者的角度对教材提出了许多宝贵的修改意见，在此一并表示衷心的感谢。

意见反馈

虽然我们在本书的编写过程中力求完美，但书中难免有不足之处，欢迎读者给予宝贵意见。

千锋教育高教产品研发部

2021 年 12 月于北京

目 录

第 1 章　数据结构与算法概述

本章学习目标

- 了解数据结构的概念与专业术语
- 了解数据的逻辑结构与物理结构
- 了解算法的概念与特性

　　数据结构是计算机类专业的一门基础课，其主要研究程序设计中的操作对象及它们之间的关系。算法指的是解决问题的策略，只要有符合一定规范的输入，在有限时间内就能获得所要求的输出。虽然数据结构与算法属于不同的研究课题，但优秀的程序设计离不开二者的相辅相成。因此，本章将主要介绍数据结构与算法的基本概念，包括数据结构的基本术语、数据结构的分类以及算法的各种特性。

1.1　数据结构的概念

1.1.1　数据

　　数据（Data）在计算机科学中指计算机操作的对象，是输入到计算机中被计算机程序处理的符号集合。例如，一个读取终端输入的程序，其操作的对象可能是字符串，那么字符串就是计算机程序处理的数据。数据不仅可以是整型、字符型等数值类型，也可以是音频、图片、视频等非数值类型。

　　综上所述，数据的本质就是符号，且这些符号都满足以下特定的需求。

　　（1）可以输入到计算机中。

　　（2）可以被计算机程序处理。

　　其中数值类型的数据可以被执行数值计算，而非数值类型的数据可以被执行非数值的处理，例如，音频、图片、视频等在计算机中都是被编码转换为字符数据来处理的。

1.1.2　数据元素与数据项

数据元素（Data Element）是组成数据的基本单位。数据的基本单位是一种抽象的概念，并没有具体的数值化标准。例如，可以将公司看作一个数据元素，也可以将员工视为一个数据元素。

数据元素由数据项组成，并且数据项是数据不可分割的最小单位。例如，将公司看作一个数据元素，则行政部、人事部、财务部都可以视为该元素的数据项，也可以将董事长、经理、总监作为该元素的数据项。

1.1.3　数据对象

数据对象（Data Object）指的是具有相同性质的数据元素的集合，是数据的子集。相同性质指的是数据项的数量与类型相同。例如，每一个人都有姓名、年龄、性别、出生地址这些数据项。

在实际开发应用中，处理相同性质的数据元素时，默认将数据对象简称为数据。也就是说，"数据"在数据结构这一课题中代指数据对象，即具有相同性质的多个数据元素。

1.1.4　数据结构

结构（Structure）通常指的是元素之间的特定关系。因此，数据结构（Data Structure）通常指的是相互之间存在一种或多种特定关系的数据元素的集合。

数据结构主要研究的是数据的逻辑结构与数据的物理（存储）结构以及它们之间的相互关系。其目的是对这种结构设计相应的算法，确保经过运算后得到的新结构仍保持原来的结构类型。

1.2　逻辑结构与物理结构

数据结构可分为逻辑结构与物理结构。数据的逻辑结构是对数据元素之间逻辑关系的描述，而数据的物理结构是指数据元素及其关系在计算机内存中的表示。

逻辑结构与物理结构是与数据结构密切相关的两个概念，同一种逻辑结构可以对应不同的物理结构。算法的设计取决于数据的逻辑结构，算法的实现依赖于指定的物理结构。

1.2.1　逻辑结构

按照数据元素之间存在的逻辑关系的不同数学特性，通常可以将逻辑结构分为 4 种类型。

1. 线性结构

图 1.1　线性结构

线性结构中的数据元素之间是一对一的关系，即数据元素依次排列，且只有一个起始数据元素和一个终止数据元素，如图 1.1 所示。

生活中的城市公交路线类似于上述结构，其站点就是数据元素，每一条公交线路都有一个起点和终点，中间各站按先后次序排列。

2. 树形结构

树形结构中的数据元素之间存在一对多的关系，即层次关系或分支关系。这种结构只有一个起始数据元素，称为树根，其他数据元素称为树叶，如图 1.2 所示。

一个公司的组织架构类似于上述结构，树根为公司，公司的下一层对应各部门，各部门下有各种分组。因此，公司架构可被抽象成树形结构来进行数据管理，如图 1.3 所示。

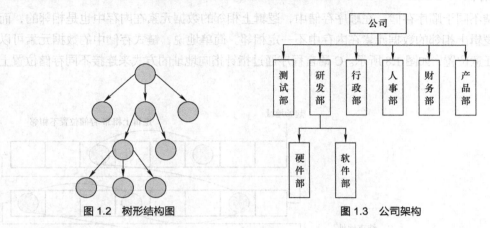

图 1.2　树形结构图　　　　　　　　　图 1.3　公司架构

3. 图形结构

图形结构中的数据元素之间存在多对多的网络关系，即数据元素相互连接成网状，如图 1.4 所示。

生活中常用的交通路线图类似于上述结构，每一个地点都是一个数据元素，公路是地点之间的关系。一个地点可能与多个地点以公路相连，地点被公路连接成网状，如图 1.5 所示。

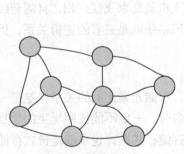

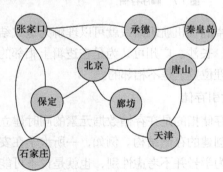

图 1.4　图形结构　　　　　　　　　　图 1.5　交通路线图

4. 集合结构

集合结构中的数据元素除了同属一个集合外，没有其他关系，各个元素是"平等"的，该结构类似于数学中的集合，如图 1.6 所示。

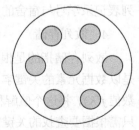

1.2.2　物理结构

物理结构即存储结构，主要指的是数据的逻辑结构在实际的计算机内存中存储的形式。通常数据的物理结构有以下 4 种类型。

图 1.6　集合结构

1. 顺序存储

顺序存储指的是将相邻的数据元素存放在计算机地址连续的存储单元中，如图 1.7 所示。

在 C 语言程序中，数组采用的就是典型的顺序存储。当程序中定义一个含有 5 个整型元素的数组时，操作系统就会在内存中申请一块连续且大小为 20 字节的区域来存放这个数组。数组中的元素依次存放在这块连续的区域中，每个元素占 4 个字节。

2. 链式存储

链式存储不同于顺序存储，在顺序存储中，逻辑上相邻的数据元素在内存中也是相邻的，而链式存储中，逻辑上相邻的数据元素在内存中不一定相邻。简单地说，链式存储中的数据元素可以存储在内存的任意位置，如图 1.8 所示。C 语言程序通过指针指向地址的方式来连接不同存储位置上的数据元素。

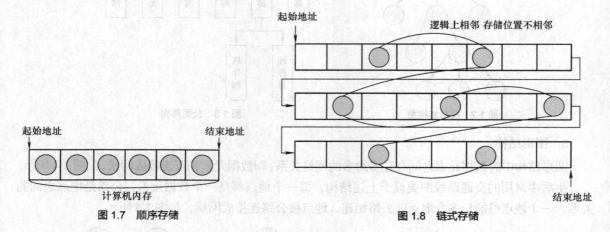

图 1.7　顺序存储　　　　　　　　　　　　　　　　　图 1.8　链式存储

生活中的飞机航班路线就可以理解为链式结构。假设飞机从北京飞往广州，且需要经停长沙，那么北京、长沙、广州可认为是在逻辑上相邻的元素，航班路线就是三者的逻辑关系，但是这三座城市在地理位置上是不相邻的。

3. 索引存储

索引存储指的是在存储数据元素的同时建立索引列表，存储元素之间的关系。这是一种为了加速检索而创建的存储结构。例如，一所大学在安排学生宿舍时，一定不能按照学生的学号依次分配宿舍，因为学号并不考虑性别，也就是说不可能采用顺序存储；其次，也不能是链式存储，因为学号只是学生的一个标识，没有其他意义。因此，为学生分配宿舍可采用索引存储，即建立一个索引列表记录学号与宿舍的关系，根据索引列表即可找到与学号对应的宿舍。

4. 散列存储

散列存储指的是根据数据元素的关键字直接计算出该数据元素的存储位置。其基本的设计思想是以数据元素的关键字 K 为自变量，通过一个确定的函数关系 f（称为散列函数），计算出对应的函数值 $f(K)$，将这个值解释为数据元素的存储地址，最后将数据元素存入 $f(K)$ 所指的存储位置。查找时只需根据要查找的关键字用同样的函数计算地址，然后到相应的地址提取要查找的数据元素。

1.3　算法的概念

算法是解决问题的方法，该术语最早出现在公元 825 年由波斯数学家阿勒·花剌子密所写的《印度数字算术》中。

1.3.1　算法的描述

算法可以用自然语言、数学语言、约定的符号语言或计算机程序语言来描述。例如，"从 3 个整数中选出最大的 1 个整数输出"这一问题，可采用以下 3 种方法来描述。

1. 自然语言描述

（1）输入 3 个整数 a、b、c。

（2）先从前两个整数 a、b 中选出较大的一个整数，设为 x。

（3）从 x、c 中选出较大的整数，设为 y。

（4）输出 y 的值。

使用自然语言描述算法通俗易懂，但算法整体的数据流向不够清晰。

2. 符号语言描述

描述算法的符号语言有很多种类型，其中比较有特点的是程序流程图，如图 1.9 所示。

程序流程图描述算法比较清晰，而且容易转换为计算机语言。

3. 计算机程序语言描述

计算机程序语言有很多，本书使用 C 语言，如例 1-1 所示。

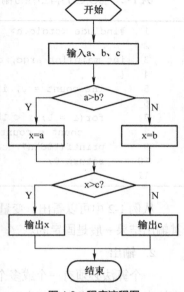

图 1.9　程序流程图

例 1-1　计算机程序语言描述算法。

```c
 1    #include <stdio.h>
 2
 3    int main(int argc, const char *argv[])
 4    {
 5        int a, b, c, x;
 6        scanf("%d %d %d", &a, &b, &c);      /*读取终端输入的整数 a、b、c 的值*/
 7        if(a > b)                           /*对比大小，将较大值赋给 x */
 8            x = a;
 9        else
10            x = b;
11        if(x > c)                           /*对比 x 与 c 的大小，即可得到最大值*/
12            printf("%d\n", x);
13        else
14            printf("%d\n", c);
15        return 0;
16    }
```

用计算机程序语言描述算法对描述者的要求较高，需要描述者在理解算法工作原理的前提下，具备计算机程序语言的编程能力。但这种描述可以直接输入计算机，便于验证其正确性。

1.3.2　算法的特性

算法有 5 个基本的特性：输入、输出、有穷性、确定性、可行性。

1. 输入

一个算法可以有多个输入或没有输入，具体的输入量取决于算法中的数据对象。有些算法的输入需要在执行过程中进行，有些算法则将输入嵌入到算法之中，如例 1-2 所示。

例 1-2 嵌入到算法中的输入。

```
1    #include <stdio.h>
2
3    int main(int argc, const char *argv[])
4    {
5        int count = 0, i;
6
7        for(i = 0; i < 100; i++)
8            count = count + i;
9        printf("%d\n", count);
10       return 0;
11   }
```

从例 1-2 中可以看出，变量 i 在函数内部自加并完成运算，无须用户输入。没有输入量的算法，其输出结果一般是固定的。

2. 输出

一个算法必须有一个或多个输出，这些输出是算法对输入进行运算后的结果。如果一个算法没有输出，则算法没有任何意义。

3. 有穷性

有穷性指的是算法在执行有限次数的操作后自动停止，不会出现无限循环的情况，且每次操作都可以在有限时间内完成。简单地说，算法运行一定有结束的时刻。

例 1-3 算法有穷性测试。

```
1    #include <stdio.h>
2
3    int main(int argc, const char *argv[])
4    {
5        int s = 0, i = 0, n;
6        scanf("%d", &n);
7
8        while(i < n);
9            {s = s + i; i++;}
10
11       printf("%d\n", s);
12       return 0;
13   }
```

在例 1-3 中，代码第 8 行的循环语句添加了分号，成为一个独立的语句。当输入的 n 值大于 0 时，此语句将无限循环，因为 i 的值一直为 0。

例 1-3 就是典型的错误算法，程序不能在有限时间内结束，而是进入死循环状态。将第 8 行的分号去掉，则第 8 行与第 9 行代码变成一个完整的语句，实现在有限次循环中叠加，算法具备了有穷性。

4. 确定性

确定性指的是算法的每次操作都具有确定的含义，不会出现二义性。算法在一定条件下，应只有一条执行路径，相同的输入在任何时刻执行都应该导向相同的结果。

5. 可行性

可行性指的是算法中描述的操作都可以通过将已经实现的基本运算执行有限次来实现。简单地说，算法可以转换为程序上机运行，并可以输出正确的结果。

1.3.3　算法的设计要求

同一个问题可以有很多种算法。判断一个算法是否为最优算法，可以从以下 4 个方面分析。

1. 正确性

算法的正确性指的是算法能正确反映问题的需求，经得起一切可输入数据的测试。算法的正确性包括以下 4 个层次。

（1）算法程序无语法错误。

（2）算法程序对于合法的输入数据能够产生满足要求的输出结果。

（3）算法程序对于非法的输入数据能够产生满足规格的说明。

（4）算法程序对于极端的输入数据能够产生满足要求的输出结果。

例 1-4　算法正确性演示。

```
1    #include <stdio.h>
2
3    int main(int argc, const char *argv[])
4    {
5        int i, n, count = 0;
6        scanf("%d", &n);
7
8        for(i = 0; i < n; i++){
9            count = count + i;
10       }
11
12       printf("%d\n", count);
13       return 0;
14   }
```

例 1-4 的算法程序看似没有错误，但是当用户输入的数据为 0 或负数时，该算法无法产生满足需求的结果。

2. 可读性

可读性指的是算法的设计应该尽可能简单，便于阅读、理解。

3. 健壮性

健壮性指的是算法可以对不合法的输入数据做出处理，而不是产生异常或极端的结果。

4. 高效率

高效率指的是算法的运行时间要尽量短，对存储空间的使用要尽可能少。在满足前 3 个要求的前提下，高效率是体现算法优异的重要指标。

1.3.4　算法效率的度量方法

由 1.3.3 小节可知，高效率算法应该具备运行时间短和存储量低的特点。接下来介绍如何对算法效率进行测试。

1. 事后统计法

事后统计法指的是通过设计好的测试程序和数据，对不同算法程序的运行时间进行比较，从而确定算法效率的高低。

通常情况下，不采用事后统计法进行算法效率测试，其原因如下。

（1）解决问题的算法有很多，为了测试某算法效率的高低，需要尽可能多地编写算法程序与之进行比较测试，而设计编写算法程序需要大量的时间和精力。

（2）程序运行时间受计算机硬件等环境因素影响，有时会掩盖算法本身的优劣。例如，八核处理器明显比单核处理器运行程序的速度要快。

（3）算法测试数据设计困难，效率高的算法在测试数据规模小时表现不明显。

2. 事前分析法

事前分析法指的是设计算法程序之前，利用统计方法对算法效率进行估算。一个好的算法所消耗的时间，应该是算法中每条语句执行的时间之和；每条语句的执行时间是该语句的执行次数与该语句执行一次所需时间的乘积。

接下来对比两个求和的示例，讨论算法的优劣。

例 1-5　算法测试代码。

```
1    #include <stdio.h>
2
3    int main(int argc, const char *argv[])
4    {
5        int i, sum = 0, n = 100;          /*执行 1 次*/
6
7        for(i = 0; i <= n; i++){          /*执行 n+2 次*/
8            sum = sum + i;                /*执行 n+1 次*/
9        }
10
11       printf("%d\n", sum);              /*执行 1 次*/
12       return 0;
13   }
```

例 1-5 通过循环累加计算 1 到 100 的和，在不讨论语句执行一次所需时间的情况下（只讨论语句执行次数），可见示例核心部分的语句总共执行了 $2 \times n+5$ 次。

例 1-6　算法测试代码优化。

```
1    #include <stdio.h>
2
3    int main(int argc, const char *argv[])
4    {
5        int sum = 0, n = 100;             /*执行 1 次*/
```

```
6
7        sum = (1 + n) * n/2;                    /*执行1次*/
8
9        printf("%d\n", sum);                    /*执行1次*/
10       return 0;
11   }
```

例 1-6 实现与例 1-5 相同的需求，其核心部分的语句总共执行了 3 次。

由上述示例可以看出，在相同硬件环境下，例 1-6 所示的算法程序明显优于例 1-5。变量 n 的值越大，例 1-5 所示的算法程序劣势越明显。

在上述两个示例的基础上再进行进一步讨论，如例 1-7 所示。

例 1-7　另一种算法。

```
1    #include <stdio.h>
2
3    int main(int argc, const char *argv[])
4    {
5        int i, j, x = 0, n = 100, sum = 0;      /*执行1次*/
6
7        for(i = 1; i <= n; i++){                /*执行n+1次*/
8            for(j = 1; j <= n; j++){            /*执行(n+1)*(n+1)次*/
9                x++;                            /*执行n*n次*/
10               sum = sum + x;                  /*执行n*n次*/
11           }
12       }
13
14       printf("%d\n", sum);                    /*执行1次*/
15       return 0;
16   }
```

在例 1-7 中，外部循环的循环次数为 n，内部循环的循环次数也为 n，因此循环内部的 x++ 语句将执行 n^2 次。显然，随着 n 值的增大，例 1-7 的执行次数明显高于例 1-5 和例 1-6。

1.3.5　算法的时间复杂度

在 1.3.4 小节的例 1-5、例 1-6、例 1-7 中，变量 n 称为问题规模，算法中语句的执行次数称为时间频度，记为 $T(n)$。例 1-5 和例 1-7 中，当 n 不断变化时，时间频度 $T(n)$ 也会不断变化。

如果有某个辅助函数 $f(n)$，并且存在一个正常数 c 使得 $f(n) \times c \geq T(n)$ 恒成立，则记作 $T(n)=O(f(n))$。通常将 $O(f(n))$ 称为算法的渐进时间复杂度，简称时间复杂度。使用 $O(\ )$ 表示时间复杂度的记法称为大 O 记法。一般情况下，随着 n 的增大，$T(n)$ 增长最慢的算法为最优算法。

利用上述时间复杂度的公式，分别计算例 1-5、例 1-6、例 1-7 中算法的时间复杂度，具体分析如下。（辅助函数 $f(n)$ 获取执行次数，正常数 c 视为单次执行时间，可以忽略。）

（1）例 1-5 的算法执行时间为 $2 \times n+5$，则 $f(n)=2n+5$。当问题规模 n 变为无穷大时，该算法的执行时间可估算为 n，使用大 O 记法表示时间复杂度为 $O(n)$。

（2）例 1-6 的算法执行时间为 3，则 $f(n)=3$。此值相较于无穷大的 n 值可忽略不计，因此使用大

O 记法表示时间复杂度为 $O(1)$。（$O(1)$ 表示执行次数或时间是一个常数，不随着 n 的变化而变化。）

（3）例 1-7 的算法执行时间为 $3 \times n^2 + 3 \times n + 3$，则 $f(n)=3(n^2+n+1)$。当问题规模 n 变为无穷大时，该算法的执行时间可估算为 n^2，使用大 O 记法表示时间复杂度为 $O(n^2)$。

通常情况下，将 $O(1)$、$O(n)$、$O(n^2)$ 分别称为常数阶、线性阶、平方阶。除此之外，还有对数阶、指数阶等其他阶。

1. 常数阶

例 1-6 中的算法执行时间为 3，根据上述时间复杂度计算方法可知，该算法的时间复杂度没有最高阶项，就是一个常数。使用平面直角坐标系表示常数阶，如图 1.10 所示。

2. 线性阶

例 1-5 中的算法执行时间为 $2n+5$，根据上述时间复杂度计算方法可知，随着问题规模 n 变大，时间复杂度线性增长。使用平面直角坐标系表示线性阶，如图 1.11 所示。

3. 平方阶

例 1-7 中的算法执行时间为 $3(n^2+n+1)$，根据上述时间复杂度计算方法可知，随着问题规模 n 变大，时间复杂度线性增长变快。使用平面直角坐标系表示平方阶，如图 1.12 所示。

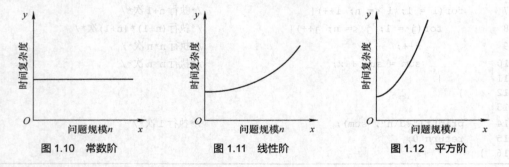

图 1.10　常数阶　　　　图 1.11　线性阶　　　　图 1.12　平方阶

常见的时间复杂度如表 1.1 所示。

表 1.1　　　　　　　　　　　　　　　　常见的时间复杂度

执行次数函数	阶	非正式术语
1、2、3	$O(1)$	常数阶
$2n+3$	$O(n)$	线性阶
$3n^2+3n+1$	$O(n^2)$	平方阶
$3\log_2 n+3$	$O(\log_2 n)$	对数阶
$3n^3+n^2+n+3$	$O(n^3)$	立方阶
2^n	$O(2^n)$	指数阶

常见的时间复杂度所对应的时间从短到长依次为：
$$O(1)<O(\log_2 n)<O(n)<O(n^2)<O(n^3)<O(2^n)<O(n!)<O(n^n)$$

1.3.6　算法的空间复杂度

了解算法的空间复杂度之前，需要先理解算法存储量的概念。算法存储量指的是算法执行过程中所需的最大存储空间，其主要包括 3 个部分：输入/输出数据所占空间、程序代码所占空间、程序运行临时占用空间。

1. 输入/输出数据所占空间

算法的输入/输出数据所占用的存储空间是由要解决的问题决定的，是通过参数表由调用函数传递而来的，它不会随着算法的不同而改变，因此在算法比较时不予考虑。

2. 程序代码所占空间

算法的程序代码所占用的存储空间与程序的长度成正比，要压缩这部分存储空间，就必须编写出较短的程序。程序代码本身所占空间对不同算法来说不会有数量级的差别。

3. 程序运行临时占用空间

根据程序在运行过程中临时占用存储空间的不同，可以将算法分为两类。

（1）原地算法：只占用较小的临时空间，且占用量不会随着问题规模 n 的改变而改变。

（2）非原地算法：占用临时空间的大小与问题规模 n 有关，n 越大占用的临时空间越大。

通过计算算法存储量可以得到算法的空间复杂度，算法空间复杂度的计算公式记作 $S(n)=O(f(n))$，其中，n 为问题的规模，$f(n)$ 为关于 n 所占存储空间的函数。随着问题规模 n 的增大，算法存储量的增长率与 $f(n)$ 的增长率相同。

根据上述概念，使用示例进行具体分析，如例 1-8 所示。

例 1-8　算法占用存储空间的问题。

```
1    #include <stdio.h>
2
3    int main(int argc, const char *argv[])
4    {
5        int n, s = 0, i;
6
7        scanf("%d", &n);
8        for(i = 1; i <= n; i++)
9            s = s + i;
10
11       printf("%d\n", s);
12       return 0;
13   }
```

例 1-8 实现的功能为 1 到 n 的数值累加。其中，变量 s、i 所占用的空间不会随着 n 的变化而发生改变，因此空间复杂度与 n 无关。该算法的空间复杂度记作 $S(n)=O(1)$。

1.4　本章小结

本章以概念为主，重点介绍了数据的概念、数据的逻辑结构与物理结构以及算法的概念。其中，数据的逻辑结构与物理结构以及二者之间的关系，是数据结构研究的核心内容。读者需要对数据结构与算法建立初步的认识，重点理解逻辑结构与物理结构的设计思想，为后续的程序设计奠定良好的基础。

1.5 习题

1. 填空题

（1）输入到计算机中被计算机程序处理的符号集合称为＿＿＿＿。

（2）组成数据的基本单位是＿＿＿＿。

（3）数据元素由＿＿＿＿组成，并且它是数据不可分割的最小单位。

（4）具有相同性质的数据元素的集合称为＿＿＿＿。

（5）＿＿＿＿通常指的是数据元素之间的特定关系。

（6）数据的＿＿＿＿是对数据元素之间逻辑关系的描述，而数据的＿＿＿＿是指数据元素及其关系在计算机内存中的表示。

2. 选择题

（1）算法指的是（　　）。

    A. 计算机程序   B. 解决问题的计算方法

    C. 排序算法   D. 解决问题的有限运算序列

（2）算法主要分析的两个方面是（　　）。

    A. 正确性与简单性   B. 空间复杂度与时间复杂度

    C. 可读性与有穷性   D. 数据复杂性与程序复杂性

（3）算法必须具备输入、输出、（　　）5个特性。

    A. 可行性、可移植性、可扩充性   B. 可行性、有穷性、确定性

    C. 易读性、简单性、稳定性   D. 易读性、确定性、稳定性

（4）算法的设计要求不包括以下选项中的（　　）。

    A. 正确性   B. 可读性   C. 健壮性   D. 有穷性

（5）某算法的语句执行次数为 $3n+\log_2 n+n^2+1$，其时间复杂度表示为（　　）。

    A. $O(n)$ B. $O(\log_2 n)$ C. n^2 D. $O(1)$

（6）程序段 i = 1;while(i <= n)　i = i*3;的时间复杂度为（　　）。

    A. $O(n)$ B. $O(\log_3 n)$ C. n^3 D. $O(3n)$

3. 简述题

（1）简述数据的逻辑结构。

（2）简述数据的物理结构。

（3）简述算法的特性。

（4）简述算法的设计要求。

（5）简述算法效率的度量方法。

（6）简述算法的时间复杂度与空间复杂度。

4. 编程题

使用C语言编写算法程序，要求算法的时间复杂度为 $O(n)$（写出核心算法代码即可）。

02 第 2 章　线性表

本章学习目标

* 了解线性表的基本概念
* 掌握线性表顺序存储结构的代码编写方法
* 掌握线性表链式存储结构的代码编写方法
* 掌握单向循环链表的代码编写方法
* 掌握双向循环链表的代码编写方法

本章将主要介绍数据结构的核心概念——线性表。线性表是一种基本的数据结构类型，表中的数据元素之间满足线性结构。线性表可以通过不同的物理结构实现，如顺序存储与链式存储。使用顺序存储实现的线性表称为顺序表，使用链式存储实现的线性表称为单链表。单链表作为数据结构中常用的数据存储方式，还可以实现单向循环链表以及双向循环链表。本章将主要讨论这些数据结构的代码实现以及对结构中数据元素的操作。

2.1　线性表的概念

2.1.1　线性表的定义

线性表中的数据元素之间满足线性结构（线性结构的概念详见 1.2.1 节）。线性表是 n 个数据元素的有限序列，记为 $(a_1, a_2, a_3, \cdots, a_n)$，其含义如下。

（1） n 为数据元素的个数，也可以称为线性表的长度，当 n 为 0 时，线性表称为空表。

（2） a_i 为线性表中的第 i 个数据元素（也可以称为数据结点），i 称为数据元素在线性表中的位序（等同于数组元素的下标）。

从线性表的定义可以看出，线性表中存在唯一的首个数据元素 a_1 和唯一的末尾数据元素 a_n。除了首个数据元素，其他每个数据元素都有一个直接前驱（a_i 的直接前驱为 a_{i-1}）；除了末尾数据元素，其他每个数据元素都有一个直接后继（a_i 的直接后继为 a_{i+1}），如图 2.1 所示。

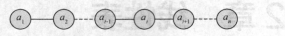

图 2.1　线性表

例如，公司的员工信息表就是一个典型的线性表。在员工信息表中，一名员工的记录就是一个数据元素，如表 2.1 所示。

表 2.1　员工信息表

工 号	姓 名	所属部门	入职时间
QF0001	小千	行政部	2011-01-07
QF0002	小锋	人事部	2011-01-07
…	…	…	…
QF2019	小研	高教部	2019-12-02

从表 2.1 中可以看出，员工小千的记录为首个数据元素，员工小研的记录为末尾数据元素。其他员工都有一个直接前驱的员工和一个直接后继的员工。

2.1.2　线性表的运算

线性表的运算指的是对线性表中的数据进行操作，其具体实现与线性表的物理结构有关。线性表常见的几种运算如下。

（1）置空：将线性表变成空表。

（2）求长度：获取线性表数据结点的个数。

（3）取结点：取出线性表中的某个数据结点。

（4）定位：获取某一个指定的数据结点。

（5）插入：将数据结点插入到线性表的指定位置。

（6）删除：删除线性表中的指定数据结点。

上述运算并非线性表的所有运算，也不一定要同时使用，用户可根据不同的需求合理选择。

2.2　线性表的顺序存储

采用顺序存储的线性表称为顺序表，其数据元素之间的逻辑结构为线性结构，并且数据元素按照逻辑顺序依次存放在地址连续的存储单元中。

2.2.1　顺序表的定义

一般情况下，线性表中的所有数据结点的类型是相同的。在 C 语言中，通常使用一维数组和结构体来表示顺序表，代码如下所示。

```
#define N 32                    /*定义数组的大小*/
/*重定义 int 类型为 datatype_t，表示顺序表中结点的类型为 datatype_t*/
```

```
typedef int datatype_t;
typedef struct{                    /*定义结构体*/
/*顺序表中各结点存储在该数组中，结点最多为 32 个（数据类型不固定，本代码展示为整型）*/
    datatype_t data[N];
    int last;                      /*顺序表最后一个结点的下标值*/
}seqlist_t;
```

由以上代码可知，结构体中的第 1 个成员为一维数组，使用该数组表示顺序表（因为数组中的元素在计算机内存中连续存储），数组中保存的元素为顺序表的数据结点；结构体中的第 2 个成员 last 表示数组的下标，其初始值为 −1，表示数组中没有数据结点，每插入一个数据结点，last 的值加 1，如图 2.2 所示。

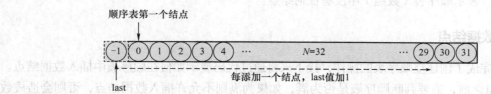

图 2.2　顺序表的定义

2.2.2　顺序表的创建

在对顺序表中的数据结点进行操作之前，需要先创建一个空的顺序表。假设一个结点所占的空间大小为 L，顺序表中的结点有 n 个，则线性表所占的空间为 $n×L$。但实际的情况是顺序表中的结点数是不确定的，其占有的空间大小也是不确定的，因此需要先分配 max×L 个连续的存储单元，使其能存储 max 个结点。

通过代码实现创建空的顺序表，如例 2-1 所示。

例 2-1　顺序表的创建。

```
1   #include <stdio.h>
2   #include <stdlib.h>
3
4   #define N 32
5
6   typedef int datatype_t;
7
8   typedef struct{                    /*定义结构体*/
9       datatype_t data[N];
10      int last;
11  }seqlist_t;
12  /*子函数*/
13  seqlist_t *seqlist_create(){
14      /*使用malloc()函数在内存上申请一块连续的空间，大小为 sizeof(seqlist_t)*/
15      /*seqlist_t 为结构体的类型*/
16      seqlist_t *sl = (seqlist_t *)malloc(sizeof(seqlist_t));
17
```

```
18        sl->last = -1;
19
20        return sl;
21  }
22  int main(int argc, const char *argv[])
23  {
24        seqlist_t *sl;                /*定义结构体指针*/
25        sl = seqlist_create();        /*调用子函数创建空的顺序表*/
26        return 0;
27  }
```

由例 2-1 可知，创建空的顺序表只需为结构体在内存上申请一块连续的空间，并将表示数组下标的 last 置为 -1，表示顺序表（数组）中没有任何结点。

2.2.3 插入数据结点

2.2.2 小节完成了创建空顺序表的操作，接下来将通过代码展示如何在顺序表中插入数据结点。在插入数据结点之前，需要判断顺序表是否为满，如果为满则不允许插入数据结点，否则会造成数据在内存上越界。

1. 不指定位置插入数据结点

插入数据结点前需要先判断顺序表是否为满，代码如下所示（变量定义与例 2-1 一致）。

```
int seqlist_full(seqlist_t *l){         /*参数为指向结构体的指针*/
    return l->last == N-1 ? 1 : 0;      /*判断数组的下标值*/
}
```

由以上代码可知：当 last 的值等于数组元素的最大下标值时条件为真，返回值为 1，表示顺序表已满；否则返回 0，表示顺序表还有空间。

数据表未满即可插入数据结点，代码如下所示（变量定义与例 2-1 一致）。

```
/*插入数据结点的子函数，第 1 个参数为结构体指针，第 2 个参数为需要插入的数据，为整型数据*/
int seqlist_insert(seqlist_t *l, int value){
    if(seqlist_full(l)){                /*判断是否为满*/
        printf("seqlist full\n");
        return -1;
    }
    l->last++;                          /*数组下标加 1，表示要插入数据*/
    l->data[l->last] = value;           /*将需要插入的数据赋值到数组中，表示插入数据*/
    return 0;
}
```

2. 指定位置插入数据结点

指定位置插入数据结点，需要先遍历整个顺序表，然后找到指定的位置，并将该位置后的结点依次向后移动，最后插入数据，如图 2.3 所示。

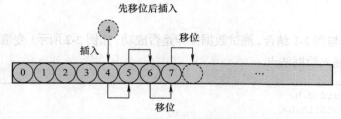

图 2.3　指定位置插入数据结点

代码如下所示（变量定义与例 2-1 一致）。

```c
/*子函数，第 2 个参数表示新结点插入的位置，第 3 个参数为插入结点的值*/
int seqlist_pos_insert(seqlist_t *l, int pos, datatype_t value){
    int i = 0;
    if(seqlist_full(l)){
        printf("seqlist full\n");
        return -1;
    }
    /*判断指定插入的位置是否合理*/
    if(pos < 0 || pos > l->last+1){
        printf("pos value invalied input\n");
        return -1;
    }
    /*通过 for 循环将顺序表中下标位置大于 pos 的结点依次向后移动一个存储单元*/
    for(i = l->last + 1; i > pos; i--){
        l->data[i] = l->data[i - 1];
    }
    /*将新结点的值赋值到数组的指定位置即完成插入*/
    l->data[pos] = value;
    l->last++;    /*插入数据，末尾结点下标加 1*/
    return 0;
}
```

由以上代码可知，指定位置插入数据结点首先需要确定插入的位置，然后将该位置后的结点依次向后移动一个存储单元（先移动末尾结点），再将新结点存入指定位置，顺序表末尾结点的下标 last 加 1。

3. 显示数据结点

插入数据结点完成后，可通过打印顺序表中结点的数据判断是否插入成功，代码如下所示（变量定义与例 2-1 一致）。

```c
int seqlist_show(seqlist_t *l){      /*子函数，参数为结构体指针*/
    int i = 0;
    for(i = 0; i <= l->last; i++){  /*通过 for 循环遍历顺序表中所有的结点*/
        printf("%d\n", l->data[i]); /*输出结点保存的数据（这里的数据为整数）*/
    }
    printf("\n");                    /*输出换行*/
    return 0;
}
```

4. 整体测试

将以上功能代码与例 2-1 结合，测试数据操作是否成功，如例 2-2 所示（变量定义与例 2-1 一致）。

例 2-2 顺序表插入数据结点。

```c
1   #include <stdio.h>
2   #include <stdlib.h>
3
4   #define N 32
5
6   typedef int datatype_t;
7   /*定义结构体*/
8   typedef struct{
9       datatype_t data[N];
10      int last;
11  }seqlist_t;
12  /*子函数判断顺序表是否为满*/
13  int seqlist_full(seqlist_t *l){
14      return l->last == N-1 ? 1 : 0;
15  }
16  /*子函数插入数据结点*/
17  int seqlist_insert(seqlist_t *l, int value){
18      if(seqlist_full(l)){
19          printf("seqlist full\n");
20          return -1;
21      }
22
23      l->last++;
24      l->data[l->last] = value;
25
26      return 0;
27  }
28  /*子函数，指定位置插入结点*/
29  int seqlist_pos_insert(seqlist_t *l, int pos, datatype_t value){
30      int i = 0;
31      if(seqlist_full(l)){
32          printf("seqlist full\n");
33          return -1;
34      }
35
36      if(pos < 0 || pos > l->last+1){
37          printf("pos value invalied input\n");
38          return -1;
39      }
40
41      /*通过 for 循环将顺序表中下标位置大于 pos 的结点依次向后移动一个存储单元*/
42      for(i = l->last + 1; i > pos; i--){
43          l->data[i] = l->data[i - 1];
44      }
45
46      /*将新结点的值赋值到数组的指定位置即完成插入*/
47      l->data[pos] = value;
48      l->last++;    //插入结点，末尾结点下标加 1
```

```
49
50        return 0;
51    }
52    /*子函数显示结点数据*/
53    int seqlist_show(seqlist_t *l){
54        int i = 0;
55        for(i = 0; i <= l->last; i++){
56            printf("%d ", l->data[i]); /*输出结点中的数据*/
57        }
58        printf("\n");
59        return 0;
60    }
61    /*创建空的顺序表*/
62    seqlist_t *seqlist_create(){
63        /*使用malloc()函数在内存上申请一块连续的空间，大小为 sizeof(seqlist_t)*/
64        /*seqlist_t 为结构体的类型*/
65        seqlist_t *sl = (seqlist_t *)malloc(sizeof(seqlist_t));
66
67        sl->last = -1;
68
69        return sl;
70    }
71    /*主函数*/
72    int main(int argc, const char *argv[])
73    {
74        seqlist_t *sl;                  /*定义结构体指针*/
75        sl = seqlist_create();          /*调用子函数创建空的顺序表*/
76
77        seqlist_full(sl);               /*判断顺序表是否为满*/
78
79        seqlist_insert(sl, 10);         /*顺序表插入数据*/
80        seqlist_insert(sl, 20);
81        seqlist_insert(sl, 30);
82        seqlist_insert(sl, 40);
83
84        seqlist_show(sl);               /*显示插入结点的数据，判断是否插入成功*/
85
86        seqlist_full(sl);               /*判断顺序表是否为满*/
87
88        seqlist_pos_insert(sl, 0, 5);     /*顺序表再次插入数据*/
89        seqlist_pos_insert(sl, 2, 15);
90        seqlist_pos_insert(sl, 4, 25);
91        seqlist_pos_insert(sl, 6, 35);
92
93        seqlist_show(sl);               /*显示插入结点的数据，判断是否插入成功*/
94
95        return 0;
96    }
```

例 2-2 中，主函数 main()主要用于测试子函数是否正确，先创建空的顺序表，然后依次插入数据结点，最后通过指定位置的方式再次插入数据结点。输出结果如下所示。

```
linux@ubuntu:~/1000phone/data/chap2$ ./a.out
10 20 30 40
5 10 15 20 25 30 35 40
linux@ubuntu:~/1000phone/data/chap2$
```

由输出结果可以看出，顺序表中成功插入数据结点。第一轮插入的结点数据为 10、20、30、40，第二轮通过指定位置的方式插入数据结点，结点数据为 5、15、25、35。

2.2.4 删除数据结点

在删除数据结点之前，需要判断顺序表是否为空，如果为空，不允许删除数据结点。

1. 不指定位置删除数据结点

删除数据结点需要先判断顺序表是否为空，代码如下所示（变量定义与例 2-1 一致）。

```
int seqlist_empty(seqlist_t *l){
    return l->last == -1 ? 1 : 0;
}
```

由以上代码可知，当 last 的值等于 −1 时，条件为真，返回值为 1，表示顺序表为空；否则返回 0，表示顺序表非空。

顺序表非空即可删除数据结点，代码如下所示（变量定义与例 2-1 一致）。

```
datatype_t seqlist_delete(seqlist_t *l){
    if(seqlist_empty(l)){            /*判断顺序表是否为空*/
        printf("seqlist empty\n");
        return -1;
    }
    datatype_t value;
    value = l->data[l->last];     /*获取最后一个结点的值*/
    l->last--;    /*数组最后一个元素的下标向前移动等同于删除最后的元素*/

    return value;
}
```

2. 指定位置删除数据结点

指定位置删除数据结点与插入数据结点类似，如图 2.4 所示。

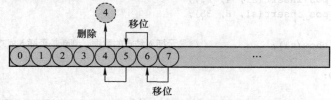

图 2.4　指定位置删除数据结点

代码如下所示（变量定义与例 2-1 一致）。

```
int seqlist_pos_delete(seqlist_t *l, int pos){
    datatype_t value;
    int i = 0;
    /*判断顺序表是否为空*/
    if(seqlist_empty(l)){
        printf("seqlist empty\n");
        return -1;
    }
    /*判断指定删除的结点位置是否合理*/
    if(pos < 0 || pos > l->last){
        printf("pos value invalied input\n");
        return -1;
    }
    /*通过 for 循环将顺序表中下标位置大于 pos 的结点依次向前移动一个存储单元*/
    value = l->data[pos];
    for(i = pos; i < l->last; i++){
        l->data[i] = l->data[i + 1];
    }
    l->last--;  /*删除结点，末尾结点下标减 1*/
    return value;
}
```

由以上代码可知，删除结点首先需要确定删除的位置，然后将该位置后的结点依次向前移动一个存储单元（先移动指定位置的下一个结点），再将顺序表末尾结点的下标 last 减 1。

3. 整体测试

将以上功能代码与例 2-2 结合，测试数据操作是否成功，如例 2-3 所示（变量定义与例 2-1 一致）。

例 2-3　顺序表删除数据结点。

```
1   #include <stdio.h>
2   #include <stdlib.h>
3
4   #define N 32
5
6   typedef int datatype_t;
7   /*定义结构体*/
8   typedef struct{
9       datatype_t data[N];
10      int last;
11  }seqlist_t;
12
13  int seqlist_full(seqlist_t *l){
14      return l->last == N-1 ? 1 : 0;
15  }
16  /*子函数，在顺序表末尾插入结点*/
17  int seqlist_insert(seqlist_t *l, int value){
18      if(seqlist_full(l)){
19          printf("seqlist full\n");
20          return -1;
21      }
```

```
22
23        l->last++;
24        l->data[l->last] = value;
25
26        return 0;
27   }
28   /*子函数，显示顺序表结点中的数据*/
29   int seqlist_show(seqlist_t *l){
30        int i = 0;
31        for(i = 0; i <= l->last; i++){
32            printf("%d ", l->data[i]);
33        }
34
35        printf("\n");
36
37        return 0;
38   }
39   /*子函数，判断顺序表是否为空*/
40   int seqlist_empty(seqlist_t *l){
41        return l->last == -1 ? 1 : 0;
42   }
43   /*删除顺序表中的最后一个结点*/
44   datatype_t seqlist_delete(seqlist_t *l){
45        if(seqlist_empty(l)){          /*判断顺序表是否为空*/
46            printf("seqlist empty\n");
47            return -1;
48        }
49
50        datatype_t value;
51        value = l->data[l->last];      /*获取最后一个结点的值*/
52        l->last--;      /*数组最后一个元素的下标向前移动等同于删除最后的元素*/
53
54        return value;
55   }
56   /*子函数，指定位置删除结点*/
57   int seqlist_pos_delete(seqlist_t *l, int pos){
58        datatype_t value;
59        int i = 0;
60
61        /*判断顺序表是否为空*/
62        if(seqlist_empty(l)){
63            printf("seqlist empty\n");
64            return -1;
65        }
66        /*判断指定删除的结点位置是否合理*/
67        if(pos < 0 || pos > l->last){
68            printf("pos value invalied input\n");
69            return -1;
70        }
71        /*通过 for 循环将顺序表中下标位置大于 pos 的结点依次向前移动一个存储单元*/
72        value = l->data[pos];
73        for(i = pos; i < l->last; i++){
74            l->data[i] = l->data[i + 1];
```

```
75          }
76          l->last--;   /*删除结点, 末尾结点下标减1*/
77
78          return value;
79     }
80     /*子函数, 创建空的顺序表*/
81     seqlist_t *seqlist_create(){
82          /*使用malloc()函数在内存上申请一块连续的空间, 大小为 sizeof(seqlist_t)*/
83          /*seqlist_t 为结构体的类型*/
84          seqlist_t *sl = (seqlist_t *)malloc(sizeof(seqlist_t));
85
86          sl->last = -1;
87
88          return sl;
89     }
90     /*主函数*/
91     int main(int argc, const char *argv[])
92     {
93          seqlist_t *sl;                   /*定义结构体指针*/
94          sl = seqlist_create();           /*调用子函数创建空的顺序表*/
95
96          seqlist_full(sl);                /*判断顺序表是否为满*/
97          /*依次向顺序表中插入结点, 从表末尾插入*/
98          seqlist_insert(sl, 10);
99          seqlist_insert(sl, 20);
100         seqlist_insert(sl, 20);
101         seqlist_insert(sl, 30);
102         seqlist_insert(sl, 40);
103         seqlist_insert(sl, 50);
104
105         seqlist_show(sl);     /*显示插入结点的数据, 判断插入是否成功*/
106
107         seqlist_empty(sl);
108         seqlist_delete(sl);              /*从末尾删除结点*/
109         seqlist_pos_delete(sl, 0);       /*测试从指定位置删除结点*/
110
111         seqlist_show(sl);     /*显示插入结点的数据, 判断上一步删除是否成功*/
112         return 0;
113    }
```

例 2-3 中, 主函数 main()主要用于测试子函数是否正确, 先创建空的顺序表, 然后将数据结点依次插入到顺序表的末尾, 最后通过两种方式删除顺序表中的结点。输出结果如下所示。

```
linux@ubuntu:~/1000phone/data/chap2$ ./a.out
10 20 30 40 50
20 30 40
linux@ubuntu:~/1000phone/data/chap2$
```

由输出结果可以看出, 数据结点插入空顺序表成功, 总共插入 5 个结点, 数据分别为 10、20、30、40、50; 执行删除结点操作, 成功删除顺序表首个结点和末尾结点。

2.2.5 其他操作

对顺序表中的数据结点除了可以进行插入与删除，还可以进行其他类型的操作，例如，修改结点数据，查找数据结点位置，删除重复数据结点，合并顺序表。

1. 修改结点数据

修改结点数据指的是对顺序表中某一结点的数据进行修改，如图 2.5 所示。

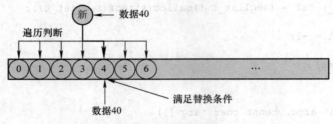

图 2.5　修改结点数据

代码如下所示（变量定义与例 2-1 一致）。

```c
/*第 2 个参数用来确认满足条件的数据结点，第 3 个参数为结点的新数据*/
int seqlist_change(seqlist_t *l, datatype_t old_value, datatype_t new_value){
    int i = 0;
    for(i = 0; i <= l->last; i++){        /*for 循环遍历整个顺序表*/
        if(l->data[i] == old_value){      /*找到满足条件的数据结点*/
            l->data[i] = new_value;       /*将结点中的数据替换为新数据*/
            return 0;
        }
    }
    printf("input value no exist\n");     /*找不到满足条件的结点，输出提示*/
    return -1;                            /*返回-1 表示异常结束，未找到匹配结点*/
}
```

2. 查找数据结点位置

查找数据结点位置指的是获取结点的下标值，如图 2.6 所示。

代码如下所示（变量定义与例 2-1 一致）。

```c
int seqlist_search(seqlist_t *l, datatype_t value){
    int i = 0;
    for(i = 0; i <= l->last; i++){        /*for 循环遍历整个顺序表*/
        if(value == l->data[i]){          /*找到满足条件的结点*/
            return i;                     /*返回满足条件的结点的下标值*/
        }
    }
    return -1;
}
```

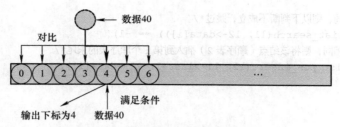

图 2.6　查找数据结点位置

3. 删除重复数据结点

删除重复数据结点指的是删除顺序表中数据相同的结点，如图 2.7 所示。

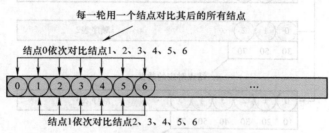

图 2.7　删除重复数据结点

代码如下所示（变量定义与例 2-1 一致）。

```c
int seqlist_purge(seqlist_t *l){
    int i = 0, j = 0;
    for(i = 0; i < l->last; i++){           /*遍历顺序表，最后一个结点除外*/
        for(j = i+1; j <= l->last; j++){    /*遍历顺序表*/
            if(l->data[i] == l->data[j]){   /*将选中的结点与其后的所有结点进行对比*/
                seqlist_pos_delete(l, j);   /*将数据相同的结点删除*/
                /*删除结点导致被删除结点后的所有结点的下标减 1，结点左移一个存储单元*/
                /*j 自动减 1 避免遗漏下一轮需要对比的第 1 个结点*/
                j--;
            }
        }
    }
    return 0;
}
```

4. 合并顺序表

合并顺序表指的是将两个顺序表合并为一个顺序表，同时去除数据重复的结点，如图 2.8 所示。
代码如下所示（变量定义与例 2-1 一致）。

```c
/*参数 1 表示第 1 个顺序表的结构体指针，参数 2 表示第 2 个顺序表的结构体指针*/
int seqlist_union(seqlist_t *l1, seqlist_t *l2){
    int i = 0;
    for(i = 0; i <= l2->last; i++){    /*遍历第 2 个顺序表所有结点*/
        /*依次判断第 2 个顺序表中所有结点是否与第 1 个顺序表中所有结点数据相同*/
```

```
              /*如果相同，则以下判断不成立，跳过*/
              if((seqlist_search(l1, l2->data[i])) == -1){
              /*如果不相同，则将该结点（顺序表 2）插入到第 1 个顺序表的末尾*/
                  seqlist_pos_insert(l1, l1->last+1, l2->data[i]);
              }
          }
      return 0;
  }
```

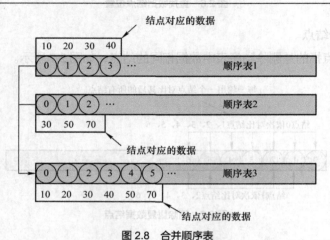

图 2.8　合并顺序表

5. 整体测试

将以上功能代码与例 2-2、例 2-3 使用的函数接口结合，查看数据操作是否成功，如例 2-4 所示。

例 2-4　顺序表的其他操作。

```
1  #include <stdio.h>
2  #include <stdlib.h>
3
4  #define N 32
5
6  typedef int datatype_t;
7  /*定义结构体*/
8  typedef struct{
9      datatype_t data[N];
10     int last;
11  }seqlist_t;
12
13  int seqlist_full(seqlist_t *l){
14      return l->last == N-1 ? 1 : 0;
15  }
16  /*子函数，在顺序表末尾插入结点*/
17  int seqlist_insert(seqlist_t *l, int value){
18      if(seqlist_full(l)){
19          printf("seqlist full\n");
20          return -1;
21      }
22
23      l->last++;
```

```
24      l->data[l->last] = value;
25
26      return 0;
27  }
28  /*子函数，指定位置插入结点*/
29  int seqlist_pos_insert(seqlist_t *l, int pos, datatype_t value){
30      int i = 0;
31      if(seqlist_full(l)){
32          printf("seqlist full\n");
33          return -1;
34      }
35      if(pos < 0 || pos > l->last+1){
36          printf("pos value invalied input\n");
37          return -1;
38      }
39      /*通过 for 循环将顺序表中下标位置大于 pos 的结点依次向后移动一个存储单元*/
40      /*结点操作的顺序为从后向前*/
41      for(i = l->last + 1; i > pos; i--){
42          l->data[i] = l->data[i - 1];
43      }
44      /*将新结点的值赋值到数组的指定位置即完成插入*/
45      l->data[pos] = value;
46      l->last++;    /*插入结点，末尾结点下标加 1*/
47
48      return 0;
49  }
50  /*子函数，显示顺序表结点中的数据*/
51  int seqlist_show(seqlist_t *l){
52      int i = 0;
53      for(i = 0; i <= l->last; i++){
54          printf("%d ", l->data[i]);
55      }
56      printf("\n");
57      return 0;
58  }
59  /*子函数，判断顺序表是否为空*/
60  int seqlist_empty(seqlist_t *l){
61      return l->last == -1 ? 1 : 0;
62  }
63  /*子函数，指定位置删除结点*/
64  int seqlist_pos_delete(seqlist_t *l, int pos){
65      datatype_t value;
66      int i = 0;
67
68      /*判断顺序表是否为空*/
69      if(seqlist_empty(l)){
70          printf("seqlist empty\n");
71          return -1;
72      }
73      /*判断指定删除的结点位置是否合理*/
74      if(pos < 0 || pos > l->last){
75          printf("pos value invalied input\n");
76          return -1;
```

```
77          }
78      /*通过 for 循环将顺序表中下标位置大于 pos 的结点依次向前移动一个存储单元*/
79      value = l->data[pos];
80      for(i = pos; i < l->last; i++){
81          l->data[i] = l->data[i + 1];
82      }
83      l->last--;   /*删除结点，末尾结点下标减 1*/
84      return value;
85  }
86  /*子函数，创建空的顺序表*/
87  seqlist_t *seqlist_create(){
88      /*使用 malloc()函数在内存上申请一块连续的空间，大小为 sizeof(seqlist_t)*/
89      /*seqlist_t 为结构体的类型*/
90      seqlist_t *sl = (seqlist_t *)malloc(sizeof(seqlist_t));
91
92      sl->last = -1;
93      return sl;
94  }
95  /*子函数，修改顺序表中结点的数据*/
96  int seqlist_change(seqlist_t *l, datatype_t old_value, datatype_t new_value){
97      int i = 0;
98      for(i = 0; i <= l->last; i++){
99          if(l->data[i] == old_value){
100             l->data[i] = new_value;
101             return 0;
102         }
103     }
104     printf("input value no exist\n");
105     return -1;
106 }
107 /*子函数，查找结点的下标*/
108 int seqlist_search(seqlist_t *l, datatype_t value){
109     int i = 0;
110     for(i = 0; i <= l->last; i++){
111         if(value == l->data[i]){
112             return i;
113         }
114     }
115     return -1;
116 }
117 /*子函数，删除重复数据结点*/
118 int seqlist_purge(seqlist_t *l){
119     int i = 0, j = 0;
120     for(i = 0; i < l->last; i++){
121         for(j = i+1; j <= l->last; j++){
122             if(l->data[i] == l->data[j]){
123                 seqlist_pos_delete(l, j);
124                 j--;
125             }
126         }
127     }
128     return 0;
129 }
130 /*子函数，合并两个顺序表*/
```

```
131  int seqlist_union(seqlist_t *l1, seqlist_t *l2){
132      int i = 0;
133      for(i = 0; i <= l2->last; i++){
134          if((seqlist_search(l1, l2->data[i])) == -1){
135              seqlist_pos_insert(l1, l1->last+1, l2->data[i]);
136          }
137      }
138      return 0;
139  }
140  /*主函数*/
141  int main(int argc, const char *argv[])
142  {
143      seqlist_t *sl1, *sl2;           /*定义结构体指针*/
144
145      sl1 = seqlist_create();         /*调用子函数创建空的顺序表*/
146      seqlist_insert(sl1, 10);        /*插入结点*/
147      seqlist_insert(sl1, 20);
148      seqlist_insert(sl1, 30);
149      seqlist_insert(sl1, 40);
150
151      seqlist_show(sl1);             /*显示插入结点的数据，检测上一步插入结点是否成功*/
152
153      seqlist_change(sl1, 30, 20);    /*修改顺序表中结点的数据，将数据 30 修改为 20*/
154
155      seqlist_show(sl1);              /*显示插入结点的数据，检测上一步修改结点数据是否成功*/
156
157      seqlist_purge(sl1);            /*删除重复数据结点*/
158
159      seqlist_show(sl1);              /*显示插入结点的数据，检测顺序表中的重复数据结点是否删除*/
160
161      sl2 = seqlist_create();         /*调用子函数创建空的顺序表*/
162      seqlist_insert(sl2, 30);        /*插入结点*/
163      seqlist_insert(sl2, 50);
164      seqlist_insert(sl2, 70);
165
166      seqlist_union(sl1, sl2);        /*合并顺序表 1 和顺序表 2,生成新的顺序表 1*/
167      seqlist_show(sl1);              /*显示插入结点的数据，检测上一步合并是否成功*/
168
169      return 0;
170  }
```

例 2-4 中，主函数调用子函数实现的功能包括创建空顺序表并插入数据结点；修改顺序表中结点的数据；删除重复数据结点；创建第 2 个空顺序表并插入数据结点；合并两个顺序表。输出结果如下所示。

```
linux@ubuntu:~/1000phone/data/chap2$ ./a.out
10 20 30 40                  /*第 1 次显示的顺序表中的结点数据*/
10 20 20 40                  /*修改顺序表结点数据后显示的结点数据*/
10 20 40                    /*删除重复数据结点后显示的结点数据*/
10 20 40 30 50 70           /*合并顺序表后显示的结点数据*/
```

由输出结果可以看出，第 1 个顺序表创建并插入数据成功，修改结点数据后顺序表中出现数据同为 20 的两个结点，然后成功删除数据相同的结点；创建第 2 个顺序表并插入数据成功，然后第 1 个顺序表与第 2 个顺序表合并。

2.2.6　顺序表总结

通过前面的介绍可知，顺序表是将数据结点放到一块连续的内存空间上（使用数组表示顺序表，数组在内存上占有连续的空间），因此顺序表结构较为简单，根据数据结点的下标即可完成数据的存取，如图 2.9 所示。

虽然通过结点下标访问数据十分高效，但是用户每次存取数据时，都需要重新遍历表，批量移动数据结点，如图 2.10 所示。

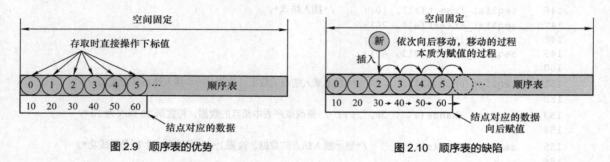

图 2.9　顺序表的优势　　　　　　　　　　图 2.10　顺序表的缺陷

如图 2.10 所示，移动数据是将前一个结点的数据赋值给后一个结点。因此，无论是删除还是插入操作，都会导致批量的赋值操作（赋值操作的本质是重写内存）。

综上所述，顺序表并不适合频繁存取数据，而使用线性表的另一种存储形式——链式存储（单链表），则可以很好地解决这一问题。

2.3　线性表的链式存储

采用链式存储的线性表称为单链表，其数据元素之间的逻辑结构为线性结构，但是数据元素所在的存储单元内存地址是不连续的。

2.3.1　单链表的定义

单链表不同于顺序表，其结点存储在内存地址非连续的存储单元上，并通过指针建立它们之间的关系。需要注意的是，单链表中的结点形式不同于顺序表，如图 2.11 所示。

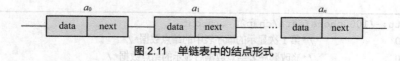

图 2.11　单链表中的结点形式

由图 2.11 可知，单链表中的结点都由两部分组成，一部分为数据域（data），另一部分为指针域（next）。简单地说，数据域用来存放结点的数据，而指针域存放的是一个指针，该指针保存的是下一个结点的内存地址，或者说该指针指向下一个结点，如图 2.12 所示。

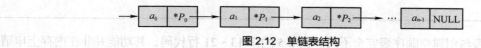

图 2.12　单链表结构

根据图 2.12 所示的单链表结构可知，表中每一个结点的结构都是相同的。因此，通过代码对单链表进行定义时，默认的做法是定义一个结构体。根据图 2.11 所示的结点结构可知，结构体中需要定义的成员有 2 个，即存储的数据与指向下一个结点的指针。代码如下所示。

```
typedef int datatype_t;    /*重定义*/
/*定义结点结构体*/
typedef struct node{
    datatype_t data;        /*数据域，类型不固定，本次采用整型数据*/
    struct node *next;      /*指针域，指针指向下一个结点*/
}linklist_t;
```

由以上代码可知，结构体的第 1 个成员为结点数据（结点数据的类型是不固定的，代码中的 **data** 为整型数据，仅作为参考）；第 2 个成员为指针变量，保存的是该结点的下一个结点的内存地址。

2.3.2　单链表的创建

在对单链表中的数据进行操作之前，需要先创建一个空的单链表。通过代码实现创建一个空的单链表，如例 2-5 所示。

例 2-5　单链表的创建。

```
1   #include <stdio.h>
2   #include <stdlib.h>
3
4   typedef int datatype_t;
5
6   /*定义结点结构体*/
7   typedef struct node{
8       datatype_t data;        /*数据域*/
9       struct node *next;       /*指针域，指针指向下一个结点*/
10  }linklist_t;
11
12  /*子函数，创建一个空的单链表，其本质为创建一个链表头*/
13  linklist_t *linklist_create(){
14      /*使用malloc()函数在内存上申请空间，空间大小为一个结构体的大小*/
15      linklist_t *h = (linklist_t *)malloc(sizeof(linklist_t));
16
17      /*初始化，指针指向为 NULL，此时不指向任何其他结点*/
18      h->next = NULL;
19      return h;
20  }
21  int main(int argc, const char *argv[])
22  {
23      linklist_t *h;
```

```
24      h = linklist_create();      /*调用子函数*/
25      return 0;
26  }
```

创建空单链表与创建空顺序表完全不同。例 2-5 的第 13～21 行代码，其功能并非在内存上申请一块空间存放单链表中所有的结点，而是在内存上申请一个结点（一个结构体）所需的空间，该结点的结构与其他结点一致，只是不保存任何数据，仅作为单链表的头结点使用，如图 2.13 所示。

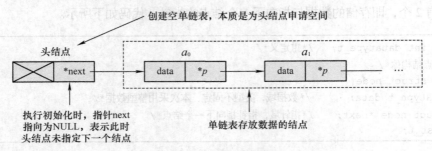

图 2.13　创建空单链表

以生活中常见的火车来打比方，创建空单链表操作只是申请了一个火车头，车头并不会载客，即不保存任何数据；初始时车头并没有牵引车厢，即未指向下一个结点。

2.3.3　插入数据结点

2.3.2 小节完成了创建空单链表的操作，接下来将通过代码展示如何在单链表中插入数据结点。向单链表中插入数据结点的方法有很多，包括头插法、尾插法、顺序插入法、指定位置插入法。

1. 头插法

单链表不同于顺序表，单链表使用的存储空间是不固定的。因此，插入数据结点无须判断单链表是否为满。使用头插法插入数据结点有两种不同的情况，即插入第一个数据结点与插入除第一个结点以外的其他数据结点，如图 2.14 和图 2.15 所示。

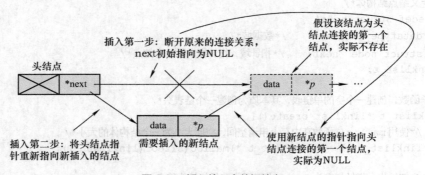

图 2.14　插入第一个数据结点

由图 2.14 和图 2.15 可以看出，插入数据结点的本质为修改数据结点的指针域，使指针指向的地址改变，代码如下所示（变量定义与例 2-5 一致）。

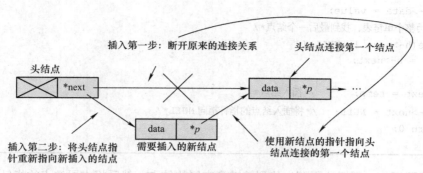

图 2.15　插入其他数据结点

```
/*参数 1 为指向头结点的指针, 参数 2 为新结点的数据*/
int linklist_head_insert(linklist_t *h, datatype_t value){
    linklist_t *temp;
    /*为新插入的数据结点申请空间*/
    temp = (linklist_t *)malloc(sizeof(linklist_t));
    temp->data = value;      /*为新插入结点的数据域赋值*/

    temp->next = h->next;  /*将头结点指针指向的下一个结点的地址赋值给新结点的指针*/
    h->next = temp;          /*将头结点指针指向新的结点*/

    return 0;
}
```

2. 尾插法

尾插法即从单链表的末尾插入数据结点, 如图 2.16 所示。

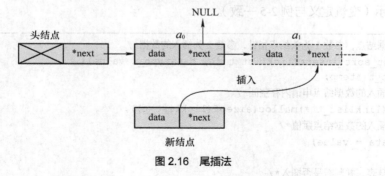

图 2.16　尾插法

代码如下所示 (变量定义与例 2-5 一致)。

```
/*末尾插入数据结点, 参数 1 为头结点指针, 参数 2 为插入的数据*/
int linklist_tail_insert(linklist_t *h, datatype_t value){
    linklist_t *temp;
    /*为需要插入的数据结点申请内存空间*/
    temp = (linklist_t *)malloc(sizeof(linklist_t));
    /*为需要插入的数据结点赋值*/
```

```
    temp->data = value;
    /*遍历整个单链表，找到最后一个结点*/
    while(h->next != NULL){
        h = h->next;
    }
    h->next = temp;          /*插入结点*/
    temp->next = NULL;    /*将插入结点的指针指向 NULL*/
    return 0;
}
```

由以上代码可知，尾插法需要先找到单链表末尾的结点，然后将末尾结点的指针指向新插入的结点。

3. 顺序插入法

顺序插入法是头插法的改良版，在插入数据结点前需要进行判断，保证单链表中的数据有序排列，如图 2.17 所示。

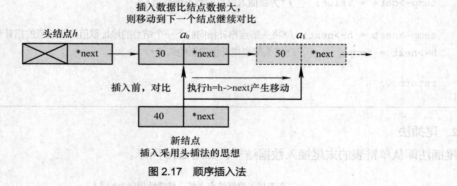

图 2.17 顺序插入法

代码如下所示（变量定义与例 2-5 一致）。

```
/*顺序插入数据结点，参数 1 为头结点指针，参数 2 为插入的数据*/
int linklist_sort_insert(linklist_t *h, datatype_t value){
    linklist_t *temp;
    /*为需要插入的数据结点申请内存空间*/
    temp = (linklist_t *)malloc(sizeof(linklist_t));
    /*为需要插入的数据结点赋值*/
    temp->data = value;

    /*遍历单链表，并判断是否插入*/
    while(h->next != NULL && h->next->data < value){
        h = h->next;
    }
    /*采用头插法的思想插入结点*/
    temp->next = h->next;
    h->next = temp;
    return 0;
}
```

由以上代码可知，顺序插入法在插入前会将插入的结点数据与单链表中的结点数据进行对比，如果插入的结点数据大于单链表中结点数据，则移动指针，继续对比下一结点。

4. 指定位置插入法

指定位置插入法类似于头插法，不同的是该方法在插入数据结点前进行了判断，选择位置后再进行插入操作，如图 2.18 所示。

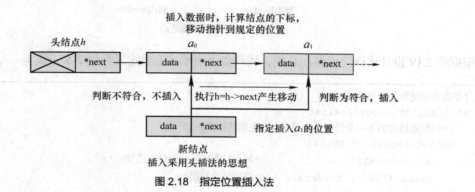

图 2.18 指定位置插入法

代码如下所示（变量定义与例 2-5 一致）。

```
/*选择位置插入数据结点*/
/*参数1为头结点指针，参数2为插入结点的数据，参数3为需要插入的位置*/
int linklist_pos_insert(linklist_t *h, datatype_t value, int pos){
    int i = 0;
    /*为新插入的数据结点申请内存空间*/
    linklist_t *temp = (linklist_t *)malloc(sizeof(linklist_t));
    /*为新插入的数据结点赋值*/
    temp->data = value;
    /*判断位置，找到需要插入数据结点的位置*/
    while(i < pos && h->next != NULL){
        h = h->next;
        i++;
    }
    /*使用头插法的思想，插入数据结点*/
    temp->next = h->next;
    h->next = temp;
    return 0;
}
```

由以上代码可知，指针移动的次数（while 循环的次数）等于插入位置的下标值。

5. 显示数据结点

插入数据结点完成后，即可通过打印结点数据判断结点是否插入成功。遍历整个单链表的方法很简单，只需要使用指针依次访问结点中的数据即可，如图 2.19 所示。

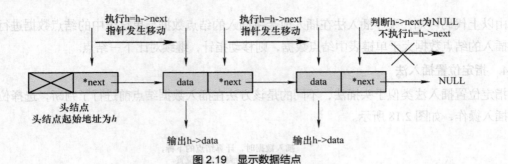

图 2.19 显示数据结点

根据图 2.19 设计代码完成显示功能，代码如下所示（变量定义与例 2-5 一致）。

```
/*参数为单链表的结点地址*/
int linklist_show(linklist_t *h){
    /*判断该结点的下一个结点是否存在，存在则移动指针*/
    while(h->next != NULL){
        h = h->next;                  /*将指针指向下一个结点的地址*/
        printf("%d ", h->data);       /*打印结点数据*/
    }
    printf("\n");
    return 0;
}
```

6. 整体测试

将以上功能代码与例 2-5 结合，查看数据操作是否成功，如例 2-6 所示。

例 2-6 单链表插入数据结点。

```
1    #include <stdio.h>
2    #include <stdlib.h>
3
4    typedef int datatype_t;
5
6    /*定义结点结构体*/
7    typedef struct node{
8        datatype_t data;        /*数据域*/
9        struct node *next;      /*指针域，指针指向下一个结点*/
10   }linklist_t;
11
12   /*子函数，创建一个空的单链表，其本质为创建一个链表头*/
13   linklist_t *linklist_create(){
14       /*使用malloc()函数在内存上申请空间，空间大小为一个结构体的大小*/
15       linklist_t *h = (linklist_t *)malloc(sizeof(linklist_t));
16       /*初始化*/
17       h->next = NULL;
18       return h;
19   }
20   /*子函数，参数1为指向头结点的指针，参数2为新结点的数据*/
21   int linklist_head_insert(linklist_t *h, datatype_t value){
22       linklist_t *temp;
```

```
23      /*为新插入的数据结点申请空间*/
24      temp = (linklist_t *)malloc(sizeof(linklist_t));
25
26      temp->data = value;      /*为新插入结点的数据域赋值*/
27
28      temp->next = h->next;    /*将头结点指针指向的下一个结点的地址赋值给新结点的指针*/
29      h->next = temp;          /*将头结点指针指向新的结点*/
30
31      return 0;
32  }
33  /*子函数，末尾插入数据结点，参数1为指向头结点的指针，参数2为插入的数据*/
34  int linklist_tail_insert(linklist_t *h, datatype_t value){
35      linklist_t *temp;
36      /*为需要插入的数据结点申请内存空间*/
37      temp = (linklist_t *)malloc(sizeof(linklist_t));
38      /*为需要插入的数据结点赋值*/
39      temp->data = value;
40
41      /*遍历整个单链表，找到最后一个结点*/
42      while(h->next != NULL){
43          h = h->next;
44      }
45      /*插入结点*/
46      h->next = temp;
47      temp->next = NULL;
48
49      return 0;
50  }
51  /*子函数，顺序插入数据结点，参数1为指向头结点的指针，参数2为插入的数据*/
52  int linklist_sort_insert(linklist_t *h, datatype_t value){
53      linklist_t *temp;
54      /*为需要插入的数据结点申请内存空间*/
55      temp = (linklist_t *)malloc(sizeof(linklist_t));
56      /*为需要插入的数据结点赋值*/
57      temp->data = value;
58
59      /*遍历单链表，并判断是否插入*/
60      while(h->next != NULL && h->next->data < value){
61          h = h->next;
62      }
63      /*采用头插法的思想插入结点*/
64      temp->next = h->next;
65      h->next = temp;
66
67      return 0;
68  }
69  /*子函数，选择位置插入数据结点*/
70  /*参数1为指向头结点的指针，参数2为插入结点的数据，参数3为需要插入的位置*/
71  int linklist_pos_insert(linklist_t *h, datatype_t value, int pos){
72      int i = 0;
73      /*为新插入的数据结点申请内存空间*/
74      linklist_t *temp = (linklist_t *)malloc(sizeof(linklist_t));
```

```
75          /*为新插入的数据结点赋值*/
76          temp->data = value;
77
78          /*判断位置，找到需要插入数据结点的位置*/
79          while(i < pos && h->next != NULL){
80              h = h->next;
81              i++;
82          }
83          /*使用头插法的思想，插入数据结点*/
84          temp->next = h->next;
85          h->next = temp;
86
87          return 0;
88  }
89  /*子函数，参数为单链表的结点地址*/
90  int linklist_show(linklist_t *h){
91          /*判断该结点的下一个结点是否存在，存在则移动指针*/
92          while(h->next != NULL){
93              h = h->next;                    /*将指针指向下一个结点的地址*/
94              printf("%d ", h->data);    /*打印结点数据*/
95          }
96
97      printf("\n");
98
99      return 0;
100 }
101 int main(int argc, const char *argv[])
102 {
103     linklist_t *h;
104     /*调用子函数*/
105     h = linklist_create();
106     /*按顺序插入数据结点*/
107     linklist_sort_insert(h, 80);
108     linklist_sort_insert(h, 60);
109     linklist_sort_insert(h, 40);
110
111     /*显示结点数据，判断是否插入成功并自动排序*/
112     linklist_show(h);
113     /*尾插法插入数据结点*/
114     linklist_tail_insert(h, 100);
115     linklist_tail_insert(h, 200);
116     linklist_tail_insert(h, 300);
117     /*显示结点数据，判断是否插入成功*/
118     linklist_show(h);
119
120     /*头插法插入数据结点*/
121     linklist_head_insert(h, 30);
122     linklist_head_insert(h, 10);
123     /*显示结点数据，判断是否插入成功*/
124     linklist_show(h);
125
126     /*指定位置插入数据结点*/
```

```
127        linklist_pos_insert(h, 5, 0);
128        linklist_pos_insert(h, 5, 1);
129        //显示结点数据，判断是否插入成功且数据在第 0 位和第 1 位
130        linklist_show(h);
131        return 0;
132 }
```

例 2-6 中，主函数主要用于测试子函数是否正确。测试分为 4 个部分：先创建一个空单链表，使用顺序插入法将数据 80、60、40 插入单链表，通过显示结点数据，判断结点是否插入成功并自动排序；使用尾插法将数据 100、200、300 插入单链表，通过显示结点数据，判断结点是否插入成功；使用头插法将数据 30、10 插入单链表，通过显示结点数据，判断结点是否插入成功，查看数据显示顺序是否与插入顺序相反；使用指定位置插入法将数据 5、5 插入单链表的第 0 位和第 1 位，通过显示结点数据，判断结点是否插入成功，查看数据是否在指定的位置上。输出结果如下所示。

```
linux@ubuntu:~/1000phone/data$ ./a.out
40 60 80
40 60 80 100 200 300
10 30 40 60 80 100 200 300
5 5 10 30 40 60 80 100 200 300
linux@ubuntu:~/1000phone/data$
```

由输出结果可以看出，4 种插入方法都可以成功将数据结点插入单链表。其中，使用顺序插入法插入的数据自动完成排序（从小到大）；使用头插法插入的数据显示顺序与插入顺序相反；使用指定位置插入法插入的数据出现在正确的位置上。

2.3.4　删除数据结点

在删除数据结点之前，需要判断单链表是否为空（如果为空，则不允许删除数据结点）。接下来将通过代码展示如何在单链表中删除数据结点。从单链表中删除数据结点的方法包括头删法、指定数据删除法。

1. 头删法

删除数据结点需要先判断单链表是否为空，代码如下所示（变量定义与例 2-5 一致）。

```
/*判断链表是否为空，参数为头结点的地址*/
int linklist_empty(linklist_t *h){
    return h->next == NULL ? 1 : 0;
}
```

如果单链表不为空，则可使用头删法删除数据结点。其实现的原理是：定义一个指针，指向要删除的数据结点，然后改变指针指向，最后释放指针指向的空间，如图 2.20 所示。

代码如下所示（变量定义与例 2-5 一致）。

```
/*参数为指向头结点的指针*/
int linklist_delete_head(linklist_t *h){
    /***************************
    *此操作也能实现删除，但需要删除的结点不会被释放
```

```
*结点使用的内存不释放，容易造成资源浪费
*h->next = h->next->next;
***************************/

/*推荐使用以下方法*/
linklist_t *temp;          /*定义指针，指向被删除的结点*/
datatype_t value;

temp = h->next;            /*将需要删除的结点的地址赋值给新定义的指针*/
value = temp->data;        /*获取需要删除的结点的数据*/

h->next = temp->next;      /*将头结点的指针重新指向需要删除结点的下一个结点*/

free(temp);                /*释放被删除结点占有的内存空间*/
temp = NULL;               /*使定义的指针指向为空，避免成为野指针*/

return value;
}
```

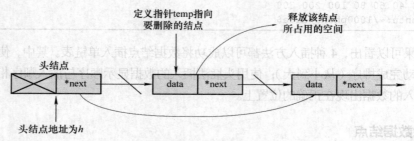

图 2.20　头删法

2. 指定数据删除法

指定数据删除法是根据指定的具体数据，删除单链表中与数据对应的结点，如图 2.21 所示。

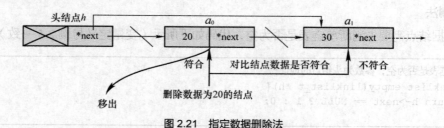

图 2.21　指定数据删除法

代码如下所示（变量定义与例 2-5 一致）。

```
/*根据数据删除结点，参数1为头结点指针，参数2为指定的数据*/
int linklist_delete_value(linklist_t *h, datatype_t value){
    linklist *p = NULL;

    while(h->next != NULL){                /*判断下一个结点是否为空*/
        if(h->next->data == value){    /*判断结点数据是否为指定数据*/
```

```
            /*判断为是，使用头删法删除结点*/
            p = h->next;
            h->next = p->next;
            free(p);
            p = NULL;
            return 0;
        }
        else{
            h = h->next;                /*判断为否，移动到下一个结点*/
        }
    }
    printf("no value\n");              /*无匹配的结点时，输出提示信息*/
    return -1;
}
```

3. 整体测试

将以上功能代码与例 2-6 结合，查看数据操作是否成功，如例 2-7 所示。

例 2-7　单链表删除数据结点。

```
1    #include <stdio.h>
2    #include <stdlib.h>
3
4    typedef int datatype_t;
5
6    /*定义结点结构体*/
7    typedef struct node{
8        datatype_t data;            /*数据域*/
9        struct node *next;          /*指针域，指针指向下一个结点*/
10   }linklist_t;
11
12   /*创建一个空的单链表，其本质为创建一个链表头*/
13   linklist_t *linklist_create(){
14       /*使用malloc()函数在内存上申请空间，空间大小为一个结构体的大小*/
15       linklist_t *h = (linklist_t *)malloc(sizeof(linklist_t));
16
17       /*初始化*/
18       h->next = NULL;
19       return h;
20   }
21   /*顺序插入数据结点，参数1为指向头结点的指针，参数2为插入的数据*/
22   int linklist_sort_insert(linklist_t *h, datatype_t value){
23       linklist_t *temp;
24       /*为需要插入的数据结点申请内存空间*/
25       temp = (linklist_t *)malloc(sizeof(linklist_t));
26       /*为需要插入的数据结点赋值*/
27       temp->data = value;
28
29       /*遍历单链表，并判断是否插入*/
30       while(h->next != NULL && h->next->data < value){
31           h = h->next;
32       }
```

```
33          /*采用头插法的思想插入结点*/
34          temp->next = h->next;
35          h->next = temp;
36
37          return 0;
38  }
39  /*子函数，参数为指向头结点的指针*/
40  int linklist_delete_head(linklist_t *h){
41          linklist_t *temp;        /*定义指针，指向被删除的结点*/
42          datatype_t value;
43
44          temp = h->next;          /*将需要删除的结点的地址赋值给新定义的指针*/
45          value = temp->data;      /*获取需要删除的结点的数据*/
46
47          h->next = temp->next;    /*将头结点的指针重新指向需要删除结点的下一个结点*/
48
49          free(temp);              /*释放被删除结点占有的内存空间*/
50          temp = NULL;             /*使定义的指针指向为空，避免成为野指针*/
51
52          return value;
53  }
54  /*子函数，根据数据删除结点，参数1为头结点指针，参数2为指定的数据*/
55  int linklist_delete_value(linklist_t *h, datatype_t value){
56          linklist_t *p = NULL;
57
58          while(h->next != NULL){           /*判断下一个结点是否为空*/
59              if(h->next->data == value){   /*判断结点数据是否为指定数据*/
60                  /*判断为是，使用头删法删除结点*/
61                  p = h->next;
62                  h->next = p->next;
63                  free(p);
64                  p = NULL;
65                  return 0;
66              }
67              else{
68                  h = h->next;              /*判断为否，移动到下一个结点*/
69              }
70          }
71          printf("no value\n");             /*无匹配的结点时，输出提示信息*/
72          return -1;
73  }
74  /*子函数，参数为单链表的结点地址*/
75  int linklist_show(linklist_t *h){
76          /*判断该结点的下一个结点是否存在，存在则移动指针*/
77          while(h->next != NULL){
78              h = h->next;              /*将指针指向下一个结点的地址*/
79              printf("%d ", h->data);   /*打印结点数据*/
80          }
81          printf("\n");
82
83          return 0;
84  }
```

```
85   int main(int argc, const char *argv[])
86   {
87        linklist_t *h;
88        /*调用子函数*/
89        h = linklist_create();
90        /*按顺序插入数据结点*/
91        linklist_sort_insert(h, 80);
92        linklist_sort_insert(h, 60);
93        linklist_sort_insert(h, 40);
94
95        /*显示结点数据, 判断是否插入成功并自动排序*/
96        linklist_show(h);
97        /*头删法删除数据结点*/
98        linklist_delete_head(h);
99
100       /*显示结点数据, 判断是否删除数据结点成功*/
101       linklist_show(h);
102       /*指定数据删除数据结点*/
103       linklist_delete_value(h, 80);
104       /*显示结点数据, 判断是否删除数据结点成功*/
105       linklist_show(h);
106       return 0;
107  }
```

例 2-7 中, 主函数主要用于测试子函数是否正确。测试分为 3 个部分: 先创建一个空单链表, 使用顺序插入法将数据 80、60、40 插入链表, 通过显示结点数据, 判断结点是否插入成功并自动排序; 使用头删法将数据从单链表中删除, 通过显示结点数据, 判断第一个结点是否删除; 使用指定数据删除法将数据从单链表中删除, 通过显示结点数据, 判断数据为 80 的结点是否删除。运行结果如下所示。

```
linux@ubuntu:~/1000phone/data$ ./a.out
40 60 80
60 80
60
linux@ubuntu:~/1000phone/data$
```

由输出结果可以看出, 两种删除方法都可以成功将数据结点从单链表中删除。其中, 使用顺序插入法插入的数据自动完成排序 (从小到大); 使用头删法成功将单链表中首个数据结点删除; 使用指定数据删除法成功将数据为 80 的结点删除。

2.3.5　其他操作

对单链表中的数据结点除了可以进行插入与删除, 还可以进行其他类型的操作, 例如, 修改结点数据, 查找数据结点位置, 链表数据翻转, 合并单链表。

1. 修改结点数据

修改结点数据指的是通过指定的数据在单链表中寻找匹配的结点, 并修改该结点的数据。代码如下所示。

```
/*子函数，修改结点中的数据*/
/*参数 1 为指向头结点的指针，参数 2 为指定的数据，参数 3 为新修改的数据*/
int linklist_change(linklist_t *h, datatype_t old_value, datatype_t new_value){
    /*循环遍历整个单链表，查找是否有匹配的结点*/
    while(h->next != NULL){
        if(h->next->data == old_value){   /*如果有数据匹配的结点*/
            h->next->data = new_value;      /*修改结点中的数据*/
            return 0;
        }
        else{
            h = h->next;            /*如果未找到则继续对比下一个结点*/
        }
    }
    printf("no value\n");        /*未发现匹配的结点，输出提示信息*/
    return -1;                   /*返回异常，表示未发现匹配结点*/
}
```

2. 查找数据结点位置

查找数据结点位置指的是通过指定的数据在单链表中寻找匹配的结点，并获取该结点在单链表中的下标。

```
/*子函数，根据指定数据查找匹配的数据结点，输出结点下标*/
/*参数 1 为指向头结点的指针，参数 2 为指定的数据*/
int linklist_search(linklist_t *h, datatype_t value){
    int pos = 0;
    //遍历整个单链表，查找是否有匹配的结点
    while(h->next != NULL){
        if(h->next->data == value){   /*如果有数据匹配的结点*/
            return pos;                 /*返回下标值*/
        }
        else{
            h = h->next;            /*如果未找到则继续对比下一个结点*/
            pos++;                  /*下标值加 1*/
        }
    }
    printf("no found\n");          /*未发现匹配的结点，输出提示信息*/
    return -1;                      /*返回异常，表示未发现匹配结点*/
}
```

3. 链表数据翻转

链表数据翻转指的是将单链表中的数据倒序排列。例如，单链表中结点数据的顺序为 1、2、3、4、5，经过翻转后结点数据的顺序为 5、4、3、2、1，如图 2.22 所示。

在图 2.22 中，断开原有的连接并使用头插法重新插入结点，需要通过指针操作来完成。代码如下所示。

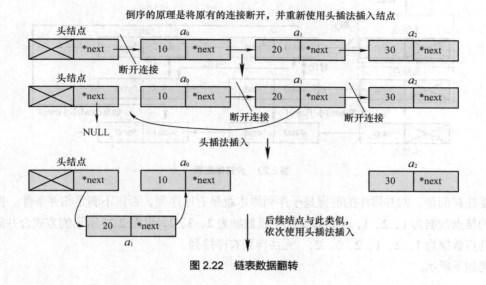

图 2.22　链表数据翻转

```
/*将单链表数据翻转，参数为指向头结点的指针*/
int linklist_recover(linklist_t *h){
    linklist_t *q = NULL;
    /*将单链表中的头结点与其他结点断开，并将指针 p 指向首个带数据的结点*/
    linklist_t *p = h->next;
    h->next = NULL;
    /*判断下一个结点是否存在*/
    while(p != NULL){
        /*核心操作*/
        q = p;            /*将 q 与 p 指向相同的结点*/
        p = p->next;   /*移动指针 p，将 p 指向下一个结点*/
        /*头插法，重新开始插入结点*/
        q->next = h->next;
        h->next = q;   /*将 q 指向的结点重新插入*/
    }
    return 0;
}
```

以上示例中，定义了两个指针 p、q，将 q 指向需要重新插入的结点，p 指向 q 的下一个结点。通过操作指针完成重新插入，插入采用头插法，每插入一个结点，p、q 向后移动。

4. 合并单链表

合并单链表指的是将两个单链表合并为一个单链表，如图 2.23 所示。

在图 2.23 中，将 data1 与 data3 对比，选择值较小的结点插入新的单链表，如果 data3 较小则插入 data3 所在的结点；然后将 data1 与 data4 对比，如果 data1 较小则插入 data1 所在的结点，依此类推。

上述合并使用的方式称为归并排序，即将已有序的子序列合并，得到完全有序的序列。例如，单链表 1 的结点数据为 1、3、5、7，单链表 2 的结点数据为 2、4、6、8，那么经过合并后单链表中的结点数据为 1、2、3、4、5、6、7、8。

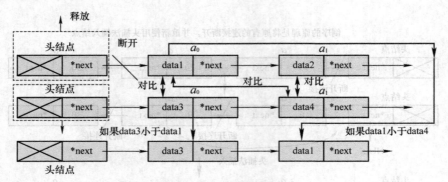

图 2.23　合并单链表

　　需要注意的是，归并排序的前提是子序列原本就是有序序列，否则不满足归并条件。例如，单链表 1 的结点数据为 1、2、1，单链表 2 的结点数据为 2、3、2，以图 2.23 所示的方式合并后，单链表中的结点数据为 1、2、1、3、2，　无法得到有序排列。

　　代码如下所示。

```
/*子函数，合并单链表*/
/*参数1为指向单链表1的头结点的指针，参数2为指向单链表2的头结点的指针*/
int linklist_merge(linklist_t *h1, linklist_t *h2){
    linklist_t *p = h1->next;  /*使用指针p指向单链表1的首个含有数据的结点*/
    linklist_t *q = h2->next;  /*使用指针q指向单链表2的首个含有数据的结点*/
    /*使用指针1指向单链表1的头结点,该头结点将作为新单链表的头结点*/
    linklist_t *l = h1;
    free(h2);  /*释放单链表2头结点使用的内存空间*/
    /*循环判断单链表是否还有结点*/
    while(p && q){
        /*对比两个单链表中结点的值，从第一个结点开始*/
        if(p->data <= q->data){
            l->next = p;  /*将结点连接到1指向的新单链表*/
            l = p;         /*移动指针1指向新连入的结点*/
            p = p->next;  /*移动指针p指向单链表1的下一个结点，用于后续对比*/
        }
        else{
            l->next = q;  /*将结点连接到1指向的新单链表*/
            l = q;         /*移动指针1指向新连入的结点*/
            q = q->next;  /*移动指针q指向单链表2的下一个结点，用于后续对比*/
        }
    }
    if(p == NULL){        /*如果单链表1中的结点对比完*/
        l->next = q;      /*直接将单链表2剩余的结点连接到新单链表*/
    }
    if(q == NULL){        /*如果单链表2中的结点对比完*/
        l->next = p;      /*直接将单链表1剩余的结点连接到新单链表*/
    }
}
```

5. 整体测试

将以上功能代码与例 2-7 结合，查看数据操作是否成功，如例 2-8 所示。

例 2-8 单链表的其他操作。

```
1   #include <stdio.h>
2   #include <stdlib.h>
3
4   typedef int datatype_t;
5
6   /*定义结点结构体*/
7   typedef struct node{
8       datatype_t data;        /*数据域*/
9       struct node *next;      /*指针域，指针指向下一个结点*/
10  }linklist_t;
11
12  /*子函数，创建一个空的单链表，其本质为创建一个链表头*/
13  linklist_t *linklist_create(){
14      /*使用malloc()函数在内存上申请空间，空间大小为一个结构体的大小*/
15      linklist_t *h = (linklist_t *)malloc(sizeof(linklist_t));
16
17      /*初始化*/
18      h->next = NULL;
19
20      return h;
21  }
22  /*子函数，末尾插入数据结点，参数1为指向头结点的指针，参数2为插入的数据*/
23  int linklist_tail_insert(linklist_t *h, datatype_t value){
24      linklist_t *temp;
25      /*为需要插入的数据结点申请内存空间*/
26      temp = (linklist_t *)malloc(sizeof(linklist_t));
27      /*为需要插入的数据结点赋值*/
28      temp->data = value;
29
30      /*遍历整个单链表，找到最后一个结点*/
31      while(h->next != NULL){
32          h = h->next;
33      }
34      /*插入结点*/
35      h->next = temp;
36      temp->next = NULL;
37
38      return 0;
39  }
40  /*子函数，修改结点中的数据*/
41  /*参数1为指向头结点的指针，参数2为指定的数据，参数3为新修改的数据*/
42  int linklist_change(linklist_t *h, datatype_t old_value, datatype_t new_value){
43      /*循环遍历整个单链表，查找是否有匹配的结点*/
44      while(h->next != NULL){
45          if(h->next->data == old_value){  /*如果有数据匹配的结点*/
46              h->next->data = new_value;   /*修改结点中的数据*/
```

```
47              return 0;
48          }
49          else{
50              h = h->next;        /*如果未找到则继续对比下一个结点*/
51          }
52      }
53      printf("no value\n");        /*未发现匹配的结点，输出提示信息*/
54      return -1;                   /*返回异常，表示未发现匹配结点*/
55  }
56  /*子函数，根据指定数据查找匹配的数据结点，输出结点下标*/
57  /*参数 1 为指向头结点的指针，参数 2 为指定的数据*/
58  int linklist_search(linklist_t *h, datatype_t value){
59      int pos = 0;
60      /*遍历整个单链表，查找是否有匹配的结点*/
61      while(h->next != NULL){
62          if(h->next->data == value){  /*如果有数据匹配的结点*/
63              return pos;               /*返回下标值*/
64          }
65          else{
66              h = h->next;              /*如果未找到则继续对比下一个结点*/
67              pos++;                    /*下标值加 1*/
68          }
69      }
70
71      printf("no found\n");             /*未发现匹配的结点，输出提示信息*/
72      return -1;                        /*返回异常，表示未发现匹配结点*/
73  }
74  /*子函数，将单链表数据翻转，参数为指向头结点的指针*/
75  int linklist_recover(linklist_t *h){
76      linklist_t *q = NULL;
77
78      /*将单链表中的头结点与其他结点断开，并将指针 p 指向首个带数据的结点*/
79      linklist_t *p = h->next;
80      h->next = NULL;
81
82      while(p != NULL){  /*判断下一个结点是否存在*/
83          /*核心操作*/
84          q = p;            /*将 q 与 p 指向相同的结点*/
85          p = p->next;      /*移动指针 p，将 p 指向下一个结点*/
86          /*头插法，重新开始插入结点*/
87          q->next = h->next;
88          h->next = q;      /*将 q 指向的结点重新插入*/
89      }
90
91      return 0;
92  }
93  /*子函数，合并单链表*/
94  /*参数 1 为指向单链表 1 的头结点的指针，参数 2 为指向单链表 2 的头结点的指针*/
95  int linklist_merge(linklist_t *h1, linklist_t *h2){
96      linklist_t *p = h1->next;  /*使用指针 p 指向单链表 1 的首个含有数据的结点*/
```

```
97      linklist_t *q = h2->next;   /*使用指针 q 指向单链表 2 的首个含有数据的结点*/
98
99      /*使用指针 l 指向单链表 1 的头结点,该头结点将作为新单链表的头结点*/
100     linklist_t *l = h1;
101     free(h2);    /*释放单链表 2 头结点使用的内存空间*/
102
103     /*循环判断单链表是否还有结点*/
104     while(p && q){
105         /*对比两个单链表中结点的值,从第一个结点开始*/
106         if(p->data <= q->data){
107             l->next = p;   /*将结点连接到 l 指向的新单链表*/
108             l = p;          /*移动指针 l 指向新连入的结点*/
109             p = p->next;   /*移动指针 p 指向单链表 1 的下一个结点,用于后续对比*/
110         }
111         else{
112             l->next = q;   /*将结点连接到 l 指向的新单链表*/
113             l = q;          /*移动指针 l 指向新连入的结点*/
114             q = q->next;   /*移动指针 q 指向单链表 2 的下一个结点,用于后续对比*/
115         }
116     }
117
118     if(p == NULL){         /*如果单链表 1 中的结点对比完*/
119         l->next = q;       /*直接将单链表 2 剩余的结点连接到新单链表*/
120     }
121     if(q == NULL){         /*如果单链表 2 中的结点对比完*/
122         l->next = p;       /*直接将单链表 1 剩余的结点连接到新单链表*/
123     }
124 }
125 /*子函数,参数为单链表的结点地址*/
126 int linklist_show(linklist_t *h){
127     /*判断该结点的下一个结点是否存在,存在则移动指针*/
128     while(h->next != NULL){
129         h = h->next;        /*将指针指向下一个结点的地址*/
130         printf("%d ", h->data);   /*打印结点数据*/
131     }
132     printf("\n");
133     return 0;
134 }
135 int main(int argc, const char *argv[])
136 {
137     linklist_t *h1, *h2;
138     /*创建单链表 1*/
139     h1 = linklist_create();
140
141     linklist_tail_insert(h1, 70);   /*尾插法插入数据结点*/
142     linklist_tail_insert(h1, 50);
143     linklist_tail_insert(h1, 20);
144     linklist_tail_insert(h1, 10);
145
146     linklist_show(h1);         /*查看单链表结点数据,判断是否插入成功*/
147
```

```
148    linklist_change(h1, 20, 30);    /*修改单链表中结点的数据为30*/
149
150    linklist_show(h1);              /*查看单链表结点数据，判断是否修改成功*/
151
152    linklist_recover(h1);           /*将单链表1中的数据结点翻转*/
153
154    linklist_show(h1);              /*查看单链表结点数据，判断是否翻转成功*/
155
156    h2 = linklist_create();         /*创建单链表2*/
157
158    linklist_tail_insert(h2, 20);   /*尾插法插入数据结点*/
159    linklist_tail_insert(h2, 40);
160    linklist_tail_insert(h2, 60);
161
162    linklist_merge(h1, h2);         /*合并单链表*/
163
164    linklist_show(h1);              /*查看合并后的结点数据*/
165    return 0;
166 }
```

例 2-8 中，主函数主要用于测试子函数是否正确。测试分为 4 个部分：先创建一个空单链表 1，使用尾插法将数据 70、50、20、10 插入单链表，通过显示结点数据，判断结点是否插入成功；将单链表 1 中的结点数据修改为 30，通过显示结点数据，判断数据是否修改成功；将单链表 1 中的数据结点翻转，通过显示结点数据，判断单链表是否翻转成功；创建空单链表 2，使用尾插法将数据 20、40、60 插入单链表，将单链表 1 和单链表 2 合并，通过显示结点数据，判断单链表合并是否成功。运行结果如下所示。

```
linux@ubuntu:~/1000phone/data/chap2$ ./a.out
70 50 20 10                      /*单链表1插入数据成功*/
70 50 30 10                      /*单链表1修改数据成功*/
10 30 50 70                      /*单链表1翻转成功（数据倒置）*/
10 20 30 40 50 60 70             /*单链表1与单链表2合并成功*/
linux@ubuntu:~/1000phone/data/chap2$
```

由输出结果可以看出，操作全部成功。

2.4 单向循环链表

2.4.1 单向循环链表的定义

在单链表中，头结点指针是相当重要的，因为单链表的操作都需要头结点指针。如果头结点指针丢失或者损坏，那么整个单链表都会遗失，并且浪费链表内存空间。为了避免这种情况的产生，可以将单链表设计成循环链表。循环链表可以单向循环也可以是双向循环，下面将介绍单向循环链表的操作。

单向循环链表是在单链表的基础上，将尾结点的指针指向链表中的头结点，而非 NULL，如图

2.24 所示。

图 2.24 单向循环链表

由图 2.24 可知，单向循环链表中的结点通过指针指向形成闭合的连接，结点的结构与单链表相同。代码如下所示。

```
typedef int datatype_t;   /*重定义 int 整型为 datatype_t*/
/*结点结构*/
typedef struct node{
    datatype_t data;      /*结点数据*/
    struct node *next;   /*指向下一个结点的指针*/
}looplist_t;
```

2.4.2 单向循环链表的创建

在对单向循环链表中的数据进行操作之前，需要先创建一个空表。通过代码实现创建空的单向循环链表，如例 2-9 所示。

例 2-9 单向循环链表的创建。

```
1    #include <stdio.h>
2    #include <stdlib.h>
3
4    typedef int datatype_t;   /*重定义 int 整型为 datatype_t*/
5
6    typedef struct node{
7        datatype_t data;      /*结点数据*/
8        struct node *next;    /*指向下一个结点的指针*/
9    }looplist_t;
10   /*子函数，创建单向循环链表*/
11   looplist_t * looplist_create(){
12       looplist_t *h;
13       /*使用 malloc()函数为头结点申请内存空间，大小为 sizeof(looplist_t)*/
14       h = (looplist_t *)malloc(sizeof(looplist_t));
15
16       h->next = h;   /*将头结点指针指向自身，开始时只有一个头结点*/
17
18       return h;        /*返回头结点地址*/
19   }
20   int main(int argc, const char *argv[])
21   {
22       looplist_t *h;
23
24       h = looplist_create();
25       return 0;
26   }
```

2.4.3 插入数据与显示数据

1. 头插法

插入数据可选用头插法，其原理与单链表一致，代码如下所示。

```c
/*头插法插入数据,参数 1 为头结点指针,参数 2 为插入的结点数据*/
int looplist_head_insert(looplist_t *h, datatype_t value){
    looplist_t *temp;
    /*使用 malloc()函数为新插入的结点申请内存空间*/
    temp = (looplist_t *)malloc(sizeof(looplist_t));
    /*为结点赋值,保存数据*/
    temp->data = value;
    /*头插法*/
    temp->next = h->next;
    h->next = temp;

    return 0;
}
```

2. 显示数据

显示数据即获取单向循环链表中结点的数据，代码如下所示。

```c
/*显示数据*/
int looplist_show(looplist_t *h){
    looplist_t *p = h;
    /*遍历数据到最后一个结点为止*/
    while(h->next != p){
        h = h->next;        /*移动指针,进行遍历*/
        printf("%d ", h->data);
    }
    printf("\n");
    return 0;
}
```

3. 整体测试

将以上述功能代码与例 2-9 结合，测试数据操作是否成功，如例 2-10 所示。

例 2-10 单向循环链表插入数据结点。

```c
1   #include <stdio.h>
2   #include <stdlib.h>
3
4   typedef int datatype_t;  /*重定义 int 整型为 datatype_t*/
5
6   typedef struct node{
7       datatype_t data;    /*结点数据*/
8       struct node *next;  /*指向下一个结点的指针*/
9   }looplist_t;
10  /*子函数,创建单向循环链表*/
```

```
11  looplist_t * looplist_create(){
12      looplist_t *h;
13      /*使用malloc()函数为头结点申请内存空间, 大小为 sizeof(looplist_t)*/
14      h = (looplist_t *)malloc(sizeof(looplist_t));
15
16      h->next = h;   /*将头结点指针指向自身, 开始时只有一个头结点*/
17
18      return h;        /*返回头结点地址*/
19  }
20  /*头插法插入数据,参数 1 为头结点指针, 参数 2 为插入的结点数据*/
21  int looplist_head_insert(looplist_t *h, datatype_t value){
22      looplist_t *temp;
23      /*使用malloc()函数为新插入的结点申请内存空间*/
24      temp = (looplist_t *)malloc(sizeof(looplist_t));
25      /*为结点赋值, 保存数据*/
26      temp->data = value;
27      /*头插法*/
28      temp->next = h->next;
29      h->next = temp;
30
31      return 0;
32  }
33  /*子函数, 显示数据*/
34  int looplist_show(looplist_t *h){
35      looplist_t *p = h;
36      /*遍历数据到最后一个结点为止*/
37      while(h->next != p){
38          h = h->next;        /*移动指针, 进行遍历*/
39          printf("%d ", h->data);
40      }
41      printf("\n");
42      return 0;
43  }
44  int main(int argc, const char *argv[])
45  {
46      looplist_t *h;
47      /*创建单向循环链表*/
48      h = looplist_create();
49      /*插入结点*/
50      looplist_head_insert(h, 10);
51      looplist_head_insert(h, 20);
52      looplist_head_insert(h, 30);
53      looplist_head_insert(h, 40);
54      /*显示数据*/
55      looplist_show(h);
56      return 0;
```

例 2-10 中, 主函数主要用于测试子函数是否正确。主要测试的功能为创建单向循环链表、使用头插法插入结点、显示结点数据。输出结果如下所示。

```
linux@ubuntu:~/1000phone/data/chap2$ ./a.out
30 20 10
linux@ubuntu:~/1000phone/data/chap2$
```

由输出结果可以看出，数据结点插入成功。采用头插法插入数据结点，结点排列顺序与插入顺序刚好相反。

2.5 双向循环链表

2.5.1 双向循环链表的定义

在单链表中，如果需要查找某一个结点的后继，直接通过指针移动到下一个结点即可；但若要查找某一结点的前驱，则需要从链表头开始。为了提高数据操作的效率，引入双向循环链表。

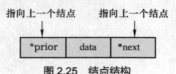

图 2.25　结点结构

双向循环链表中结点的结构与单链表不同，每一个结点都有一个指向前一个结点的指针和一个指向后一个结点的指针，如图 2.25 所示。

结点结构的代码实现如下所示。

```
typedef int datatype_t;
typedef struct node{
    datatype_t data;       /*结点数据*/
    struct node *prior;   /*指向上一个结点*/
    struct node *next;    /*指向下一个结点*/
}dlinklist_t;
```

双向循环链表中，可以通过指针快速访问某个结点的前驱和后继，如图 2.26 所示。

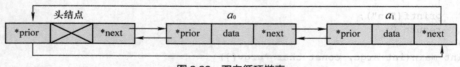

图 2.26　双向循环链表

由图 2.26 可知，每个结点的 prior 指针指向自身的前驱，每个结点的 next 指针指向自身的后继，并且形成闭合的连接。

2.5.2 双向循环链表的创建

在对双向循环链表中的数据进行操作之前，需要先创建一个空表。通过代码实现创建空的双向循环链表，如例 2-11 所示。

例 2-11　双向循环链表的创建。

```
1    #include <stdio.h>
2    #include <stdlib.h>
3
4    typedef int datatype_t;
5    typedef struct node{
6        datatype_t data;       /*结点数据*/
7        struct node *prior;   /*指向上一个结点*/
```

```
8        struct node *next;   /*指向下一个结点*/
9    }dlinklist_t;
10   /*子函数，创建空的双向循环链表*/
11   dlinklist_t *dlinklist_create(){
12       dlinklist_t *dl;
13       /*使用malloc()函数为头结点申请内存空间*/
14       dl = (dlinklist_t *)malloc(sizeof(dlinklist_t));
15       /*初始化，将头结点的两个指针都指向自己*/
16       dl->next = dl->prior = dl;
17
18       return dl;
19   }
20   int main(int argc, const char *argv[])
21   {
22       dlinklist_t *dl;
23       dl = dlinklist_create();  /*创建空的双向循环链表*/
24       return 0;
25   }
```

例 2-11 创建空双向循环链表，头结点的两个指针 prior 与 next 的初始状态为指向自己，如图 2.27 所示。

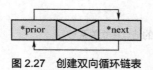

图 2.27　创建双向循环链表

2.5.3　插入与删除数据结点

双向循环链表插入数据与删除数据比单链表要复杂，删除数据时需要判断链表是否为空，如果为空则不允许执行删除操作。

1. 插入数据结点

双向循环链表第一次插入数据结点与后续插入数据结点的情况不同，如图 2.28 和图 2.29 所示。

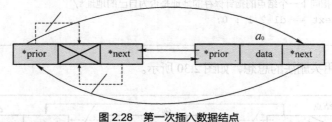

图 2.28　第一次插入数据结点

由图 2.29 可以看出，采用头插法插入新结点，只需要保证新结点与头结点（前驱）、头结点的下一个结点（后继）建立相互指向的关系即可。为了便于理解，在第一次插入结点时，可以假设双向循环链表中已经存在其他结点，其操作代码与其他情况一致。代码如下所示。

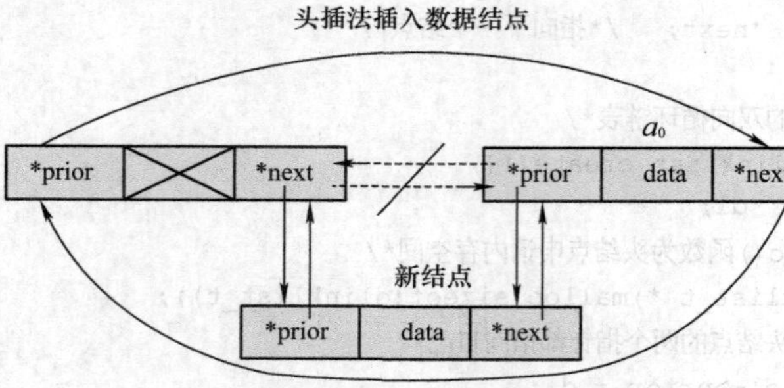

头插法插入数据结点

图 2.29　后续插入数据结点

```c
/*子函数，插入数据，参数1为指向头结点的指针，参数2为插入的数据*/
void dlinklist_insert(dlinklist_t *dl, datatype_t value){
    /*使用malloc()函数为新插入的结点申请空间*/
    dlinklist_t *temp = (dlinklist_t *)malloc(sizeof(dlinklist_t));
    /*为新插入的结点赋值*/
    temp->data = value;

    /*获取第一个有数据的结点的地址，地址为dl->next*/
    /*如果此时只有一个头结点，则假设存在有数据的结点*/
    dlinklist_t *pnext = dl->next;
    /*使头结点与新插入的结点建立关系*/
    dl->next = temp;
    temp->prior = dl;
    /*使头结点的下一个结点与新插入的结点建立关系*/
    temp->next = pnext;
    pnext->prior = temp;

    return ;
}
```

2. 删除数据结点

删除数据结点之前，必须判断双向循环链表是否为空，代码如下所示。

```c
/*子函数，判断双向循环链表是否为空*/
int dlinklist_empty(dlinklist_t *dl){
    /*判断头结点中指向下一个结点的指针保存的地址是否为自己的地址*/
    return dl->next == dl ? 1 : 0;
}
```

删除数据结点采用头删法的思想，如图 2.30 所示。

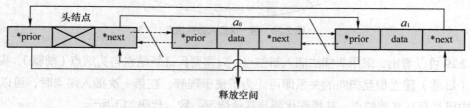

释放空间

图 2.30　删除数据结点

由图 2.30 可知，删除数据结点，只需将该结点与其前驱（头结点）、后继的指针指向关系断开，并重新连接，然后将被删除结点的空间释放。代码如下所示。

```
/*子函数，删除数据结点*/
datatype_t dlinklist_delete(dlinklist_t *dl){
    if(dlinklist_empty(dl) == 1){
        printf("empty\n");
        return -1;
    }
    /*保存被删除结点的地址*/
    dlinklist_t *temp = dl->next;
    /*保存被删除结点的下一个结点的地址*/
    dlinklist_t *nnext = temp->next;

    /*将结点从双向循环链表中移除*/
    dl->next = nnext;
    nnext->prior = dl;

    /*保存数据并返回*/
    datatype_t value = temp->data;

    /*释放被删除结点占用的内存空间*/
    free(temp);
    temp = NULL;

    return value;
}
```

3. 显示结点数据

插入或删除结点完成后，可通过打印结点数据，判断双向循环链表中的结点操作是否正确。代码如下所示。

```
/*子函数，打印结点数据*/
void dlinklist_show(dlinklist_t *dl){
    dlinklist_t *p = dl;
    /*遍历双向循环链表，如果下一个结点的地址为头结点地址，表示双向循环链表遍历完成*/
    while(dl->next != p){
        printf("%d ", dl->next->data);
        dl = dl->next;
    }
    printf("\n");
    return ;
}
```

4. 整体测试

将以上功能代码与例 2-11 结合，测试数据操作是否成功，如例 2-12 所示。

例 2-12　双向循环链表插入与删除数据结点。

```
1   #include <stdio.h>
2   #include <stdlib.h>
```

```
3
4       typedef int datatype_t;
5       typedef struct node{
6           datatype_t data;        /*结点数据*/
7           struct node *prior;     /*指向上一个结点*/
8           struct node *next;      /*指向下一个结点*/
9       }dlinklist_t;
10      /*子函数，创建空的双向循环链表*/
11      dlinklist_t *dlinklist_create(){
12          dlinklist_t *dl;
13          /*使用malloc()函数为头结点申请内存空间*/
14          dl = (dlinklist_t *)malloc(sizeof(dlinklist_t));
15          /*初始化，将头结点的两个指针都指向自己*/
16          dl->next = dl->prior = dl;
17
18          return dl;
19      }
20      /*子函数，插入数据，参数1为指向头结点的指针，参数2为插入的数据*/
21      void dlinklist_insert(dlinklist_t *dl, datatype_t value){
22          /*使用malloc()函数为新插入的结点申请空间*/
23          dlinklist_t *temp = (dlinklist_t *)malloc(sizeof(dlinklist_t));
24          /*为新插入的结点赋值*/
25          temp->data = value;
26
27          /*获取第一个有数据的结点的地址，地址为dl->next*/
28          /*如果此时只有一个头结点，则假设存在有数据的结点*/
29          dlinklist_t *pnext = dl->next;
30
31          /*使头结点与新插入的结点建立关系*/
32          dl->next = temp;
33          temp->prior = dl;
34
35          /*使头结点的下一个结点与新插入的结点建立关系*/
36          temp->next = pnext;
37          pnext->prior = temp;
38
39          return ;
40      }
41      /*子函数，判断双向循环链表是否为空*/
42      int dlinklist_empty(dlinklist_t *dl){
43          /*判断头结点中指向下一个结点的指针保存的地址是否为自己的地址*/
44          return dl->next == dl ? 1 : 0;
45      }
46      /*子函数，删除数据结点*/
47      datatype_t dlinklist_delete(dlinklist_t *dl){
48          if(dlinklist_empty(dl) == 1){
49              printf("empty\n");
50              return -1;
51          }
52
53          /*保存被删除结点的地址*/
54          dlinklist_t *temp = dl->next;
```

```
55        /*保存被删除结点的下一个结点的地址*/
56        dlinklist_t *nnext = temp->next;
57
58        /*将结点从双向循环链表中移除*/
59        dl->next = nnext;
60        nnext->prior = dl;
61
62        /*保存数据并返回*/
63        datatype_t value = temp->data;
64
65        /*释放被删除结点占用的内存空间*/
66        free(temp);
67        temp = NULL;
68
69        return value;
70 }
71 /*子函数，打印结点数据*/
72 void dlinklist_show(dlinklist_t *dl){
73        dlinklist_t *p = dl;
74
75        /*遍历双向循环链表，如果下一个结点的地址为头结点地址，表示双向循环链表遍历完成*/
76        while(dl->next != p){
77            printf("%d ", dl->next->data);
78            dl = dl->next;
79        }
80        printf("\n");
81
82        return ;
83 }
84 int main(int argc, const char *argv[])
85 {
86        dlinklist_t *dl;
87        /*创建空的双向循环链表*/
88        dl = dlinklist_create();
89        /*插入数据*/
90        dlinklist_insert(dl, 10);
91        dlinklist_insert(dl, 20);
92        dlinklist_insert(dl, 30);
93        dlinklist_show(dl);          /*显示结点数据，判断是否插入成功*/
94
95        dlinklist_empty(dl);         /*删除前判断双向循环链表是否为空*/
96        dlinklist_delete(dl);        /*删除数据结点*/
97        dlinklist_show(dl);          /*显示结点数据，判断是否删除成功*/
98
99        return 0;
100 }
```

例 2-12 中，主函数主要用于测试子函数是否正确，首先创建一个空的双向循环链表，然后插入
数据结点，最后删除数据结点。输出结果如下所示。

```
linux@ubuntu:~/1000phone/data/chap2$ ./a.out
30 20 10                    /*插入结点成功*/
20 10                       /*第一个结点被删除*/
linux@ubuntu:~/1000phone/data/chap2$
```

由输出结果可以看出，插入数据结点成功，删除数据结点成功。

2.6 本章小结

本章主要介绍了线性表的两种物理结构的实现——顺序表与单链表，通过代码设计详细展示了二者的数据操作。单链表可以实现循环链表，循环链表可以单向循环也可以双向循环。读者需要理解顺序表与单链表的结点操作原理，并熟练设计代码，从中掌握各个功能模块的算法设计思想。

2.7 习题

1. 填空题

（1）线性表中的数据元素之间满足_____结构。

（2）线性表采用顺序存储通常被称为_____。

（3）线性表采用链式存储通常被称为_____。

（4）链表中的结点由两部分组成，一部分为_____，另一部分为_____。

（5）单向循环链表中的末尾结点的指针指向_____。

（6）在顺序表中，逻辑上相邻的元素，其物理位置_____相邻。

（7）在单链表中，逻辑上相邻的元素，其物理位置_____相邻。

2. 思考题

（1）什么是顺序表？

（2）什么是单链表？

（3）双向循环链表相较于单向循环链表的优势有哪些？

3. 编程题

（1）使用 C 语言设计编写功能函数，实现顺序表插入数据结点，结点对应的结构体以及函数原型定义如下。

```
/*插入数据结点函数，第1个参数为结构体指针，第2个参数为需要插入的数据，为整型数据*/
typedef int datatype_t;
typedef struct{                /*定义结构体*/
    datatype_t data[N];
    int last;
}seqlist_t;
int seqlist_insert(seqlist_t *l, int value)
```

（2）使用 C 语言设计编写功能函数，实现单链表插入数据结点（头插法），结点对应的结构体以及函数原型定义如下。

```
typedef int datatype_t;
typedef struct node{
    datatype_t data;          /*数据域*/
    struct node *next;        /*指针域*/
}linklist_t;
/*参数1为指向头结点的指针，参数2为新插入结点的数据*/
int linklist_head_insert(linklist_t *h, datatype_t value)
```

（3）使用 C 语言设计编写功能函数，实现双向循环链表插入数据结点，结点对应的结构体以及函数原型定义如下。

```
typedef int datatype_t;
typedef struct node{
    datatype_t data;          /*结点数据*/
    struct node *prior;    /*指向上一个结点*/
    struct node *next;     /*指向下一个结点*/
}dlinklist_t;
/*参数1为指向头结点的指针，参数2为插入的数据*/
void dlinklist_insert(dlinklist_t *dl, datatype_t value)
```

（4）倒序输出一个单链表，不需要改变原有的数据逻辑关系，结点对应的结构体以及函数原型定义如下。

```
typedef int datatype_t;
typedef struct node{
    datatype_t data;          /*数据域*/
    struct node *next;        /*指针域*/
}linklist_t;
int show_reverse_linklist(linklist_t *h)
```

03 第 3 章 栈与队列

本章学习目标

- 了解栈与队列的基本概念
- 掌握顺序栈的定义与代码编写方法
- 掌握链式栈的定义与代码编写方法
- 掌握顺序队列的定义与代码编写方法
- 掌握链式队列的定义与代码编写方法

本章将主要介绍两种典型的数据结构——栈与队列。栈与队列都是基于线性表的数据结构类型，其数据元素之间仍然满足线性结构。栈与队列可以通过不同的物理结构实现，如顺序存储与链式存储。因此，栈又可以分为顺序栈与链式栈，队列同样可以分为顺序队列与链式队列。本章将从栈与队列的数据操作分析入手，详细介绍代码的编写方法。

3.1 栈的概念

3.1.1 栈的定义

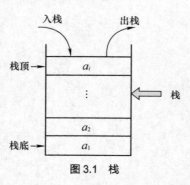

图 3.1 栈

栈是一种运算受限制的线性表，其只允许在表的一端进行插入和删除操作，俗称堆栈。允许进行操作的一端称为"栈顶"，另一个固定端称为"栈底"，当栈中没有元素时，该栈称为"空栈"。

例如，栈$(a_1,a_2,a_3,\cdots,a_i)$，其中a_1为栈底结点，而a_i为栈顶结点。如果需要插入或删除结点，只能从栈顶操作，插入结点称为入栈，删除结点称为出栈，如图 3.1 所示。

由图 3.1 可知，栈中的数据在入栈和出栈时，遵循后进先出的原则。这类似于手枪的子弹夹，最先装入的子弹，最后出膛击发。

3.1.2 栈的运算

栈的运算指的是对栈中的数据进行操作，其具体实现与栈的物理结构有关。栈常见的几种运算如下。

（1）判栈空：判断栈是否为空。

（2）取栈顶：获取栈顶结点的数据。

（3）入栈：将结点压入栈的顶部。

（4）出栈：移出栈顶结点。

3.2 栈的顺序存储

栈采用顺序存储称为顺序栈，顺序栈是顺序表的一种，是运算受限制的顺序表，具有与顺序表相同的存储结构。

3.2.1 顺序栈的定义

在 C 语言程序中，栈用数组表示，配合数组下标表示的栈顶指针完成各种操作。代码如下所示。

```
#define N 32
typedef int datatype_t;
typedef struct{              /*结构体定义*/
    datatype_t data[N];      /*使用数组表示顺序栈，栈中的元素不固定，这里为整型*/
    int top;                 /*数组下标，表示栈顶位置*/
}seqstack_t;
```

由以上代码可知，结构体中的第 1 个成员为一维数组，使用该数组表示栈，数组中保存的元素为栈的数据结点；结构体中的第 2 个成员 top 表示栈顶指针，其初始值为 0，表示栈中没有数据结点，每压入一个数据结点，top 的值加 1，如图 3.2 所示。

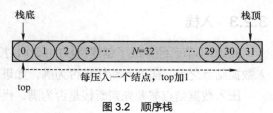

图 3.2　顺序栈

3.2.2 顺序栈的创建

在对栈中的数据结点进行操作之前，需要先创建一个空栈。假设一个结点所占的空间大小为 L，栈中的结点有 n 个，则栈所占的空间为 $n \times L$。但实际的情况是栈中的结点数是不确定的，其占有的空间大小也是不确定的，因此需要先分配 $max \times L$ 个连续的内存空间，使其能存储 max 个结点。

通过代码实现创建空栈，如例 3-1 所示。

例 3-1 顺序栈的创建。

```
1   #include <stdio.h>
2   #include <stdlib.h>
3
4   #define N 32
5
6   typedef int datatype_t;
7   typedef struct{              /*结构体定义*/
8       datatype_t data[N];  /*使用数组表示顺序栈*/
9       int top;                 /*数组下标，表示栈顶位置*/
10  }seqstack_t;
11  /*子函数，创建一个空栈*/
12  seqstack_t *seqstack_create(){
13      seqstack_t *s;
14      /*使用 malloc()函数为栈申请内存空间，大小为 sizeof(seqstack_t)*/
15      s = (seqstack_t *)malloc(sizeof(seqstack_t));
16
17      /*初始化，将 top 置为 0*/
18      s->top = 0;
19      /*返回结构体地址*/
20      return s;
21  }
22  /*主函数*/
23  int main(int argc, const char *argv[])
24  {
25      seqstack_t *s;
26      s = seqstack_create(); /*创建一个空栈*/
27
28      return 0;
29  }
```

如例 3-1 所示，创建空栈只需为结构体在内存上申请一块连续的空间，并将表示栈顶指针的 top 置为 0，表示栈中没有任何结点。

3.2.3 入栈

3.2.2 小节已经完成了创建空栈的操作，接下来将通过代码展示如何向栈中压入数据结点。在压入数据结点之前，需要判断栈是否为满，如果为满则不允许入栈，否则会造成数据在内存上越界。

压入数据结点需要先判断栈是否为满，代码如下所示（变量定义与例 3-1 一致）。

```
/*判断栈是否为满*/
int seqstack_full(seqstack_t *s){
    /*判断 top 是否等于最大值 N，等于 N 返回 1，表示栈满，否则返回 0*/
    return s->top == N ? 1 : 0;
}
```

栈未满即可进行入栈操作，代码如下所示（变量定义与例 3-1 一致）。

```
/*参数 1 为描述栈的结构体指针，参数 2 为入栈的数据*/
int seqstack_push(seqstack_t *s, datatype_t value){
    if(seqstack_full(s)){
        printf("seqstack full\n");
        return -1;
    }
    /*入栈，本质为将数据保存至数组*/
    s->data[s->top] = value;
    s->top++;  /*top 值加 1*/

    return 0;
}
```

由以上代码可知，入栈只需要将新压入的数据保存至表示顺序栈的数组中即可。

3.2.4　出栈

在移出数据结点之前，需要判断栈是否为空，如果为空，表示没有数据可以移出。代码如下所示（变量定义与例 3-1 一致）。

```
/*判断栈是否为空*/
int seqstack_empty(seqstack_t *s){
    /*判断 top 是否等于 0，等于 0 返回 1，表示栈空，否则返回 0*/
    return s->top == 0 ? 1 : 0;
}
```

栈非空即可执行出栈操作，代码如下所示（变量定义与例 3-1 一致）。

```
/*参数为描述栈的结构体指针*/
int seqstack_pop(seqstack_*s){
    datatype_t value;

    if(seqstack_empty(s)){
        printf("seqstack empty\n");
        return -1;
    }
    /*获取栈顶数据结点*/
    value = s->data[s->top - 1];
    s->top--;        /*top 值减 1*/

    return value;  /*返回栈顶数据*/
}
```

由以上代码可知，出栈只需要将栈顶 top 值减 1 即可。

执行入栈或出栈时，都可以通过当前 top 值及时获取栈顶结点的数据，代码如下所示（变量定义与例 3-1 一致）。

```
/*获取栈顶结点数据*/
int seqstack_get_pop(seqstack_t *s){
    /*直接返回栈顶结点的数据*/
    return s->data[s->top - 1];
}
```

3.2.5　显示结点数据

显示栈中所有结点的数据，代码如下所示（变量定义与例 3-1 一致）。

```
/*显示栈中所有结点数据*/
int seqstack_show(seqstack_t *s){
    int i = 0;
    /*遍历整个栈中的所有结点*/
    for(i = 0; i < s->top; i++){
        printf("%d ", s->data[i]);
    }
    printf("\n");
    return 0;
}
```

3.2.6　整体测试

将 3.2.3 小节至 3.2.5 小节中的功能代码与例 3-1 结合，测试数据操作是否成功，如例 3-2 所示。

例 3-2　顺序栈的操作。

```
1   #include <stdio.h>
2   #include <stdlib.h>
3
4   #define N 32
5
6   typedef int datatype_t;
7   typedef struct{              /*结构体定义*/
8       datatype_t data[N];   /*使用数组表示顺序栈*/
9       int top;              /*数组下标，表示栈顶位置*/
10  }seqstack_t;
11  /*子函数，创建一个空栈*/
12  seqstack_t *seqstack_create(){
13      seqstack_t *s;
14      /*使用malloc()函数为栈申请内存空间，大小为 sizeof(seqstack_t)*/
15      s = (seqstack_t *)malloc(sizeof(seqstack_t));
16
17      /*初始化，将 top 置为 0*/
18      s->top = 0;
19      /*返回结构体地址*/
20      return s;
21  }
22  /*子函数，判断栈是否为满*/
```

```
23   int seqstack_full(seqstack_t *s){
24       /*判断 top 是否等于最大值 N，等于 N 返回 1，表示栈满，否则返回 0*/
25       return s->top == N ? 1 : 0;
26   }
27   /*子函数，判断栈是否为空*/
28   int seqstack_empty(seqstack_t *s){
29       /*判断 top 是否等于 0，等于 0 返回 1，表示栈空，否则返回 0*/
30       return s->top == 0 ? 1 : 0;
31   }
32   /*子函数，入栈，参数 1 为描述栈的结构体指针，参数 2 为入栈的数据*/
33   int seqstack_push(seqstack_t *s, datatype_t value){
34       if(seqstack_full(s)){
35           printf("seqstack full\n");
36           return -1;
37       }
38       /*入栈，本质为将数据保存至数组*/
39       s->data[s->top] = value;
40       /*top 值加 1*/
41       s->top++;
42
43       return 0;
44   }
45   /*子函数，出栈，参数为描述栈的结构体指针*/
46   int seqstack_pop(seqstack_t *s){
47       datatype_t value;
48
49       if(seqstack_empty(s)){
50           printf("seqstack empty\n");
51           return -1;
52       }
53       /*获取栈顶数据结点*/
54       value = s->data[s->top - 1];
55       s->top--;        /*top 值减 1*/
56
57       return value;    /*返回栈顶数据*/
58   }
59   /*子函数，获取栈顶结点数据*/
60   int seqstack_get_pop(seqstack_t *s){
61       /*直接返回栈顶结点的数据*/
62       return s->data[s->top - 1];
63   }
64   /*子函数，显示栈中所有结点数据*/
65   int seqstack_show(seqstack_t *s){
66       int i = 0;
67
68   /*遍历整个栈中的所有结点*/
69       for(i = 0; i < s->top; i++){
70           printf("%d ", s->data[i]);
71       }
72       printf("\n");
73
74       return 0;
```

```
75      }
76    /*主函数*/
77    int main(int argc, const char *argv[])
78    {
79        seqstack_t *s;
80        /*创建一个空栈*/
81        s = seqstack_create();
82        /*入栈*/
83        seqstack_push(s, 10);
84        seqstack_push(s, 20);
85        seqstack_push(s, 30);
86        seqstack_push(s, 40);
87        /*查看栈中的结点数据，判断是否入栈成功*/
88        seqstack_show(s);
89        /*出栈，并显示出栈的数据*/
90        printf("%d\n", seqstack_pop(s));
91        printf("%d\n", seqstack_pop(s));
92        /*查看栈中的结点数据，判断是否出栈成功*/
93        seqstack_show(s);
94
95        return 0;
96    }
```

例 3-2 中，主函数主要用于测试子函数是否正确。首先执行入栈操作，并通过显示数据判断入栈是否成功；然后执行出栈操作并显示出栈数据。输出结果如下所示。

```
linux@ubuntu:~/1000phone/data/chap3$ ./a.out
10 20 30 40          /*入栈数据*/
40                   /*第 1 次出栈*/
30                   /*第 2 次出栈*/
10 20                /*出栈后剩余的数据*/
linux@ubuntu:~/1000phone/data/chap3$
```

由输出结果可以看出，数据入栈成功，数据出栈成功。

3.3 栈的链式存储

栈采用链式存储称为链式栈，链式栈是单链表的一种，是运算受限制的单链表，具有与单链表相同的存储结构。

3.3.1 链式栈的定义

链式栈作为单链表的一种，其插入操作与删除操作均在链表头部进行，链表尾部就是栈底，头指针就是栈顶指针，如图 3.3 所示。

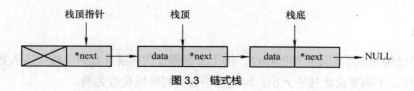

图 3.3 链式栈

由图 3.3 可知，链式栈中的结点结构与单链表一致，代码如下所示。

```
typedef int datatype_t;
typedef struct node{
    datatype_t data;     /*结点数据*/
    struct node *next;   /*指向下一个结点的指针*/
}linkstack_t;
```

3.3.2 链式栈的创建

在对链式栈中的数据进行操作之前，需要先创建一个空的链式栈。通过代码实现创建一个空的链式栈，如例 3-3 所示。

例 3-3 链式栈的创建。

```
1   #include <stdio.h>
2   #include <stdlib.h>
3
4   typedef int datatype_t;
5   typedef struct node{
6       datatype_t data;     /*结点数据*/
7       struct node *next;   /*指向下一个结点的指针*/
8   }linkstack_t;
9
10  /*子函数，创建一个空栈*/
11  linkstack_t *linkstack_create(){
12      linkstack_t *s;
13      /*使用malloc()函数为头结点申请内存空间*/
14      s = (linkstack_t *)malloc(sizeof(linkstack_t));
15
16      /*初始化，头结点指针指向为空*/
17      s->next = NULL;
18
19      return s;
20  }
21  int main(int argc, const char *argv[])
22  {
23      linkstack_t *s;
24      s = linkstack_create();  /*创建空栈*/
25
26      return 0;
27  }
```

由以上代码可知，创建空栈与创建单链表一致，都是为头结点申请内存空间。

3.3.3 入栈

3.3.2 小节已经完成了创建空栈的操作，接下来将通过代码展示如何向栈中压入数据结点。链式栈不同于顺序栈，不需要设定栈的大小，因此也不需要判断栈是否为满。

入栈采用单链表操作中的头插法，最先插入的数据结点成为栈底。代码如下所示（变量定义与例 3-3 一致）。

```
/*入栈，参数1为栈顶指针（头结点指针），参数2为插入的数据*/
int linkstack_push(linkstack_t *s, datatype_t value){
    linkstack_t *temp;
    /*使用malloc()函数为新插入的结点申请内存空间*/
    temp = (linkstack_t *)malloc(sizeof(linkstack_t));
    /*为新插入的结点赋值*/
    temp->data = value;
    /*用头插法实现入栈*/
    temp->next = s->next;
    s->next = temp;

    return 0;
}
```

3.3.4 出栈

在移出数据结点之前，需要判断栈是否为空，如果为空，则没有数据可以移出。代码如下所示（变量定义与例 3-3 一致）。

```
/*判断栈是否为空*/
int linkstack_empty(linkstack_t *s){
    return s->next == NULL ? 1 : 0;    /*判断下一个结点是否为空*/
}
```

栈非空即可执行出栈操作。出栈采用单链表操作中的头删法，最后删除的数据结点为栈底。代码如下所示（变量定义与例 3-3 一致）。

```
/*出栈*/
datatype_t linkstack_pop(linkstack_t *s){
    linkstack_t *temp;
    datatype_t value;

    if(linkstack_empty(s)){
        printf("linkstack empty\n");
        return -1;
    }
    /*用头删法实现出栈，后入先出*/
    temp = s->next;
    s->next = temp->next;
    /*保存出栈的数据*/
```

```
        value = temp->data;
        /*释放出栈的结点的内存空间*/
        free(temp);
        temp = NULL;
        /*返回出栈的数据*/
        return value;
}
```

3.3.5　显示结点数据

显示栈中所有的结点数据，代码如下所示（变量定义与例 3-3 一致）。

```
/*显示结点数据*/
int linkstack_show(linkstack_t *s){
    /*判断栈是否为空*/
    while(!linkstack_empty(s)){
        /*遍历下一个结点*/
        s = s->next;
        printf("%d ", s->data);
    }
    printf("\n");
}
```

3.3.6　整体测试

将 3.3.3 小节至 3.3.5 小节中的功能代码与例 3-3 结合，测试数据操作是否成功，如例 3-4 所示。

例 3-4　链式栈的操作。

```
1    #include <stdio.h>
2    #include <stdlib.h>
3
4    typedef int datatype_t;
5    typedef struct node{
6        datatype_t data;      /*结点数据*/
7        struct node *next;   /*指向下一个结点的指针*/
8    }linkstack_t;
9
10   /*子函数，创建一个空栈*/
11   linkstack_t *linkstack_create(){
12       linkstack_t *s;
13       /*使用 malloc()函数为头结点申请内存空间*/
14       s = (linkstack_t *)malloc(sizeof(linkstack_t));
15
16       /*初始化，头结点指针指向为空*/
17       s->next = NULL;
18
19       return s;
20   }
21   /*入栈，参数 1 为栈顶指针（头结点指针），参数 2 为插入的数据*/
```

```
22   int linkstack_push(linkstack_t *s, datatype_t value){
23       linkstack_t *temp;
24       /*使用malloc()函数为新插入的结点申请内存空间*/
25       temp = (linkstack_t *)malloc(sizeof(linkstack_t));
26       /*为新插入的结点赋值*/
27       temp->data = value;
28
29       /*用头插法实现入栈*/
30       temp->next = s->next;
31       s->next = temp;
32
33       return 0;
34   }
35   /*子函数，判断栈是否为空*/
36   int linkstack_empty(linkstack_t *s){
37       return s->next == NULL ? 1 : 0;
38   }
39   /*出栈*/
40   datatype_t linkstack_pop(linkstack_t *s){
41       linkstack_t *temp;
42       datatype_t value;
43
44       if(linkstack_empty(s)){
45           printf("linkstack empty\n");
46           return -1;
47       }
48
49       /*用头删法实现出栈，后入先出*/
50       temp = s->next;
51       s->next = temp->next;
52
53       /*保存出栈的数据*/
54       value = temp->data;
55
56       /*释放出栈的结点的内存空间*/
57       free(temp);
58       temp = NULL;
59
60       /*返回出栈的数据*/
61       return value;
62   }
63   /*子函数，显示结点数据*/
64   int linkstack_show(linkstack_t *s){
65       /*判断栈是否为空*/
66       while(!linkstack_empty(s)){
67           /*遍历下一个结点*/
68           s = s->next;
69           printf("%d ", s->data);
70       }
71       printf("\n");
72   }
```

```
73    int main(int argc, const char *argv[])
74    {
75        linkstack_t *s;
76        /*创建一个空栈*/
77        s = linkstack_create();
78        /*入栈*/
79        linkstack_push(s, 10);
80        linkstack_push(s, 20);
81        linkstack_push(s, 30);
82        linkstack_push(s, 40);
83        linkstack_push(s, 50);
84
85        linkstack_show(s);          /*显示栈中结点的数据*/
86
87        printf("%d\n", linkstack_pop(s));      /*出栈，并输出出栈的数据*/
88        printf("%d\n", linkstack_pop(s));
89
90        linkstack_show(s);          /*显示栈中结点的数据*/
91        return 0;
92    }
```

例 3-4 中，主函数主要用于测试子函数是否正确。首先执行入栈操作，并通过显示数据判断入栈是否成功；然后执行出栈操作并显示出栈数据。输出结果如下所示。

```
linux@ubuntu:~/1000phone/data/chap3$ ./a.out
50 40 30 20 10          /*入栈数据*/
50                      /*第1次出栈*/
40                      /*第2次出栈*/
30 20 10                /*出栈后剩余数据*/
linux@ubuntu:~/1000phone/data/chap3$
```

由输出结果可以看出，数据入栈成功，数据出栈成功。

3.4 队列的概念

3.4.1 队列的定义

队列同样是一种运算受限制的线性表，是只能在两端进行插入和删除操作的线性表。允许进行插入操作的一端称为"队尾"，允许进行删除操作的一端称为"队头"，当队列中没有元素时，队列称为"空队"。

例如，队列$(a_1, a_2, a_3, \cdots, a_i)$，其中 a_1 为队头，而 a_i 为队尾。如果需要删除结点，只能从队头操作；如果需要插入结点，只能从队尾操作，如图 3.4 所示。

由图 3.4 可知，队列中的数据在入队和出队时，遵循先进先出的原则。这类似于生活中排队办理业务，站在队头的人最先办理业务。

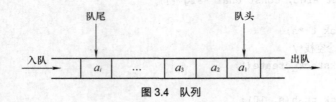

图 3.4　队列

3.4.2　队列的运算

队列的运算指的是对队列中的数据进行操作，其具体实现与队列的物理结构有关。队列常见的几种运算如下。

（1）判队空：判断队列是否为空。

（2）取头结点：获取队列头结点的数据。

（3）入队：将结点插入到队列的尾部。

（4）出队：删除队列头结点。

3.5　队列的顺序存储

队列采用顺序存储称为顺序队列，顺序队列是顺序表的一种，是运算受限制的顺序表，具有与顺序表相同的存储结构。

3.5.1　顺序队列的定义

在 C 语言程序中，顺序队列用一维数组表示。队列的操作只能在队头与队尾进行，且不移动队列中的结点。代码如下所示。

```
#define N 32
typedef int datatype_t;
/*定义结构体*/
typedef struct{
    datatype_t data[N];  /*使用数组表示顺序队列*/
    int front;
    int rear;
}sequeue_t;
```

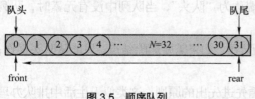

图 3.5　顺序队列

由以上代码可知，结构体中的第 1 个成员为一维数组，使用该数组表示队列，数组中保存的元素为队列的数据结点；结构体中的第 2 个成员 front 表示当前队头结点的数组下标，第 3 个成员 rear 表示当前队尾结点的数组下标，如图 3.5 所示。

3.5.2 顺序队列的创建

在对队列中的数据结点进行操作之前，需要先创建一个空队列。假设一个结点所占的空间大小为 L，队列中的结点有 n 个，则队列所占的空间为 $n \times L$。但实际的情况是队列中的结点数是不确定的，其占有的空间大小也是不确定的，因此需要先分配 $max \times L$ 个连续的内存空间，使其能存储 max 个结点。

通过代码实现创建空队列，如例 3-5 所示。

例 3-5 顺序队列的创建。

```
1    #include <stdio.h>
2    #include <stdlib.h>
3
4    #define N 32
5
6    typedef int datatype_t;
7    /*定义结构体*/
8    typedef struct{
9        datatype_t data[N];  /*使用数组表示顺序队列*/
10       int front;
11       int rear;
12   }sequeue_t;
13   /*子函数，创建一个空的顺序队列*/
14   sequeue_t *sequeue_create(){
15       sequeue_t *sq;
16       /*使用malloc()函数为顺序队列申请空间*/
17       sq = (sequeue_t *)malloc(sizeof(sequeue_t));
18
19       /*初始化，下标初始值为0*/
20       sq->front = sq->rear = 0;
21
22       return sq;
23   }
24   /*主函数*/
25   int main(int argc, const char *argv[])
26   {
27       sequeue_t *sq;
28       sq = sequeue_create();
29
30       return 0;
31   }
```

由例 3-5 可知，创建空顺序队列只需为结构体在内存上申请一块连续的空间，并将表示队头和队尾结点的数组下标置为 0，表示顺序队列中没有任何结点。

3.5.3 入队

3.5.2 小节已经完成了创建空顺序队列的操作，接下来将通过代码展示如何向顺序队列中添加数据结点。在添加数据结点之前，需要判断顺序队列是否为满，如果为满则不允许添加结点，否则会造成数据在内存上越界。

顺序队列的数据结点处理比较特殊，如图 3.6 所示。

图 3.6 中，初始时顺序队列为空，front 与 rear 初始值为 0；当顺序队列为满时，front 值不变，rear 值为 6；删除 2 个结点后，front 值为 2，rear 值不变。

由图 3.6 可知，删除前两个结点后，顺序队列未满，可以选择继续添加数据结点。添加数据结点意味着 rear 值继续增大，但此时 rear 值已经为最大值，无法继续增大，这导致存储前两个结点的空间无法继续使用，这种情况称为"溢出"。

针对上述情况，为了满足队列未满即可插入以及队列未空即可删除的需求，需要将顺序队列抽象为一个循环的表，这种意义下的顺序队列称为循环队列，如图 3.7 所示。

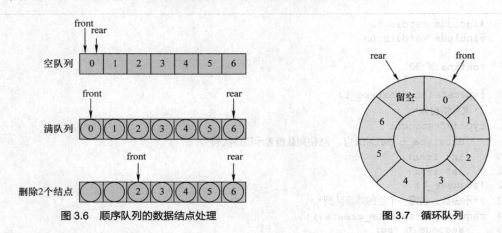

图 3.6　顺序队列的数据结点处理　　　　　图 3.7　循环队列

为了实现循环并且能够判断队列的状态是空或满，队列中必须预留一个结点的空间，即这一个结点的空间不用来存储数据。图 3.7 所示的循环队列只是一种逻辑上的抽象，为了达到这一效果，只需要让 front 值与 rear 值执行循环。简单地说，即 front 值与 rear 值增加到最大后，可以从 0 开始继续增加。

将上述思想应用到实际的队列，如图 3.8 所示。

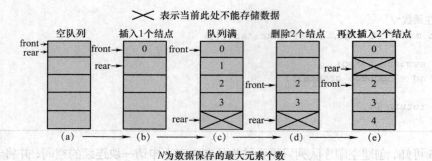

图 3.8　循环队列的入队和出队

假设队列最多可存储的结点数 N 为 4（数组大小为 5），如图 3.8（a）所示，初始队列为空时，front、rear 初始值都为 0；如图 3.8（b）所示，1 个结点入队后，front 值不变，rear 值加 1；如图 3.8（c）所示，4 个结点入队后，队列状态为满，front 值不变，rear 值加 4，最后一个结点空间不存储数据；如图 3.8（d）所示，2 个结点出队后，front 值加 2，rear 值不变；如图 3.8（e）所示，再次插入

2 个结点后，front 值不变，rear 值加 2 后变为 1。

综上所述，在 rear 值加到最大值 N 后，再添加结点，rear 值会重新变为 0。同理，在 front 值加到最大值 N 后，再删除结点，front 值会重新变为 0。

从图 3.8 中可以得到的规律是，rear 值在任何时刻都等于留空结点的数组下标值。

添加数据结点需要先判断队列是否为满，代码如下所示（变量定义与例 3-5 一致）。

```c
/*判断队列是否为满*/
int sequeue_full(sequeue_t *sq){
    /*判断 front 值是否等于 rear 值加 1 对 N 取余后的值*/
    return sq->front == (sq->rear + 1) % N ? 1 : 0;
}
```

图 3.8（c）与图 3.8（e）所示的队列都为满，且 front 值等于 rear 值加 1。以上代码中 rear 值加 1 对 N 取余，使得 rear 值可以无限次增加，实现循环。

队列未满即可进行入队操作，代码如下所示（变量定义与例 3-5 一致）。

```c
/*参数 1 为指向结构体的指针，参数 2 为新加入队列的数据*/
int sequeue_enter(sequeue_t *sq, datatype_t value){
    if(sequeue_full(sq)){
        printf("sequeue full\n");
        return -1;
    }
    /*入队，进行赋值操作*/
    sq->data[sq->rear] = value;
    /*rear 值加 1，取余实现循环，且最后一个位置不放数据*/
    sq->rear = (sq->rear + 1) % N;

    return 0;
}
```

3.5.4 出队

在执行出队之前，需要判断顺序队列是否为空，如果为空，没有数据可以移出。代码如下所示（变量定义与例 3-5 一致）。

```c
/*判断顺序队列是否为空*/
int sequeue_empty(sequeue_t *sq){
    /*当 front 值等于 rear 值时，为空队*/
    return sq->front == sq->rear ? 1 : 0;
}
```

由图 3.8（a）可知，当 front 值与 rear 值相等时，顺序队列为空。除此之外，顺序队列在经历多次入队、出队（front 值、rear 值多次增加、取余）后，也可能会出现这两个值相等的情况，如图 3.9 所示。

队列非空即可执行出队操作，代码如下所示（变量定义与例 3-5

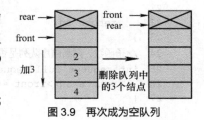

图 3.9 再次成为空队列

一致）。

```
/*出队*/
datatype_t sequeue_out(sequeue_t *sq){
    datatype_t value;

    if(sequeue_empty(sq)){
        printf("sequeue empty\n");
        return -1;
    }
    /*获取出队的结点数据*/
    value = sq->data[sq->front];
    /*front 值加 1，取余实现循环*/
    sq->front = (sq->front + 1) % N;
    /*返回出队的数据*/
    return value;
}
```

3.5.5　整体测试

将 3.5.3 小节和 3.5.4 小节的功能代码与例 3-5 结合，测试数据操作是否成功，如例 3-6 所示。

例 3-6　顺序队列的操作。

```
1    #include <stdio.h>
2    #include <stdlib.h>
3
4    #define N 32
5
6    typedef int datatype_t;
7    /*定义结构体*/
8    typedef struct{
9        datatype_t data[N];   /*使用数组表示顺序队列*/
10       int front;
11       int rear;
12   }sequeue_t;
13   /*子函数，创建一个空的顺序队列*/
14   sequeue_t *sequeue_create(){
15       sequeue_t *sq;
16       /*使用 malloc()函数为顺序队列申请空间*/
17       sq = (sequeue_t *)malloc(sizeof(sequeue_t));
18
19       /*初始化，下标初始值为 0*/
20       sq->front = sq->rear = 0;
21
22       return sq;
23   }
24   /*子函数，判断顺序队列是否为满*/
25   int sequeue_full(sequeue_t *sq){
26       return sq->front == (sq->rear + 1) % N ? 1 : 0;
27   }
```

```
28   /*子函数，判断顺序队列是否为空*/
29   int sequeue_empty(sequeue_t *sq){
30       return sq->front == sq->rear ? 1 : 0;
31   }
32   /*子函数，入队，参数1为指向结构体的指针，参数2为新加入队列的数据
33   int sequeue_enter(sequeue_t *sq, datatype_t value){
34       if(sequeue_full(sq)){
35           printf("sequeue full\n");
36           return -1;
37       }
38       /*入队*/
39       sq->data[sq->rear] = value;
40       /*rear 值加1，取余实现循环*/
41       sq->rear = (sq->rear + 1) % N;
42
43       return 0;
44   }
45   /*子函数，出队*/
46   datatype_t sequeue_out(sequeue_t *sq){
47       datatype_t value;
48
49       if(sequeue_empty(sq)){
50           printf("sequeue empty\n");
51           return -1;
52       }
53       /*获取出队的结点数据*/
54       value = sq->data[sq->front];
55       /*front 值加1，取余实现循环*/
56       sq->front = (sq->front + 1) % N;
57       /*返回出队的数据*/
58       return value;
59   }
60   /*主函数*/
61   int main(int argc, const char *argv[])
62   {
63       sequeue_t *sq;
64       sq = sequeue_create(); /*创建一个空的顺序队列*/
65
66       sequeue_enter(sq, 10); /*入队*/
67       sequeue_enter(sq, 20);
68       sequeue_enter(sq, 30);
69
70       printf("%d\n", sequeue_out(sq));  /*出队*/
71       printf("%d\n", sequeue_out(sq));
72
73       printf("=========\n");
74
75       sequeue_enter(sq, 100); /*再次入队*/
76
77       printf("%d\n", sequeue_out(sq));  /*出队*/
78       printf("%d\n", sequeue_out(sq));
79
```

```
80      return 0;
81  }
```

例 3-6 中，主函数主要用于测试子函数是否正确。首先执行入队操作，然后执行出队操作，并通过显示出队数据，判断顺序队列是否遵循先进先出的规则。输出结果如下所示。

```
linux@ubuntu:~/1000phone/data/chap3$ ./a.out
10
20
=========
30
100
linux@ubuntu:~/1000phone/data/chap3$
```

由输出结果可知，数据入队成功，出队时，最早入队的数据先出队。

3.6   队列的链式存储

队列采用链式存储称为链式队列，链式队列是单链表的一种，是运算受限制的单链表，具有与单链表相同的存储结构。

3.6.1   链式队列的定义

链式队列作为单链表的一种，其插入操作在队尾进行，删除操作在队头进行，通过指向队列头部的指针与指向队列尾部的指针控制队列的操作，如图 3.10 所示。

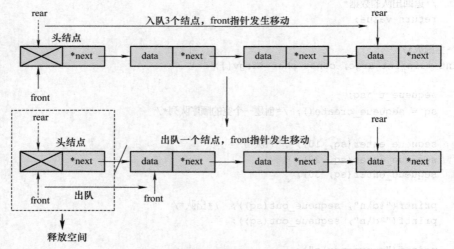

图 3.10   链式队列

由图 3.10 可知，front 指针与 rear 指针用来完成链式队列的数据操作，代码如下所示。

```
typedef int datatype_t;
typedef struct node{
    datatype_t data;     /*结点数据*/
```

```
    struct node *next; /*指向下一个结点*/
}linknode_t;

typedef struct{
    /*指向队头结点与队尾结点的指针*/
    linknode_t *front;
    linknode_t *rear;
}linkqueue_t;
```

以上代码中，第一个封装结构体表示链式队列中的数据结点，第二个封装结构体存放指向链式队列头尾结点的指针。

3.6.2　链式队列的创建

在对链式队列中的数据进行操作之前，需要先创建一个空的链式队列。通过代码实现创建一个空的链式队列，如例 3-7 所示。

例 3-7　链式队列的创建。

```
1   #include <stdio.h>
2   #include <stdlib.h>
3
4   typedef int datatype_t;
5
6   typedef struct node{
7       datatype_t data;    /*结点数据*/
8       struct node *next; /*指向下一个结点*/
9   }linknode_t;
10
11  typedef struct{
12      /*指向队头结点与队尾结点的指针*/
13      linknode_t *front;
14      linknode_t *rear;
15  }linkqueue_t;
16
17  /*子函数，创建一个空的链式队列*/
18  linkqueue_t *linkqueue_create(){
19      linkqueue_t *lq;
20
21      /*使用malloc()函数为指向队列头尾结点的指针所在的结构体申请内存空间*/
22      lq = (linkqueue_t *)malloc(sizeof(linkqueue_t));
23      /*使用malloc()函数为队列头结点申请内存空间*/
24      /*将 front 指针与 rear 指针指向头结点*/
25      lq->front = lq->rear = (linknode_t *)malloc(sizeof(linknode_t));
26      /*将头结点中的指针指向 NULL，表示此时没有其他结点*/
27      lq->front->next = NULL;
28      /*返回存放队列头尾结点指针的结构体地址*/
29      return lq;
30  }
31  /*主函数*/
32  int main(int argc, const char *argv[])
```

```
33  {
34      linkqueue_t *lq;
35      lq = linkqueue_create(); /*创建一个空的链式队列*/
36
37      return 0;
38  }
```

3.6.3 入队

3.6.2 小节已经完成了创建空链式队列的操作，接下来将通过代码展示如何向链式队列中加入数据结点。链式队列不同于顺序队列，不需要设定队列的大小，因此也不需要判断队列是否为满。

入队采用单链表操作中的尾插法，代码如下所示（变量定义与例 3-7 一致）。

```
/*入队，参数 1 为存放队列头尾结点指针的结构体地址，参数 2 为新入队的数据*/
int linkqueue_enter(linkqueue_t *lq, datatype_t value){
    linknode_t *temp;
    /*使用 malloc()函数为头结点申请内存空间*/
    temp = (linknode_t *)malloc(sizeof(linknode_t));

    /*采用尾插法*/
    temp->data = value;  /*为新结点赋值*/
    temp->next = NULL;   /*将新结点的指针指向 NULL*/

    lq->rear->next = temp;  /*入队，将新结点加到链式队列尾部*/
    lq->rear = temp;        /*移动 rear 指针，指向新加入的结点*/

    return 0;
}
```

3.6.4 出队

在出队之前，需要判断链式队列是否为空，如果为空，没有数据可以移出。代码如下所示（变量定义与例 3-7 一致）。

```
/*判断链式队列是否为空*/
int linkqueue_empty(linkqueue_t *lq){
    /*当 front 与 rear 指向同一个结点时，判断链式队列为空*/
    return lq->front == lq->rear ? 1 : 0;
}
```

队列非空即可执行出队操作，出队采用单链表操作中的头删法。代码如下所示（变量定义与例 3-7 一致）。

```
/*出队，从头结点开始删除，包括头结点*/
datatype_t linkqueue_out(linkqueue_t *lq){
    linknode_t *temp;
```

```
datatype_t value;

if(linkqueue_empty(lq)){
    printf("linkqueue empty\n");
    return -1;
}
temp = lq->front;  /*获取要删除的结点*/
/*移动 front 指针到下一个结点*/
lq->front = lq->front->next;
/*获取下一个结点的数据*/
value = lq->front->data;

free(temp);     /*释放需要删除的结点的内存空间*/
temp = NULL;    /*避免出现野指针*/

/*返回结点数据*/
return value;
}
```

3.6.5　整体测试

将 3.6.3 小节和 3.6.4 小节的功能代码与例 3-7 结合，测试数据操作是否成功，如例 3-8 所示。

例 3-8　链式队列的操作。

```
1   #include <stdio.h>
2   #include <stdlib.h>
3
4   typedef int datatype_t;
5
6   typedef struct node{
7       datatype_t data;    /*结点数据*/
8       struct node *next;  /*指向下一个结点*/
9   }linknode_t;
10
11  typedef struct{
12      /*指向队列头结点与末尾结点的指针*/
13      linknode_t *front;
14      linknode_t *rear;
15  }linkqueue_t;
16  /*子函数，创建一个空的链式队列*/
17  linkqueue_t *linkqueue_create(){
18      linkqueue_t *lq;
19
20      /*使用 malloc()函数为指向队列头尾结点的指针所在的结构体申请内存空间*/
21      lq = (linkqueue_t *)malloc(sizeof(linkqueue_t));
22      /*使用 malloc()函数为队列头结点申请内存空间*/
23      /*将 front 与 rear 指针指向头结点*/
24      lq->front = lq->rear = (linknode_t *)malloc(sizeof(linknode_t));
25      /*将头结点中的指针指向 NULL，表示此时没有其他结点*/
26      lq->front->next = NULL;
```

```
27        /*返回存放链式队列头尾结点指针的结构体地址*/
28        return lq;
29  }
30  /*子函数，入队，参数1为存放链式队列头尾结点指针的结构体地址，参数2为新入队的数据*/
31  int linkqueue_enter(linkqueue_t *lq, datatype_t value){
32        linknode_t *temp;
33        /*使用malloc()函数为头结点申请内存空间*/
34        temp = (linknode_t *)malloc(sizeof(linknode_t));
35
36        /*采用尾插法*/
37        temp->data = value;        /*为新结点赋值*/
38        temp->next = NULL;         /*将新结点的指针指向NULL*/
39
40        lq->rear->next = temp;   /*入队，将新结点加到链式队列尾部*/
41        lq->rear = temp;           /*移动rear指针，指向新加入的结点*/
42
43        return 0;
44  }
45  /*子函数，判断链式队列是否为空*/
46  int linkqueue_empty(linkqueue_t *lq){
47        return lq->front == lq->rear ? 1 : 0;
48  }
49  /*子函数，出队，从头结点开始删除，包括头结点*/
50  datatype_t linkqueue_out(linkqueue_t *lq){
51        linknode_t *temp;
52        datatype_t value;
53
54        if(linkqueue_empty(lq)){
55            printf("linkqueue empty\n");
56            return -1;
57        }
58        temp = lq->front;   /*获取要删除的结点*/
59        /*移动front指针到下一个结点*/
60        lq->front = lq->front->next;
61        /*获取下一个结点的数据*/
62        value = lq->front->data;
63
64        free(temp);        /*释放需要删除的结点的内存空间*/
65        temp = NULL;       /*避免出现野指针*/
66
67        /*返回结点数据*/
68        return value;
69  }
70  /*主函数*/
71  int main(int argc, const char *argv[])
72  {
73        linkqueue_t *lq;
74        /*创建一个空的链式队列*/
75        lq = linkqueue_create();
76        /*入队*/
77        linkqueue_enter(lq, 10);
```

```
78    linkqueue_enter(lq, 20);
79    linkqueue_enter(lq, 30);
80
81    /*如果队列不为空, 执行出队*/
82    while(!linkqueue_empty(lq)){
83        printf("%d ", linkqueue_out(lq));
84    }
85    printf("\n");
86    return 0;
87 }
```

例 3-8 中, 主函数主要用于测试子函数是否正确。首先执行入队操作, 然后执行出队操作, 并通过显示出队数据, 判断链式队列是否遵循先进先出的规则。输出结果如下所示。

```
linux@ubuntu:~/1000phone/data/chap3$ ./a.out
10 20 30
linux@ubuntu:~/1000phone/data/chap3$
```

由输出结果可知, 数据入队成功, 出队时, 最早入队的数据先出队。

3.7 本章小结

本章主要介绍了两种特殊的线性表结构——栈与队列, 分别讨论了二者在顺序结构与链式结构下数据结点的基本操作。栈与队列的数据操作类似于顺序表和单链表。望读者能在理解操作原理的前提下熟练编程, 为后续结合算法思想解决实际问题奠定基础。

3.8 习题

1. 填空题

（1）允许在一端进行数据插入或删除操作的线性表称为＿＿＿＿。

（2）限制在两端进行插入和删除操作的线性表称为＿＿＿＿。

（3）栈中的数据在入栈和出栈时, 遵循＿＿＿＿的原则。

（4）队列中的数据在入队和出队时, 遵循＿＿＿＿的原则。

2. 选择题

（1）一个队列的数据入队序列是 1、2、3、4, 那么出队序列是（   ）。

    A. 1、2、3、4   B. 4、3、2、1   C. 3、4、2、1   D. 2、1、3、4

（2）判定一个顺序栈（最大结点数为 N, top 初始值为 0）为满的条件是（   ）。

    A. top != 0   B. top == 0   C. top == N D. top == $N-1$

（3）栈和队列的共同点是（   ）。

    A. 没有共同点   B. 都是后进先出

    C. 都是先进先出   D. 只允许在端点处插入或删除数据

（4）元素 A、B、C、D 依次进入顺序栈后，栈顶元素是（　　），栈底元素是（　　）。

  A. A   B. B   C. C   D. D

（5）一个栈的进栈序列是 a、b、c、d、e，则栈不可能输出的序列是（　　）。

  A. e、d、c、b、a B. d、e、c、b、a

  C. d、c、e、a、b D. a、b、c、d、e

（6）已知一个栈的进栈序列是 1, 2, 3, …, n，其输出序列是 $p_1, p_2, …, p_n$，若 $p_1=n$，则 p_i 的值为（　　）。

  A. i B. $n-i+1$ C. $n-i$ D. 不确定

3. 思考题

思考栈与队列的差异。

4. 编程题

（1）使用 C 语言设计编写功能函数，实现链式栈插入与删除数据结点，结点对应的结构体以及函数原型定义如下。

```c
typedef int datatype_t;
typedef struct node{
    datatype_t data;    /*结点数据*/
    struct node *next;  /*指向下一个结点的指针*/
}linkstack_t;
/*入栈，参数 1 为栈顶指针（头结点指针），参数 2 为插入的数据*/
int linkstack_push(linkstack_t *s, datatype_t value);
/*出栈*/
datatype_t linkstack_pop(linkstack_t *s);
```

（2）使用 C 语言设计编写功能函数，实现链式队列插入与删除数据结点，结点对应的结构体以及函数原型定义如下。

```c
typedef int datatype_t;
typedef struct node{
    datatype_t data;    /*结点数据*/
    struct node *next;  /*指向下一个结点*/
}linknode_t;

typedef struct{
    /*指向队列头结点与末尾结点的指针*/
    linknode_t *front;
    linknode_t *rear;
}linkqueue_t;
/*入队，参数 1 为存放队列头尾结点指针的结构体地址，参数 2 为新入队的数据*/
int linkqueue_enter(linkqueue_t *lq, datatype_t value);
/*出队*/
datatype_t linkqueue_out(linkqueue_t *lq);
```

04

第 4 章　树

本章学习目标

- 掌握树的基本概念
- 掌握二叉树的基本概念
- 掌握二叉树的遍历方式
- 熟练编写二叉树的操作代码
- 了解特殊树形结构的概念与设计原理

前面的章节介绍的都是线性结构，其数据元素之间都是一对一的关系。本章将主要介绍数据结构中的一种非线性结构——树。树形结构在文件系统与数据库开发中应用十分普遍，可以用来提高数据排序和检索的效率。二叉树作为树形结构的一种特殊形式，无论是应用于开发，还是作为基础学习的对象，都具有重要的研究意义。因此，本章将围绕二叉树的性质以及具体操作进行深入讲解，最后介绍一些特殊树形结构的概念以及设计原理。

4.1　树的基本概念

4.1.1　树的定义

1.2.1 小节介绍数据的逻辑结构时，已经对树形结构进行了简单的说明，树形结构是一种非线性结构，其数据元素之间存在一对多的关系。

树（Tree）是 N（$N \geq 0$）个结点的有限集合，它满足以下 4 个条件。

（1）有且只有一个特定的被称为根（Root）的结点。

（2）除了根结点，其余每个结点都有且只有一个直接前驱。

（3）每个结点都可以有多个后继，没有后继的结点称为叶结点（树叶）。

（4）除了根结点，其他结点可以分为 m（$m \geq 0$）个互不相交的有限集合 $T_1, T_2, \cdots, T_m$，其中每一个集合又可以视为一棵树，称为根的子树（Subtree）。

树形结构如图 4.1 所示。

图 4.1 中，T_1、T_2、T_3 是根结点 A 的子树，同时 T_4 是结点 B 的子树，T_5 是结点 D 的子树。需要特别注意的是，树形结构中的子树没有数量限制，但是它们之间一定不相交。图 4.2 所示为两种不符合定义的子树。

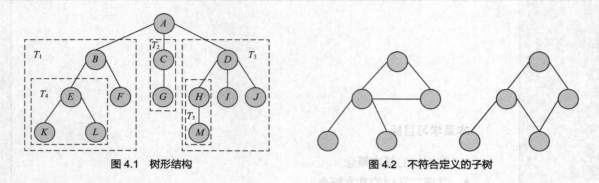

图 4.1　树形结构　　　　　　　　　　图 4.2　不符合定义的子树

4.1.2　树的基本术语

1. 度数

一个结点的子树（或后继结点）的个数称为该结点的度数。度数为 0 的结点称为叶结点或终端结点，度数不为 0 的结点称为分支结点，除根结点以外的分支结点称为内部结点。一棵树的度数指的是该树中结点的最大度数，如图 4.3 所示。

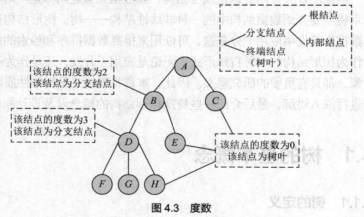

图 4.3　度数

图 4.3 中，结点 A、B、D 都有自己的子树，即度数不为 0，都是分支结点，且结点 B、D 为内部结点；结点 C、E、F、G、H 没有子树，即度数为 0，都是终端结点；结点 D 的度数最大（度数为 3），因此该树的度数为 3。

2. 结点关系

结点的子树的根（结点的后继结点）称为该结点的孩子（Child），同时该结点称为孩子结点的双亲结点（父结点），具有同一双亲结点的孩子结点互相称为兄弟结点。

图 4.3 中，结点 B 的孩子结点为结点 D 和结点 E，换句话说，结点 B 是结点 D 与结点 E 的双亲结点，结点 B 与结点 C 互为兄弟结点。

3. 结点层次

树也可以被视为一种层次结构，树中的每个结点都在固定的层次上。结点层次从根结点开始定义，根结点的层次为 1，其孩子结点的层次为 2，依此类推。树中结点的最大层次称为树的深度（Depth）或高度，如图 4.4 所示。

由图 4.4 可知，该树的深度为 4，结点 A 处于第 1 层，结点 B、C 处于第 2 层，结点 D、E 处于第 3 层，结点 F、G、H 处于第 4 层。

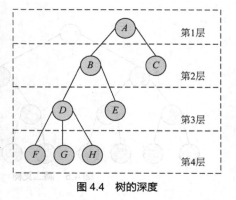

图 4.4　树的深度

4. 有序树与无序树

兄弟结点有顺序（不可交换）的树称为有序树，兄弟结点无顺序的树称为无序树。

4.2　二叉树

4.2.1　二叉树的概念

二叉树是一种特殊的树形结构，其中的每一个结点最多只能有两个直接后继。二叉树的递归定义如下。

（1）有且只有一个根结点。

（2）可以是空树，当为非空树时，它由一个根结点以及两棵互不相交且分别称为左子树和右子树的二叉树组成。

二叉树的任意结点最多只有两棵子树，也可以没有子树或者只有一棵子树，因此二叉树的度数一定小于或等于 2。二叉树严格区分左右子树，即使只有一棵子树也要区分左右。

综上所述，二叉树具有以下 5 种基本形态。

（1）空二叉树。

（2）只有一个根结点。

（3）由一个根结点和根结点的左子树构成。

（4）由一个根结点和根结点的右子树构成。

（5）由一个根结点和根结点的左右子树构成。

4.2.2　满二叉树

满二叉树每层的结点数都是最大结点数，除了最后一层为叶结点，其余所有结点都有左右子树。深度为 k 的满二叉树有 $2^k - 1$ 个结点，如图 4.5 所示。

满二叉树是一种理想状态，所有的叶结点都在同一层中。如果一棵二叉树除了叶结点，其他结点都有左右子树，但叶结点不在同一层，则这棵二叉树并不是满二叉树，如图 4.6 所示。

由图 4.5 和图 4.6 可知，同样深度的二叉树，满二叉树的结点数最多，叶结点数也最多。

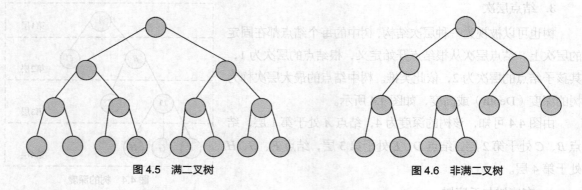

图 4.5　满二叉树　　　　　　　　图 4.6　非满二叉树

4.2.3　完全二叉树

对一棵具有 n 个结点的二叉树的结点按层序进行编号，如果编号为 $i(1 \leqslant i \leqslant n)$ 的结点与同样深度的满二叉树中编号为 $i(1 \leqslant i \leqslant n)$ 的结点位置相同，那么该树就是完全二叉树，如图 4.7 所示。

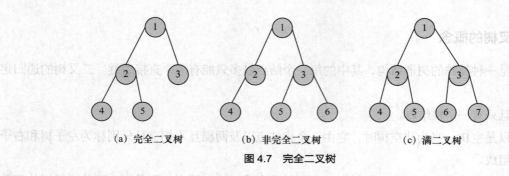

（a）完全二叉树　　　　（b）非完全二叉树　　　　（c）满二叉树

图 4.7　完全二叉树

图 4.7（a）与图 4.7（c）中，相同编号的结点位置相同，因此图 4.7（a）中的树符合完全二叉树的条件，而图 4.7（b）与图 4.7（c）中，树的 5 号和 6 号结点位置不相同，因此图 4.7（b）所示的树不符合完全二叉树的条件。

4.2.4　二叉树的性质

1.　性质 1

二叉树的第 $i(i \geqslant 1)$ 层中最多有 2^{i-1} 个结点。图 4.5 所示的满二叉树中，第 3 层结点的个数为 $2^{3-1}=4$ 个，第 4 层结点的个数为 $2^{4-1}=8$ 个。

2.　性质 2

深度为 k 的二叉树最多有 2^k-1 个结点。在同等深度的二叉树中，满二叉树的结点数最多，叶结点数最多。

3.　性质 3

在任何一棵二叉树中，如果叶结点的数量为 N，度数为 2 的结点数量为 N_2，则 $N=N_2+1$。假设该树中度数为 1 的结点数量为 N_1，则这棵树的总结点数为 $N+N_1+N_2$；总结点数也可以是所有子结点数加 1（根结点）的和，即 $N_1+2 \times N_2+1$。因此 $N_1+2 \times N_2+1=N+N_1+N_2$，得出 $N=N_2+1$。

4.2.5 二叉树的存储

1. 二叉树的顺序存储

使用顺序存储实现二叉树就是用一维数组存储二叉树中所有的结点，并通过数组的下标体现结点在二叉树中的位置。图 4.7（a）中的完全二叉树在数组中的存储形式如图 4.8 所示。

而对于非完全二叉树来说，如果将不存在的结点表示为"^"，则图 4.7（b）中的非完全二叉树在数组中的存储形式如图 4.9 所示。

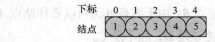

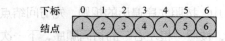

图 4.8 完全二叉树在数组中的存储形式   图 4.9 非完全二叉树在数组中的存储形式

一棵深度为 k 的二叉树，需要分配 2^k-1 个存储单元的空间。如果该树为右斜树，那么采用顺序存储时将会浪费大量空间，如图 4.10 所示。

由图 4.10 可知，k 值越大，浪费的存储空间越多。因此，顺序存储一般只用于完全二叉树。

2. 二叉树的链式存储

在顺序存储不适用的情况下，可以考虑使用链式存储。使用链式存储表示二叉树，其结点结构与双向循环链表一致，即一个数据域和两个指针域，如图 4.11 所示。这样的链表称为二叉链表。

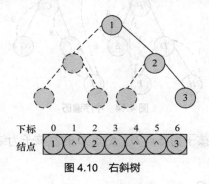

图 4.10 右斜树

图 4.11 结点结构

图 4.11 中，data 为数据域，用来保存结点的数据，lchild 与 rchild 为指针域，保存的是指向左右孩子的指针。二叉树链式结构如图 4.12 所示。

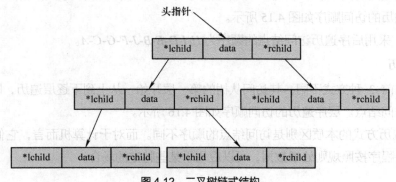

图 4.12 二叉树链式结构

4.2.6　二叉树的遍历方式

二叉树的遍历方式很多，主要有以下 4 种。

1. 先序遍历

先序遍历就是先访问根结点，然后访问其左孩子，最后访问其右孩子，其余子结点都遵循"根左右"的规则。也就是说，对树中的任意一个结点，都是先访问该结点的数据，然后访问其左孩子，最后访问其右孩子。先序遍历的访问顺序如图 4.13 所示。

图 4.13 中，按照先序遍历的规则，先访问结点 A，再访问结点 B，由于结点 B 又可以看作结点 A 左子树的根，按照"根左右"的访问顺序，下一次访问的结点应该是 D，而不是 C。

根据上述遍历思想，采用先序遍历访问图 4.13 中结点的顺序为 A-B-D-H-I-E-C-F-J-G。

2. 中序遍历

中序遍历就是先访问根结点的左孩子，然后访问根结点，最后访问根结点的右孩子，其余子结点都遵循"左根右"的规则。中序遍历的访问顺序如图 4.14 所示。

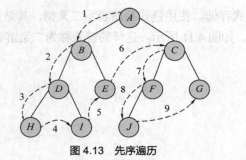

图 4.13　先序遍历

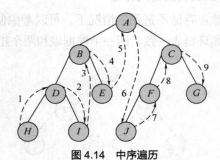

图 4.14　中序遍历

图 4.14 中，结点 A 的左孩子为结点 B，结点 B 的左孩子为结点 D，结点 D 的左孩子为结点 H，因此采用中序遍历时，最先访问的结点应该是 H。

采用中序遍历访问结点的顺序为 H-D-I-B-E-A-J-F-C-G。

3. 后序遍历

后序遍历就是先访问左孩子，然后访问右孩子，最后访问根结点，其余子结点都遵循"左右根"的规则。后序遍历的访问顺序如图 4.15 所示。

图 4.15 中，采用后序遍历访问结点的顺序为 H-I-D-E-B-J-F-G-C-A。

4. 层序遍历

层序遍历与前 3 种方式不同，其访问从树的第一层开始，从上到下逐层遍历，同一层中按照从左到右的顺序访问结点。层序遍历的访问顺序如图 4.16 所示。

上述 4 种遍历方式的本质区别是访问结点的顺序不同。而对于计算机而言，它们是 4 种不同规则的线性序列，程序按照规则处理数据，可以应用于某些特定的场合。

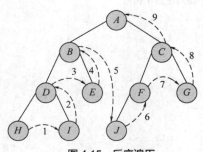

图 4.15 后序遍历

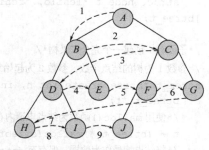

图 4.16 层序遍历

4.3 二叉树的遍历实现

4.3.1 二叉树的定义

二叉树中的结点结构与链表类似，代码如下所示。

```
typedef int datatype;
typedef struct node_t{
    datatype data;              /*保存结点数据*/
    struct node_t *lchild, *rchild;  /*指针，指向左右子树*/
}btree_t;
```

以上代码中的两个指针分别用于指向该结点的左右子树，具体可参考图 4.12。

4.3.2 二叉树的创建

创建二叉树需要考虑该二叉树是完全二叉树还是非完全二叉树。

1. 完全二叉树的创建

如果对一棵有 n 个结点的完全二叉树的结点按层序进行编号，则对任意一个结点 i（$1 \leq i \leq n$）来说，有如下规律。

（1）如果 $i=1$，则结点 i 无双亲，为根结点。

（2）如果 $i>1$，则结点 i 的双亲结点是结点 $i/2$。

（3）如果 $2i \leq n$，则结点 i 的左孩子是结点 $2i$，否则结点 i 为叶结点。

（4）如果 $2i+1 \leq n$，则结点 i 的右孩子是结点 $2i+1$，否则结点 i 无右孩子。

根据上述规律，通过代码实现创建完全二叉树，如例 4-1 所示。

例 4-1 完全二叉树的创建。

```
1   #include <stdio.h>
2   #include <stdlib.h>
3
4   typedef int datatype;
5   typedef struct node_t{
6       datatype data;              /*保存结点数据*/
```

```
7          struct node_t *lchild, *rchild;  /*指针，指向左右子树*/
8     }btree_t;
9
10    /*子函数，创建一个完全二叉树*/
11    /*参数1为树的结点个数，参数2为起始结点编号*/
12    btree_t *btree_create(int n, int i){
13        btree_t *t;
14        /*使用malloc()函数为结点申请内存空间*/
15        t = (btree_t *)malloc(sizeof(btree_t));
16        /*将结点编号作为数据，保存至data中*/
17        t->data = i;
18        /*满足条件，说明结点有左孩子，编号为2i*/
19        if(2 * i <= n){
20            /*递归调用，为左孩子的创建申请空间*/
21            t->lchild = btree_create(n, 2 * i);
22        }
23        else{        /*不满足条件，则没有左孩子*/
24            t->lchild = NULL;
25        }
26        /*满足条件，说明结点有右孩子，编号为2i+1*/
27        if(2 * i + 1 <= n){
28            /*递归调用，为右孩子的创建申请空间*/
29            t->rchild = btree_create(n, 2 * i + 1);
30        }
31        else{        /*不满足条件，则没有右孩子*/
32            t->rchild = NULL;
33        }
34
35        return t;
36    }
37    /*主函数*/
38    int main(int argc, const char *argv[])
39    {
40        btree_t *t;
41        /*创建一棵完全二叉树*/
42        t = btree_create(6, 1);
43        return 0;
44    }
```

图 4.17　递归调用的原理

例 4-1 中的代码使用了递归调用，其原理如图 4.17 所示。

例 4-1 通过每一轮的函数递归调用，判断是否需要创建结点的左右孩子，如果无左右孩子，直接将指针指向 NULL。

2. 非完全二叉树的创建

完全二叉树的规律不适用于非完全二叉树，通过代码实现创建非完全二叉树，如例 4-2 所示。

例 4-2 非完全二叉树的创建。

```
1    #include <stdio.h>
2    #include <stdlib.h>
3
4    typedef char datatype_t;
5    typedef struct node_t{
6        datatype_t data;              /*保存结点数据*/
7        struct node_t *lchild, *rchild;  /*指针，指向左右子树*/
8    }ibtree_t;
9
10   /*子函数，创建一个非完全二叉树*/
11   ibtree_t *ibtree_create(){
12       datatype_t ch;
13       /*终端输入结点数据，手动判断是否需要创建左右孩子*/
14       scanf("%c", &ch);
15       if(ch == '#'){       /*如果输入为#，则该结点将不再创建左右孩子*/
16           return NULL;     /*返回 NULL 即指针指向 NULL*/
17       }
18       /*使用 malloc()函数为结点申请内存空间*/
19       ibtree_t *ibt = (ibtree_t *)malloc(sizeof(ibtree_t));
20       /*将数据保存到结点*/
21       ibt->data = ch;
22       /*递归调用，创建左右孩子*/
23       ibt->lchild = ibtree_create();
24       ibt->rchild = ibtree_create();
25
26       return ibt;
27   }
28   /*主函数*/
29   int main(int argc, const char *argv[])
30   {
31       ibtree_t *ibt;
32       /*创建一棵非完全二叉树*/
33       ibt = ibtree_create();
34       return 0;
35   }
```

例 4-2 同样使用了递归调用，与例 4-1 不同的是，程序允许用户选择是否创建结点的左右孩子。如果输入符号#，则当前创建不成立，直接返回 NULL（即结点指针指向为空）。输出结果如下所示。

```
linux@ubuntu:~/1000phone/data/chap4$ ./a.out
q##            /*手动输入内容*/
linux@ubuntu:~/1000phone/data/chap4$
```

运行程序，手动输入"q##"，表示该树只有一个根结点，无左右子树，根结点的数据为 q。

4.3.3 二叉树的遍历

1. 先序遍历

先序遍历遵循"根左右"的规则，其代码实现使用了递归调用的思想，具体代码如下所示。

```c
/*先序遍历，参数为指向根结点的指针*/
int pre_order(btree_t *root){
    /*判断上一个结点是否有左(右)孩子*/
    if(root == NULL){
        return 0;
    }
    /*输出结点的数据*/
    printf("%d ", root->data);
    /*递归调用，如果有左孩子，输出左孩子的数据*/
    if(root->lchild != NULL){
        pre_order(root->lchild);
    }
    /*递归调用，如果有右孩子，输出右孩子的数据*/
    if(root->rchild != NULL){
        pre_order(root->rchild);
    }
    return 0;
}
```

以上代码输出结点的数据后，判断该结点是否有左右孩子（顺序不可互换），如果有则递归调用函数本身继续向下遍历。无论遍历到哪一个结点，都遵循"根左右"的访问顺序。

假设存在一棵非完全二叉树，如图4.18所示。

使用上面的代码对图4.18中的二叉树进行先序遍历，具体过程如下。

（1）第1次调用 pre_order()函数时，参数为指向结点 A 的指针，因此 root 不为 NULL。执行 printf()函数输出结点 A 的数据，然后判断结点 A 是否有左孩子（判断为是），递归调用 pre_order()函数（第2次调用）。

（2）第2次调用 pre_order()函数时，参数为指向结点 A 左孩子（即结点 B）的指针，因此 root 不为 NULL。执行 printf()函数输出结点 B 的数据，然后判断结点 B 是否有左孩子（判断为是），递归调用 pre_order()

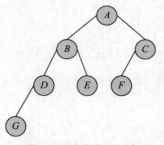

图4.18 非完全二叉树

函数（第3次调用）。

（3）第3次调用 pre_order()函数时，参数为指向结点 B 左孩子（即结点 D）的指针，因此 root 不为 NULL。执行 printf()函数输出结点 D 的数据，然后判断结点 D 是否有左孩子（判断为是），递归调用 pre_order()函数（第4次调用）。

（4）第4次调用 pre_order()函数时，参数为指向结点 D 左孩子（即结点 G）的指针，因此 root 不为 NULL。执行 printf()函数输出结点 G 的数据，然后判断结点 G 是否有左孩子（判断为否），继续判断结点 G 是否有右孩子（判断为否）。递归到此开始返回，返回到第3次调用 pre_order()函数。

（5）返回到第3次调用 pre_order()函数，继续判断结点 D 是否有右孩子（判断为否），返回到第

2 次调用 pre_order()函数。

（6）返回到第 2 次调用 pre_order()函数，继续判断结点 *B* 是否有右孩子（判断为是），调用 pre_order()函数（第 5 次调用）输出结点 *E* 的数据，并且判断结点 *E* 是否有左右孩子（判断为否）。

（7）返回到第 1 次调用 pre_order()函数，继续判断结点 *A* 是否有右孩子（判断为是），调用 pre_order()函数（第 6 次调用），参数为指向结点 *A* 右孩子（即结点 *C*）的指针。执行 printf()函数输出结点 *C* 的数据，然后判断结点 *C* 是否有左孩子（判断为是），递归调用 pre_order()函数（第 7 次调用）。

（8）第 7 次调用 pre_order()函数时，参数为指向结点 *C* 左孩子（即结点 *F*）的指针。执行 printf()函数输出结点 *F* 的数据，并且判断结点 *F* 是否有左右孩子（判断为否）。递归到此开始返回，返回到第 6 次调用 pre_order()函数。

（9）返回到第 6 次调用 pre_order()函数，继续判断结点 *C* 是否有右孩子（判断为否），返回到第 1 次调用 pre_order()函数。至此，程序运行结束。

2. 中序遍历

中序遍历遵循"左根右"的规则，其代码实现同样使用了递归调用的思想，具体代码如下所示。

```c
/*中序遍历，参数为指向根结点的指针*/
int in_order(btree_t *root){
    /*判断上一个结点是否有左(右)孩子*/
    if(root == NULL){
        return 0;
    }
    /*递归调用，如果有左孩子，输出左孩子的数据*/
    if(root->lchild != NULL){
        in_order(root->lchild);
    }
    /*输出结点的数据*/
    printf("%d ", root->data);
    /*递归调用，如果有右孩子，输出右孩子的数据*/
    if(root->rchild != NULL){
        in_order(root->rchild);
    }
    return 0;
}
```

以上代码先判断结点是否有左孩子，然后输出结点数据，再判断结点是否有右孩子（顺序不可互换）。如果有左右孩子则递归调用函数本身继续向下遍历。无论遍历到哪一个结点，都遵循"左根右"的访问顺序。（具体过程可参考先序遍历。）

3. 后序遍历

后序遍历遵循"左右根"的规则，其代码实现同样使用了递归调用的思想，具体代码如下所示。

```c
/*后序遍历，参数为指向根结点的指针*/
int after_order(btree_t *root){
    /*判断上一个结点是否有左(右)孩子*/
    if(root == NULL){
```

```
            return 0;
        }
        /*递归调用，如果有左孩子，输出左孩子的数据*/
        if(root->lchild != NULL){
            after_order(root->lchild);
        }
        /*递归调用，如果有右孩子，输出右孩子的数据*/
        if(root->rchild != NULL){
            after_order(root->rchild);
        }
        /*输出结点的数据*/
        printf("%d ", root->data);
        return 0;
    }
```

以上代码先判断结点是否有左孩子，然后判断结点是否有右孩子，最后输出结点数据（顺序不可互换）。如果有左右孩子则递归调用函数本身继续向下遍历。无论遍历到哪一个结点，都遵循"左右根"的访问顺序。（具体过程可参考先序遍历。）

4. 层序遍历

二叉树的层序遍历可以利用队列的思想，从第一个结点（根结点）开始入队，然后出队，判断此结点是否有左孩子或右孩子。如果有则继续入队，入队后继续执行先前的步骤。读者可参考 3.6 节的链式队列操作函数或例 3-8 来测试层序遍历的代码。具体代码如下所示。

```
    /*层序遍历*/
    int level_order(btree_t * root){
        /*创建链式队列*/
        linkqueue_t *lq = linkqueue_create();
        linkqueue_enter(lq, root);  /*将头结点加入队列*/

        /*判断队列是否为空，为空则跳出循环*/
        while(!linkqueue_empty(lq)){
            root = linkqueue_out(lq);  /*结点出队*/
            printf("%d ", root->data);  /*输出结点数据*/

            /*判断结点是否存在左孩子，存在则加入队列*/
            if(root->lchild != NULL){
                linkqueue_enter(lq, root->lchild);
            }
            /*判断结点是否存在右孩子，存在则加入队列*/
            if(root->rchild != NULL){
                linkqueue_enter(lq, root->rchild);
            }
            /*继续执行循环*/
        }
        printf("\n");
        return 0;
    }
```

4.3.4 整体测试

1. 完全二叉树测试

使用创建完全二叉树的功能代码（见例4-1），结合先序遍历、中序遍历、后序遍历的功能代码进行测试，如例 4-3 所示。

例 4-3 完全二叉树的先序遍历、中序遍历、后序遍历。

```
1   #include <stdio.h>
2   #include <stdlib.h>
3
4   typedef int datatype_t;
5   typedef struct node_t{
6       datatype_t data;          /*保存结点数据*/
7       struct node_t *lchild, *rchild;  /*指针，指向左右子树*/
8   }btree_t;
9
10  /*子函数，创建一棵完全二叉树*/
11  /*参数 1 为树的结点个数，参数 2 为起始结点编号*/
12  btree_t *btree_create(int n, int i){
13      btree_t *t;
14      /*使用 malloc() 函数为结点申请内存空间*/
15      t = (btree_t *)malloc(sizeof(btree_t));
16      /*将结点编号作为数据，保存至 data 中*/
17      t->data = i;
18
19      if(2 * i <= n){  /*满足条件，说明结点有左孩子，编号为2i*/
20          /*递归调用，为左孩子的创建申请空间*/
21          t->lchild = btree_create(n, 2 * i);
22      }
23      else{            /*不满足条件，则没有左孩子*/
24          t->lchild = NULL;
25      }
26
27      if(2 * i + 1 <= n){  /*满足条件，说明结点有右孩子，编号为2i+1*/
28          /*递归调用，为右孩子的创建申请空间*/
29          t->rchild = btree_create(n, 2 * i + 1);
30      }
31      else{            /*不满足条件，则没有右孩子*/
32          t->rchild = NULL;
33      }
34      return t;
35  }
36  /*子函数，先序遍历，参数为指向根结点的指针*/
37  int pre_order(btree_t *root){
38      /*判断上一个结点是否有左(右)孩子*/
39      if(root == NULL){
40          return 0;
41      }
42      /*输出结点的数据*/
```

```
43          printf("%d ", root->data);
44
45          /*递归调用，如果有左孩子，输出左孩子的数据*/
46          if(root->lchild != NULL){
47              pre_order(root->lchild);
48          }
49          /*递归调用，如果有右孩子，输出右孩子的数据*/
50          if(root->rchild != NULL){
51              pre_order(root->rchild);
52          }
53          return 0;
54     }
55     /*子函数，中序遍历，参数为指向根结点的指针*/
56     int in_order(btree_t *root){
57          /*判断上一个结点是否有左(右)孩子*/
58          if(root == NULL){
59              return 0;
60          }
61          /*递归调用，如果有左孩子，输出左孩子的数据*/
62          if(root->lchild != NULL){
63              in_order(root->lchild);
64          }
65          /*输出结点的数据*/
66          printf("%d ", root->data);
67          /*递归调用，如果有右孩子，输出右孩子的数据*/
68          if(root->rchild != NULL){
69              in_order(root->rchild);
70          }
71          return 0;
72     }
73     /*子函数，后序遍历，参数为指向根结点的指针*/
74     int after_order(btree_t *root){
75          /*判断上一个结点是否有左(右)孩子*/
76          if(root == NULL){
77              return 0;
78          }
79          /*递归调用，如果有左孩子，输出左孩子的数据*/
80          if(root->lchild != NULL){
81              after_order(root->lchild);
82          }
83          /*递归调用，如果有右孩子，输出右孩子的数据*/
84          if(root->rchild != NULL){
85              after_order(root->rchild);
86          }
87          /*输出结点的数据*/
88          printf("%d ", root->data);
89          return 0;
90     }
91     /*主函数*/
92     int main(int argc, const char *argv[])
93     {
94          btree_t *t;
```

```
95      /*创建一棵完全二叉树，结点数为10*/
96      t = btree_create(10, 1);
97
98      pre_order(t);      /*先序遍历*/
99      printf("\n");
100
101     in_order(t);       /*中序遍历*/
102     printf("\n");
103
104     after_order(t);    /*后序遍历*/
105     printf("\n");
106
107     return 0;
108 }
```

根据第 96 行代码可知，创建了一棵完全二叉树，且结点数为 10。该二叉树的逻辑结构如图 4.19 所示。

由图 4.19 可知，该二叉树先序遍历的顺序为 1–2–4–8–9–5–10–3–6–7，中序遍历的顺序为 8–4–9–2–10–5–1–6–3–7，后序遍历的顺序为 8–9–4–10–5–2–6–7–3–1。

程序输出结果如下所示，参照上述推导结果，查看结点与数据是否对应。

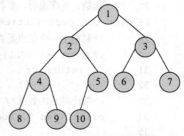

图 4.19　二叉树的逻辑结构

```
linux@ubuntu:~/1000phone/data/chap4$ ./a.out
1 2 4 8 9 5 10 3 6 7              /*先序遍历输出结果*/
8 4 9 2 10 5 1 6 3 7             /*中序遍历输出结果*/
8 9 4 10 5 2 6 7 3 1            /*后序遍历输出结果*/
linux@ubuntu:~/1000phone/data/chap4$
```

根据输出结果可知，结点与数据一一对应，测试代码正确。

2. 非完全二叉树测试

使用创建非完全二叉树的功能代码（见例4-2），结合先序遍历、中序遍历、后序遍历的功能代码进行测试，如例 4-4 所示。

例4-4　非完全二叉树先序遍历、中序遍历、后序遍历。

```
1   #include <stdio.h>
2   #include <stdlib.h>
3
4   typedef char datatype_t;
5   typedef struct node_t{
6       datatype_t data;              /*保存结点数据*/
7       struct node_t *lchild, *rchild;  /*指针，指向左右子树*/
8   }ibtree_t;
9   /*子函数，创建一棵非完全二叉树*/
10  ibtree_t *ibtree_create(){
11      datatype_t ch;
12      /*终端输入结点数据，手动判断是否需要创建左右孩子*/
```

```
13          scanf("%c", &ch);
14          if(ch == '#'){      /*如果输入为#，则该结点将不再创建左右孩子*/
15              return NULL;    /*返回NULL即指针指向NULL*/
16          }
17          /*使用malloc()函数为结点申请内存空间*/
18          ibtree_t *ibt = (ibtree_t *)malloc(sizeof(ibtree_t));
19          /*将数据保存到结点*/
20          ibt->data = ch;
21          /*递归调用，创建左右孩子*/
22          ibt->lchild = ibtree_create();
23          ibt->rchild = ibtree_create();
24
25          return ibt;
26      }
27      /*子函数，先序遍历，参数为指向根结点的指针*/
28      int pre_order(ibtree_t *root){
29          /*判断上一个结点是否有左(右)孩子*/
30          if(root == NULL){
31              return 0;
32          }
33          /*输出结点的数据*/
34          printf("%d ", root->data);
35
36          /*递归调用，如果有左孩子，输出左孩子的数据*/
37          if(root->lchild != NULL){
38              pre_order(root->lchild);
39          }
40          /*递归调用，如果有右孩子，输出右孩子的数据*/
41          if(root->rchild != NULL){
42              pre_order(root->rchild);
43          }
44
45          return 0;
46      }
47      /*子函数，中序遍历，参数为指向根结点的指针*/
48      int in_order(ibtree_t *root){
49          /*判断上一个结点是否有左(右)孩子*/
50          if(root == NULL){
51              return 0;
52          }
53          /*递归调用，如果有左孩子，输出左孩子的数据*/
54          if(root->lchild != NULL){
55              in_order(root->lchild);
56          }
57          /*输出结点的数据*/
58          printf("%d ", root->data);
59          /*递归调用，如果有右孩子，输出右孩子的数据*/
60          if(root->rchild != NULL){
61              in_order(root->rchild);
62          }
```

```
63        return 0;
64    }
65    /*子函数，后序遍历，参数为指向根结点的指针*/
66    int after_order(ibtree_t *root){
67        /*判断上一个结点是否有左(右)孩子*/
68        if(root == NULL){
69            return 0;
70        }
71        /*递归调用，如果有左孩子，输出左孩子的数据*/
72        if(root->lchild != NULL){
73            after_order(root->lchild);
74        }
75        /*递归调用，如果有右孩子，输出右孩子的数据*/
76        if(root->rchild != NULL){
77            after_order(root->rchild);
78        }
79        /*输出结点的数据*/
80        printf("%d ", root->data);
81        return 0;
82    }
83    /*主函数*/
84    int main(int argc, const char *argv[])
85    {
86        ibtree_t *ibt;
87        /*创建一棵非完全二叉树*/
88        ibt = ibtree_create();
89        /*先序遍历*/
90        pre_order(ibt);
91        printf("\n");
92        /*中序遍历*/
93        in_order(ibt);
94        printf("\n");
95        /*后序遍历*/
96        after_order(ibt);
97        printf("\n");
98
99        return 0;
100   }
```

例 4-4 需要用户自行输入二叉树的结点数据（按照创建非完全二叉树的代码逻辑思维输入），输入内容为 "ABD#G###CE##F##"（符号#表示不存在该结点，详见第 15 行代码），与其对应的非完全二叉树的逻辑结构如图 4.20 所示。

由图 4.20 可知，该二叉树先序遍历的顺序为 *A-B-D-G-C-E-F*，中序遍历的顺序为 *D-G-B-A-E-C-F*，后序遍历的顺序为 *G-D-B-E-F-C-A*。

运行程序并输入结点数据，其输出结果如下所示，参照上述推导结果，查看结点与数据是否对应。

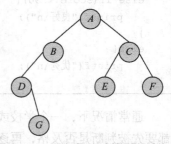

图 4.20　非完全二叉树的逻辑结构

```
linux@ubuntu:~/1000phone/data/chap4$ ./a.out
ABD#G###CE##F##            /*输入内容*/
A B D G C E F              /*先序遍历输出结果*/
D G B A E C F              /*中序遍历输出结果*/
G D B E F C A              /*后续遍历输出结果*/
linux@ubuntu:~/1000phone/data/chap4$
```

遍历输出的结果与推导结果一致，测试代码正确。

4.4 赫夫曼树

4.4.1 赫夫曼树的概念

赫夫曼树又称为最优二叉树。1952 年，美国数学家赫夫曼（David Huffman）发明了一种压缩编码方法，为实现文件压缩、提高数据传输效率做出了重要贡献。为了纪念他的成就，将他在编码中使用的特殊二叉树称为赫夫曼树，同时将他的编码方式称为赫夫曼编码。

接下来通过一个例子引出赫夫曼树的概念。

在如今倡导素质教育的背景下，很多中小学已经取消使用百分制表示学科成绩的做法，而是使用优秀、良好、中等、及格和不及格来反映学生一个学期的整体成绩。对于老师来说，一般的做法是先通过评卷得到学生的成绩，再判断该成绩属于 5 个层次中的哪一个层次。以下代码实现了这样的转换。

```
if(score < 60){
    printf("不及格\n");
}
else if(score < 70){
    printf("及格\n");
}
else if(score < 80){
    printf("中等\n");
}
else if(score < 90){
    printf("良好\n");
}
else{
    printf("优秀\n");
}
```

通常情况下，一个学校或年级中，大部分学生的成绩都处于中等以上。以上代码中，所有成绩都要先被判断是否及格，再逐级判断得到最终结果。因此，当成绩的输入量较大时，该算法存在很明显的效率问题。

用二叉树表示该算法，如图 4.21 所示。

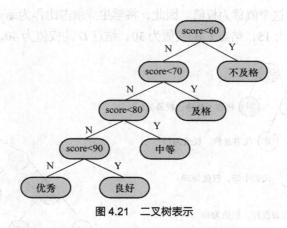

图 4.21 二叉树表示

假设通过计算得到学生成绩在 5 个范围的占比，如表 4.1 所示。

表 4.1 学生成绩占比

分数	0 ~ 59	60 ~ 69	70 ~ 79	80 ~ 89	90 ~ 100
所占比例	5%	15%	30%	40%	10%

由表 4.1 可以看出，70 分以上的成绩占总数的 80%。这些成绩在上述算法中都需要经过 3 次或 3 次以上的判断，显然该算法是不合理的。

由于中等成绩和良好成绩所占比例较高，可以考虑对图 4.21 所示的二叉树进行重新分配，如图 4.22 所示。

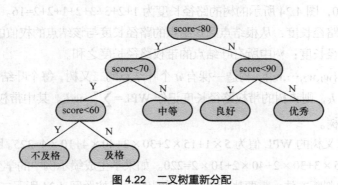

图 4.22 二叉树重新分配

图 4.22 所示的算法明显比图 4.21 效率要高。那么如何在一些特定的场合下设计出类似于图 4.22 的二叉树（该方案在学生成绩这一场合中为最优算法），进而实现代码设计呢？这就需要使用赫夫曼树的设计原理。

4.4.2 赫夫曼树的原理

对图 4.21 所示的二叉树进行简化，如图 4.23 所示。

对图 4.22 所示的二叉树进行简化，如图 4.24 所示。

在图 4.23 和图 4.24 所示的二叉树中，*A* 代表不及格，*B* 代表及格，*C* 代表中等，*D* 代表良好，*E* 代表优秀。这些结点对应的值为学生成绩占比。而赫夫曼树的定义中，树中每个结点的数据域可以存放一个特定的数值来，这个值称为权值。因此，将学生成绩占比作为结点的权值，得到结点 A 的权值为 5，结点 B 的权值为 15，结点 C 的权值为 30，结点 D 的权值为 40，结点 E 的权值为 10。

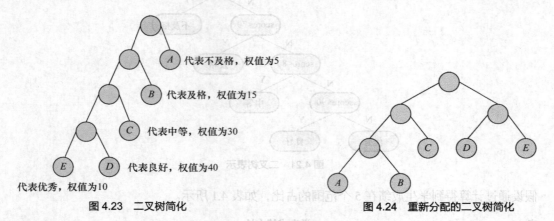

图 4.23　二叉树简化　　　　　　　　　　　图 4.24　重新分配的二叉树简化

在了解赫夫曼树的原理之前，需要先了解关于赫夫曼树的名词解释（结合图 4.23 和图 4.24）。

（1）路径：在一棵树中，从一个结点到另一个结点的通路称为路径。图 4.23 中，从根结点到结点 C 的通路就是一条路径。

（2）路径长度：一条路径中的分支数目称为路径长度，也就是说，在一条路径中，每经过一个结点，路径长度加 1。图 4.23 中，根结点到结点 C 的路径长度为 3，根结点到结点 D 的路径长度为 4。

（3）树的路径长度：从根结点到每一个结点的路径长度之和。图 4.23 所示的树的路径长度为 1+1+2+2+3+3+4+4=20，图 4.24 所示的树的路径长度为 1+2+3+3+2+1+2+2=16。

（4）结点的带权路径长度：从根结点到该结点的路径长度与该结点的权值的乘积。

（5）树的带权路径长度：树中所有叶结点的带权路径长度之和。

假设有 n 个权值 $\{w_1, w_2, \cdots, w_n\}$，构造一棵有 n 个叶结点的二叉树，每个叶结点的权值为 w_k，每个叶结点的路径长度为 l_k，则该树的带权路径长度记作 $\text{WPL} = \sum_{k=1}^{n} w_k l_k$。其中带权路径长度 WPL 最小的二叉树称为赫夫曼树。

图 4.23 所示的二叉树的 WPL 值为 $5 \times 1 + 15 \times 2 + 30 \times 3 + 40 \times 4 + 10 \times 4 = 325$。图 4.24 所示的二叉树的 WPL 值为 $5 \times 3 + 15 \times 3 + 30 \times 2 + 40 \times 2 + 10 \times 2 = 220$。如果学生成绩示例中的学生有 10 000 人，按照图 4.23 所示二叉树的判断方法，需要执行 32 500 次比较，而按照图 4.24 所示二叉树的判断方法，需要执行 22 000 次比较。很明显，采用第二种方法效率要比第一种高很多。

4.4.3　构造赫夫曼树

4.4.2 小节已经介绍了赫夫曼树的原理，接下来将讨论如何构建赫夫曼树。在构建赫夫曼树时，想要使树的带权路径长度最小，只需要遵循一个原则：权值越大的结点离树根越近。

假设有 6 个带权结点，权值分别为 9、12、6、3、5、15，将这些结点按照权值从小到大的顺序排列，如图 4.25 所示。

选出图 4.25 中两个权值最小的结点，将这两个结点组成一棵新的二叉树，且新二叉树的根结点的权值为左右孩子权值的和，如图 4.26 所示。

图 4.25 结点   图 4.26 新二叉树（一）

在未组成树的剩余结点中选出权值最小的结点与二叉树合并，形成新的二叉树，如图 4.27 所示。

此时新二叉树的根结点的权值为 14，该值与未组成树的剩余结点的权值相差不大，且不是其中的最大值。因此，可以继续从未组成树的剩余结点中选出权值最小的结点与二叉树合并，形成新的二叉树，如图 4.28 所示。

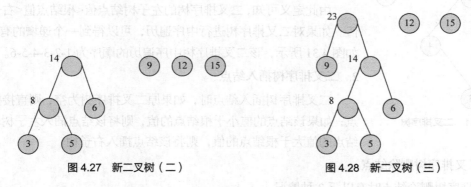

图 4.27 新二叉树（二）   图 4.28 新二叉树（三）

此时新二叉树的根结点的权值为 23，该值比剩余结点的权值大，且相差较大。因此二叉树不能继续组合，否则将不满足赫夫曼树的定义。

将剩余结点组合成新的二叉树，如图 4.29 所示。

将图 4.29 所示的两棵二叉树合并，生成最终的二叉树，此二叉树即为赫夫曼树，如图 4.30 所示。

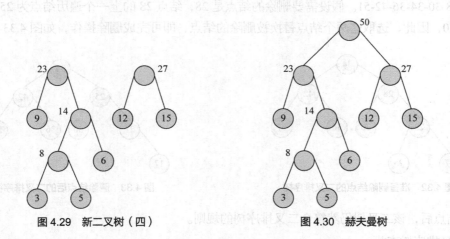

图 4.29 新二叉树（四）   图 4.30 赫夫曼树

图 4.30 所示的最终合并生成的二叉树就是赫夫曼树，该二叉树的带权路径长度 WPL 为 $12 \times 2 + 15 \times 2 + 9 \times 2 + 6 \times 3 + 3 \times 4 + 5 \times 4 = 122$。

4.5 特殊的树

4.5.1 二叉排序树

1. 二叉排序树的定义

二叉排序树（Binary Sort Tree）又称为二叉搜索树（Binary Search Tree），其具体定义如下。

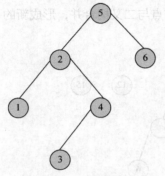

（1）若左子树不为空，则左子树上的所有结点的值小于根结点的值。

（2）若右子树不为空，则右子树上的所有结点的值大于根结点的值。

（3）左、右子树本身各是一棵二叉排序树。

由此定义可知，二叉排序树的左子树结点值<根结点值<右子树结点值。如果对二叉排序树进行中序遍历，可以得到一个递增的有序序列。如图 4.31 所示，该二叉排序树中序遍历的顺序为 1-2-3-4-5-6。

2. 二叉排序树插入结点

图 4.31 二叉排序树

二叉排序树插入结点时，如果原二叉排序树为空，则直接插入该结点；如果该结点的值小于根结点的值，则将该结点插入左子树；如果该结点的值大于根结点的值，则将该结点插入右子树。

3. 二叉排序树删除结点

二叉排序树删除结点时有以下 3 种情况。

（1）如果被删除的结点是叶结点，则直接删除，不会影响二叉树原有的规则。

（2）如果被删除的结点只有左子树或右子树，则将该结点的子树作为其双亲结点的子树，代替该结点。

（3）如果被删除的结点有左右子树，则可以根据中序遍历的结果，使用被删除结点的直接前驱或直接后继替换该结点。图 4.32 所示的二叉排序树采用中序遍历访问结点的顺序为 17-23-25-28-30-34-36-42-51。假设需要删除的结点是 28，结点 28 的上一个遍历结点为 25，下一个遍历结点为 30，因此，选取这两个结点替换被删除的结点，即可完成删除操作，如图 4.33 所示。

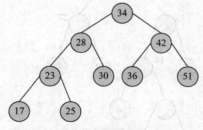

图 4.32 准备删除结点的二叉排序树

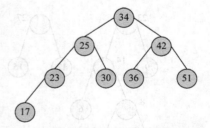

图 4.33 删除结点后的二叉排序树

删除结点后，该二叉树仍然符合二叉排序树的规则。

4. 二叉排序树查找

在最坏的情况下，二叉排序树查找需要的时间取决于树的深度。假设某二叉排序树的结点个数为 n，具体的查找分析如下。

（1）当二叉排序树接近于满二叉树时，其深度为 $\log_2 n$，因此在最坏的情况下查找的时间复杂度为 $O(\log_2 n)$。

（2）当二叉树形成单枝树时（见图 4.34），其深度为 n，在最坏的情况下查找的时间复杂度为 $O(n)$。

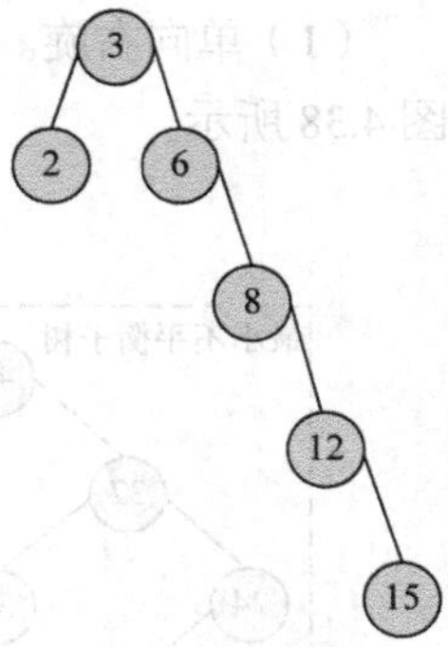

由此可知，为了保证二叉排序树有较高的查找速度，需要使该二叉排序树接近于满二叉树，即二叉排序树中每一个结点的左右子树深度尽量相等。

4.5.2 平衡二叉树

1. 平衡二叉树的定义

由二叉排序树的查找分析可知，二叉排序树的查找效率与其形态有关。二叉排序树的形态最好是均匀的，这样就产生了平衡二叉树（Balanced Binary Tree）。

平衡二叉树可以是空树，当其不为空树时，具有以下性质。

（1）左右子树的深度差的绝对值不超过 1。

（2）左右子树都是平衡二叉树。

平衡二叉树中的左子树深度减去右子树深度得到的值称为平衡因子（Balance Factor，BF）。因此，平衡二叉树上所有结点的平衡因子只能是 – 1、0、1。如果存在一个结点的平衡因子的绝对值大于 1，那么该二叉树就不是平衡二叉树，如图 4.35 所示。

平衡二叉树是一种特殊的二叉排序树，因此平衡二叉树应该满足二叉排序树的规则。图 4.36（a）所示为平衡二叉树，而图 4.36（b）所示不是平衡二叉树，原因是图 4.36（b）中二叉树根结点的值小于其左孩子。

图 4.34 单枝树

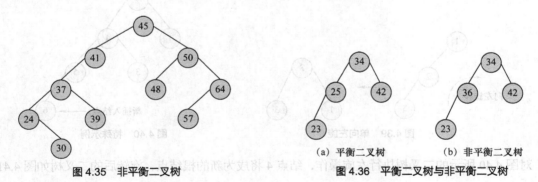

图 4.35 非平衡二叉树

（a）平衡二叉树　　　（b）非平衡二叉树

图 4.36 平衡二叉树与非平衡二叉树

2. 构造平衡二叉树

俄罗斯数学家格奥尔基（Georgii M.Adelson-Velskii）和叶夫根尼（Evgenii M.landis）提出了一种动态保持平衡二叉树的方法。其基本思想是：在构造平衡二叉树时，每插入一个结点，先检查是否因插入结点而破坏树的平衡性，如果是，则找出其中最小不平衡子树，调整最小不平衡子树中各结点的关系（在遵守二叉排序树规则的前提下），以达到新的平衡。

最小不平衡子树指的是距离新插入结点最近、以第一个平衡因子绝对值大于 1 的结点为根结点的子树，如图 4.37 所示。

调整最小不平衡子树有以下 4 种情况。

（1）单向右旋。新结点插入位置为左子树的左子树，以左子树为轴心，进行单次向右旋转，如图 4.38 所示。

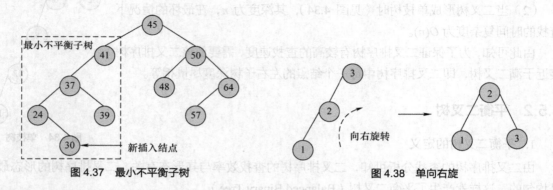

图 4.37 最小不平衡子树　　　　　　　　图 4.38 单向右旋

由图 4.38 可知，开始时结点 3 的 BF 为 2（左子树深度减右子树深度），经过旋转后，结点 2 成为根结点，并且满足二叉排序树的规则。旋转后结点 1、结点 2、结点 3 的 BF 都为 0。

（2）单向左旋。新结点插入位置为右子树的右子树，以右子树为轴心，进行单次向左旋转，如图 4.39 所示。

由图 4.39 可知，开始时结点 1 的 BF 为 -2，经过旋转后，结点 2 成为根结点，结点 1、结点 2、结点 3 的 BF 都为 0。

无论是单向右旋还是单向左旋，都可能出现一些复杂的情况。如图 4.40 所示，开始时结点 2 的 BF 为 -1，插入结点 6 后，结点 2 的 BF 变为 -2，显然不满足平衡二叉树的规则。

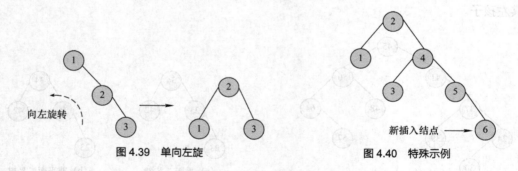

图 4.39 单向左旋　　　　　　　　图 4.40 特殊示例

对图 4.40 所示的二叉树执行左旋操作，结点 4 将成为新的根结点，旋转后的二叉树如图 4.41 所示。

图 4.41 中，结点 3 原本是结点 4 的左孩子，为了在旋转后依然满足二叉排序树的规则，结点 3 变成了结点 2 的右孩子。

（3）双向旋转，先右后左。新结点插入位置为右子树的左子树，如图 4.42 所示。

图 4.42 中，新插入结点为结点 8，插入结点 8 后，结点 4 的 BF 变为 -2，不满足平衡二叉树的规则。按照一般的做法，将结点 6、结点 10、结点 8 向左旋转，旋转后可以发现，结点 8 成为结点 10 的右孩子，8 小于 10，不符合二叉排序树的规则。

上述情况下，应该先将结点 8、结点 10 向右旋转，如图 4.43 所示。

图 4.43 所示为旋转后得到的二叉树，再将结点 6、结点 8、结点 10 向左旋转，如图 4.44 所示。

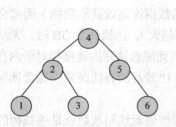

图 4.41 旋转后的二叉树

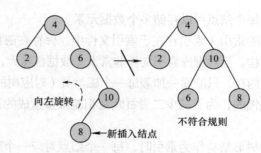

图 4.42 新结点插入位置为右子树的左子树

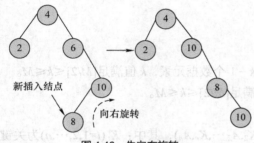

图 4.43 先向右旋转

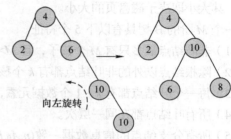

图 4.44 再向左旋转

（4）双向旋转，先左后右。新结点插入位置为左子树的右子树，如图 4.45 所示。

图 4.45 中，结点 8 插入后，结点 6 的 BF 为 -2，结点 4 的 BF 为 -2，不满足平衡二叉树的规则。直接以结点 6 为轴心进行旋转，并不能使该二叉树达到平衡，因此，首先以结点 9 为轴心向右旋转，按照单向右旋的方式，旋转后的二叉树如图 4.46 所示。

然后，将该二叉树以结点 6 为轴心向左旋转，如图 4.47 所示。

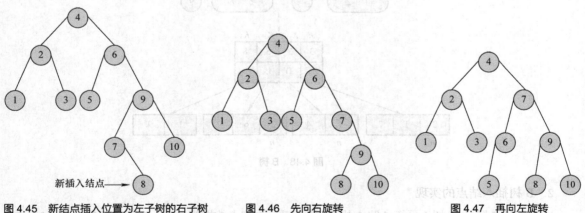

图 4.45 新结点插入位置为左子树的右子树　　　图 4.46 先向右旋转　　　图 4.47 再向左旋转

如图 4.47 所示，经过两次旋转后得到的二叉树为平衡二叉树。

4.5.3　B 树

1．B 树的定义

B 树（B-Tree）与平衡二叉树类似，不同的是，B 树是一种平衡的多路查找树（结点的孩子至少有两个，且每个结点可以存储多个数据元素）。

数据库的索引（索引存在于索引文件中，保存在磁盘中，帮助数据库高效获取数据）通常会使用该树形结构。当数据库索引文件非常大（数据量越大，索引文件越大），达到几个 GB 时，无法一次性加载到内存，只能逐一加载每一个磁盘页（对应树的结点）。然而磁盘读写的速度相对于内存读写来说是很慢的，为了减少二者吞吐量相差太多造成的系统消耗，比较好的办法是减少磁盘读写的次数。

当使用树形结构作为索引时，每一个结点对应一个磁盘页，减少磁盘读写次数就是缩减树的高度。因此，B 树"矮胖"的特征，使其更适合作为数据库的索引。其结点最大的孩子数量称为 B 树的阶，其大小取决于磁盘页的大小。

一个 M 阶的 B 树具有以下 5 个特征。

（1）非叶结点最多只有 M 个孩子，且 $M>2$。

（2）除根结点以外的非叶结点都有 k 个孩子和 $k-1$ 个数据元素，k 值满足 $[M/2] \leqslant k \leqslant M$。

（3）每一个叶结点都有 $k-1$ 个数据元素，k 值满足 $[M/2] \leqslant k \leqslant M$。

（4）所有叶结点都在同一层次。

（5）所有分支结点的信息数据一致 $(n,A_0,K_1,A_1,K_2,A_2,\cdots,K_n,A_n)$，其中：$K_i (i=1,2,\cdots,n)$ 为关键字，且 $K_i < K_{i+1}(i=1,2,\cdots,n-1)$；$A_i$ 为指向孩子结点的指针，且指针 A_{i-1} 指向的子树中的所有结点的关键字均小于 K_i，A_n 所指子树中的所有结点的关键字均大于 K_n；n 为关键字的个数（$[M/2]-1 \leqslant n \leqslant M-1$）。

图 4.48 所示为插入 9 个数据后形成的 B 树。

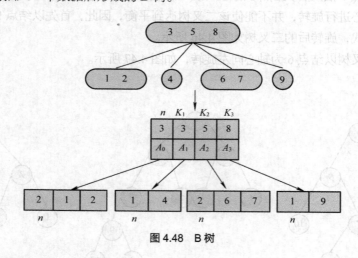

图 4.48　B 树

2. B 树插入结点的实现

定义一棵 5 阶的 B 树（平衡 5 路查找），需要插入的结点数据为 3、8、31、11、23、29、50、28。当前需要组成一棵 5 路查找树，则 $M=5$，分支结点关键字的个数必须满足 $\leqslant 4$。具体实现过程如下。

（1）先存入数据 3、8、31、11，变化过程如图 4.49 所示。（省略结点中表示关键字个数的 n 与指针 A_i。）

图 4.49 中，存入 4 个数据的结点已经满足 5 阶，因此再存入数据时，需要对该结点进行拆分。拆分的规则是将中间的数据元素提取到双亲结点上，该数据元素左边的数据元素单独形成一个结点，右边的数据元素单独形成一个结点。

（2）再存入数据 23，变化过程如图 4.50 所示。

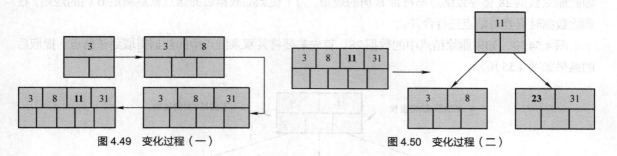

图 4.49 变化过程（一）　　　　　　　　　　图 4.50 变化过程（二）

（3）再存入数据 29，所有的结点都未达到 5 阶，不用拆分结点，如图 4.51 所示。

（4）再存入数据 50，结点达到 5 阶，如图 4.52 所示。

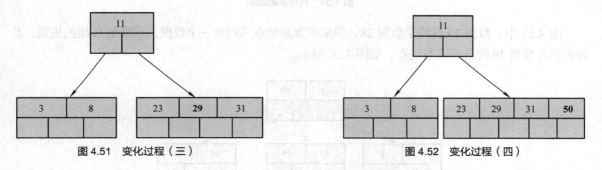

图 4.51 变化过程（三）　　　　　　　　　　图 4.52 变化过程（四）

（5）最后存入数据 28，由于结点已经达到 5 阶，此次存入数据需要拆分结点，如图 4.53 所示。

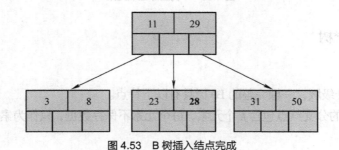

图 4.53 B 树插入结点完成

3. B 树删除结点的实现

假设当前存在一棵 5 阶的 B 树，如图 4.54 所示。

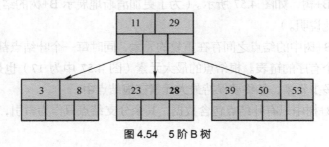

图 4.54 5 阶 B 树

假设当前需要删除结点中的数据 28，由 B 树的定义可知，结点的关键字数量必须大于等于[5/2]，因此删除数据 28 将导致结点不符合 B 树的规则。为了使删除数据后的结点依然满足 B 树的规则，在删除数据时需要对结点进行合并。

图 4.54 中，如果删除结点中的数据 28，首先需要将其双亲结点中的数据提取到该结点。提取后的结果如图 4.55 所示。

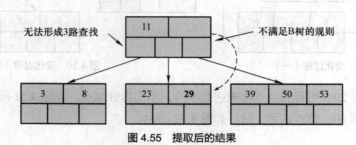

图 4.55　提取后的结果

图 4.55 中，数据 29 替换了数据 28，原来的双亲结点只剩余一个数据，不满足 B 树的规则，此时需要将数据 39 提取到双亲结点，如图 4.56 所示。

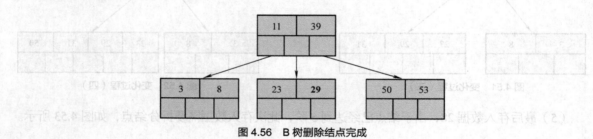

图 4.56　B 树删除结点完成

4.5.4　B+树与B*树

1．B+树

B+树是 B 树的升级版，一棵完整的 B+树具有以下特点。

（1）有 k 个子树的分支结点包含 k 个元素，每个元素不保存数据，只作为索引，所有数据都保存在叶结点。

（2）叶结点在 B+树的底层（所有叶结点都在同一层），叶结点中存放索引值、指向记录的指针、指向下一个叶结点的指针。叶结点按照关键字的大小，从小到大顺序链接。

（3）所有分支结点的元素都同时存在于子结点中，并且在子结点中是最大或最小的元素。

创建一棵完整的 B+树，如图 4.57 所示。（为了更加清晰地展示 B+树的结点，图 4.57 中分支结点忽略指针部分，特此说明。）

由图 4.57 可知，B+树中的结点之间存在重复的元素，同时每一个叶结点都有指针指向右边的下一个叶结点，形成一个有序的链表。根结点的最大元素（图 4.57 中为 17）也是整个 B+树的最大元素，无论插入或删除多少元素，始终要保持最大元素在根结点中。

需要注意的是，B+树中只有叶结点包含数据，其余分支结点只作为索引，没有任何数据关联，如图 4.58 所示。

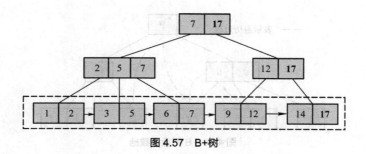

图 4.57　B+树

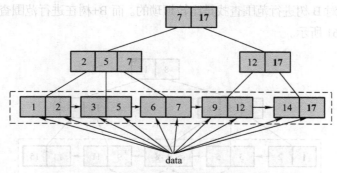

图 4.58　B+树中只有叶结点包含数据

　　B+树的优势主要体现在查询性能上，在查询单个元素时，B+树会从根结点向下逐层查找，最终匹配到叶结点。假设当前需要查询图 4.58 中的数据元素 7，则一共需要 3 次磁盘页的读写来完成，如图 4.59 所示。

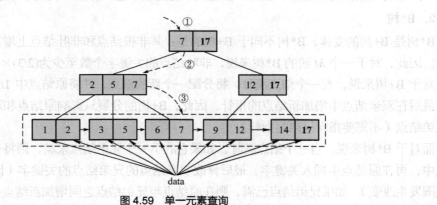

图 4.59　单一元素查询

　　由图 4.59 可知，虽然 B+树与 B 树的查找流程类似，但是 B+树的分支结点不保存数据，同样大小的磁盘页，B+树可以存放更多的元素。也就是说，数据量相同的情况下，B+树的结构比 B 树更加"矮胖"，查询数据时磁盘读写的次数更少。

　　在 B+树中查询数据必须查找到叶结点，而在 B 树中，数据元素可以存在于分支结点，也可以存在于叶结点，这导致 B 树的查找性能并不稳定（最坏的情况是查找到叶结点，最好的情况是查找根结点）。相反，B+树的每一次查找都是稳定的。

　　如果查找为范围查找，则 B+树的优势会更加明显。假设当前存在一棵完整的 B 树，如图 4.60 所示，采用中序遍历，查找数据元素 3~11。

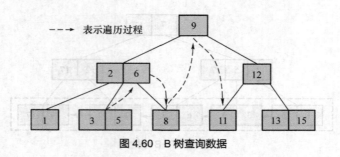

图 4.60 B 树查询数据

由图 4.60 可知，对 B 树进行范围查找是比较烦琐的。而 B+树在进行范围查找时，只需要对链表直接做遍历，如图 4.61 所示。

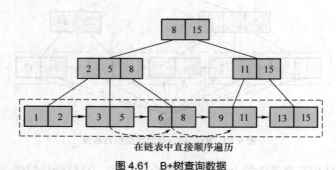

图 4.61 B+树查询数据

在 B+树中，先查找数据元素为 3、5 的结点，再查找数据元素为 6、8 的结点，最后查找数据元素为 9、11 的结点，遍历结束。显然，在链表中直接顺序遍历要比 B 树的中序遍历简单。

2. B*树

B*树是 B+树的变体，B*树不同于 B+树的是：其非根结点和非叶结点上增加了指向兄弟结点的指针。因此，对于一个 M 阶的 B*树来说，非叶结点的关键字个数至少为 $(2/3) \times M$。

对于 B+树来说，当一个结点满时，将分配一个新的结点，并将原结点中 1/2 的数据复制到新结点，最后在双亲结点中增加新结点的指针。因此，B+树的分裂只影响原结点和双亲结点，而不会影响兄弟结点（不需要指向兄弟的指针）。

而对于 B*树来说，当一个结点满时，如果它的下一个兄弟结点未满，则将一部分数据移到兄弟结点中，再在原结点中插入关键字，最后修改双亲结点的兄弟结点的关键字（因为兄弟结点的关键字范围发生改变）。如果兄弟结点已满，则在原结点与兄弟结点之间增加新结点，并各复制 1/3 的数据到新结点，最后在双亲结点中增加新结点的指针。

4.5.5 红黑树

红黑树（Red Black Tree）是一种自平衡二叉排序树，又可以称为平衡二叉 B 树（Symmetric Binary B-Tree）。因此，红黑树和平衡二叉树类似，都要在进行插入和删除操作时通过特定的操作保持二叉排序树的平衡，从而获得较高的查找性能。红黑树的每个结点上都有存储位来表示结点的颜色，即红或黑。

一棵完整的红黑树满足以下 4 条规则。

（1）每个结点或者是黑色的，或者是红色的。

（2）每个叶结点都是黑色的（叶结点都为 NIL 或 NULL），根结点是黑色的。

（3）如果一个结点是红色的，则它的子结点必须是黑色的。

（4）任意一个结点到其叶结点的路径都包含数量相同的黑结点。

根据上述最后一条规则可以推导出：如果一个结点存在黑子结点，那么该结点肯定有两个子结点。

上述规则使红黑树可以达到自平衡的状态，如图 4.62 所示。

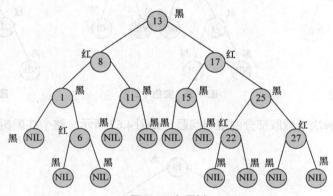

图 4.62　红黑树

当对红黑树进行结点的插入或删除时，红黑树的平衡就会被破坏，此时就需要对该树进行调整，以达到新的平衡。例如，在图 4.62 所示的红黑树中插入新结点，如图 4.63 所示。

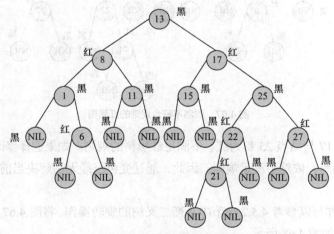

图 4.63　不符合规则的红黑树

图 4.63 中，插入的新结点为 21（红），结点 21 的双亲结点 22 同样为红，因此不满足红黑树的规则，即红结点的子结点必须为黑结点。实现红黑树平衡有两种方式：变色与旋转。

由图 4.63 可知，新插入的结点 21 为红，因此需要改变结点 22，使之变为黑，如图 4.64 所示（截取图 4.63 所示的红黑树中需要操作的部分）。

图 4.64 中，修改结点 22 为黑后，其双亲结点 25 为黑，不满足红黑树的最后一条规则，因此需

要改变结点 25 为红，如图 4.65 所示。

图 4.65 中结点 25 与结点 27 都为红，不满足红黑树的规则。再次修改结点 27 为黑，如图 4.66 所示，完成修改后该截取部分满足红黑树的规则。

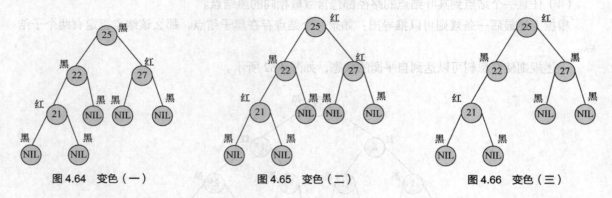

图 4.64　变色（一）　　　　　　图 4.65　变色（二）　　　　　　图 4.66　变色（三）

上述变色操作只解决了截取部分的规则问题。如图 4.67 所示，整个红黑树仍然不满足规则。

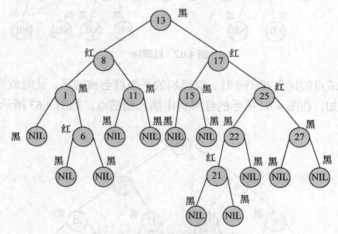

图 4.67　依然不符合规则的红黑树

图 4.67 中，结点 17 与结点 25 都为红，不满足红黑树的规则。如果选择修改结点 17 为黑，则结点 13 与结点 17 同为黑，依然不满足规则。因此，通过变色已经无法解决当前问题，需要结合旋转的方式。

红黑树的旋转操作可以参考 4.5.2 小节中平衡二叉树的旋转操作。将图 4.67 所示的红黑树以结点 17 为轴心向左旋转，如图 4.68 所示。

图 4.68 中，旋转后结点 17 成为根结点，其左子树成为结点 13 的右子树。

根据红黑树的规则（根结点必须为黑），需要再次进行变色操作。将结点 17 变为黑，则结点 13 需要变为红，结点 8 需要变为黑，结点 1 与结点 11 需要变为红，结点 6 需要变为黑，如图 4.69 所示。

图 4.69 中，经过变色处理后的红黑树仍然不满足规则。例如，结点 13 到其叶结点的路径经过的黑色结点数量不同。接下来，需要再次使用旋转的方式实现红黑树平衡。

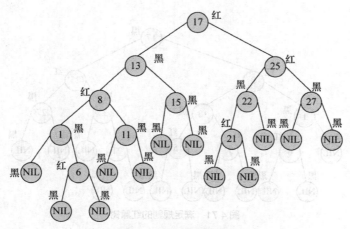

图 4.68　左旋后的红黑树

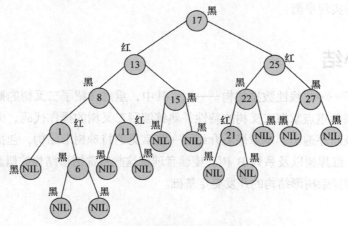

图 4.69　再次变色后的红黑树

将图 4.69 所示的红黑树以结点 8 为轴心向右旋转，如图 4.70 所示。

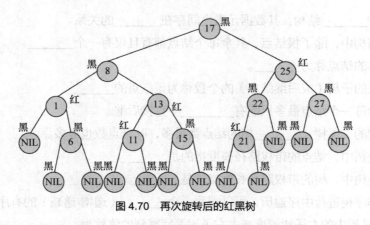

图 4.70　再次旋转后的红黑树

对图 4.70 所示的红黑树再次进行变色操作，将结点 8 变为红，结点 1 与结点 13 变为黑，结点 6 与结点 15 变为红，如图 4.71 所示。

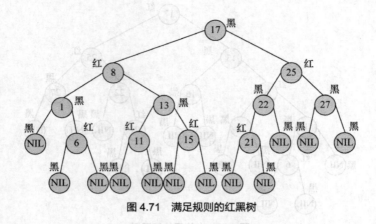

图 4.71　满足规则的红黑树

　　图 4.71 所示为满足规则的红黑树，可见该红黑树达到平衡状态。其他插入或删除结点的情况，可参考上述操作过程实现平衡。

4.6　本章小结

　　本章主要介绍了一种非线性数据结构——树。其中，重点介绍了二叉树的概念、性质以及具体的代码实现。读者需要重点掌握二叉树的特性并熟练编写二叉树的操作代码，尤其是二叉树的先序遍历、中序遍历以及后序遍历。本章最后介绍了一些常见的特殊树形结构，包括赫夫曼树、二叉排序树、平衡二叉树、红黑树以及系列 B 树。望读者理解这些特殊树形结构的概念以及设计原理，从而扩展视野，为处理复杂树形结构的开发奠定基础。

4.7　习题

1. 填空题

（1）树是一种_____结构，其数据元素之间存在_____的关系。

（2）在树形结构中，除了根结点，其余每个结点都有且仅有一个_____。

（3）没有后继的结点称为_____。

（4）一个结点的子树（或后继结点）的个数称为该结点的_____。

（5）二叉树的每一个结点最多只能有_____个直接后继。

（6）同样深度的二叉树，_____树的结点数最多，叶结点数也最多。

（7）在赫夫曼树中，结点的带权路径长度指的是_____。

（8）在赫夫曼树中，树的带权路径长度指的是_____。

（9）对二叉排序树进行中序遍历，可以得到一个_____（递增/递减）的有序序列。

（10）平衡二叉树中的左子树深度减去右子树深度得到的值称为_____。

（11）在 B 树中，结点最大的孩子数量称为_____。

2．选择题

（1）在树形结构中，度数为 0 的结点称为（　　　）。

    A. 根结点　　　　　B. 叶结点　　　　　　　　C. 分支结点　　　　　D. 内部结点

（2）以下选项中，不属于二叉树的基本形态的是（　　　）。

    A. 空二叉树　　　　　　　　　　　　　B. 只有根结点和左子树

    C. 只有一个根结点　　　　　　　　　　D. 只有左右子树

（3）深度为 k 的满二叉树有（　　　）个结点。

    A. $2^k - 1$　　　　　B. 2^{k-1}　　　　　　　　C. $2 \times k - 1$　　　　　D. $2 \times (k-1)$

（4）二叉树的第 $i(i \geqslant 1)$ 层中最多有（　　　）个结点。

    A. $2^i - 1$　　　　　B. $2 \times k - 1$　　　　　C. 2^{i-1}　　　　　D. $2 \times (k-1)$

（5）二叉树的遍历方式不包括（　　　）。

    A. 先序遍历　　　　　B. 顺序遍历　　　　　C. 层序遍历　　　　　D. 中序遍历

（6）二叉排序树结点值满足（　　　）。

    A. 左子树结点值 < 根结点值 < 右子树结点值

    B. 左子树结点值 > 根结点值 > 右子树结点值

    C. 左子树结点值 < 右子树结点值 < 根结点值

    D. 左子树结点值 > 右子树结点值 > 根结点值

（7）平衡二叉树上所有结点的平衡因子不可能是（　　　）。

    A. 1　　　　　　　　B. -1　　　　　　　　C. 0　　　　　　　　D. 2

（8）B 树中的一个分支结点不包括的信息是（　　　）。

    A. 关键字　　　　　　　　　　　　　　B. 指向孩子结点的指针

    C. 关键字的个数　　　　　　　　　　　D. 指向兄弟结点的指针

3．思考题

（1）如果对一棵有 n 个结点的完全二叉树的结点按照层序进行编号，则对任意一个结点 $i(1 \leqslant i \leqslant n)$ 来说，具有哪些规律？

（2）一个 M 阶的 B 树具备哪些特征？

（3）思考 B 树、B+树、B*树的区别。

4．编程题

编写代码，采用递归的思想实现二叉树的创建。二叉树中的结点结构定义如下。

```
typedef int datatype;
typedef struct node_t{
    datatype data;          /*保存结点数据*/
    struct node_t *lchild, *rchild;  /*指针，指向左右子树*/
}btree_t;
```

05

第5章 图

本章学习目标

- 掌握图的基本概念与专业术语
- 掌握图的存储结构
- 掌握图的创建方法与遍历方法
- 熟练编写图的操作代码

本章将介绍另一种非线性数据结构——图。图在高级嵌入式系统中应用非常广泛，车载 GPS 导航系统就是图的典型应用实例。图形结构相较于树形结构更加复杂，树形结构中的结点之间存在一对多的关系，而在图形结构中，结点之间的关系可以是任意的。本章将从图的概念与专业术语开始介绍，重点讲解图的存储结构以及通过代码实现图的基本操作，包括创建、遍历等。

5.1 图的基本概念

5.1.1 图的定义

在图形结构中，结点之间的关系是任意的，每个结点都可以有任意个前驱或后继。换一种方式说，图是由任意个顶点和任意条边组成的结构，顶点可以看作数据元素，边是数据元素之间存在的关系。

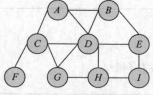

图的形式化定义为 $G=(V,E)$，其中 G 表示一个图，V 表示图中顶点的集合，E 表示图中边（顶点间的关系）的集合。图的逻辑结构如图 5.1 所示。

图 5.1　图的逻辑结构

图 5.1 中，顶点共有 9 个，即 $V=\{A,B,C,D,E,F,G,H,I\}$，边共有 14 条，即 $E=\{AB,AC,AD,BD,BE,CD,CG,CF,DG,DH,DE,EI,GH,HI\}$。

5.1.2 图的基本术语

1. 无向图

如果顶点 V_i 到顶点 V_j 之间的边没有方向，则称这条边为无向边，用无序偶对 (V_i,V_j) 来表示。如果图中任意两个顶点之间的边都是无向边，则称该图为无向图，如图 5.2 所示。

在无向图中，如果任意两个顶点之间都存在边，则称该图为无向完全图。含有 n 个顶点的无向完全图有 $\dfrac{n\times(n-1)}{2}$ 条边，如图 5.3 所示。

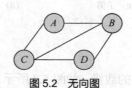

图 5.2 无向图

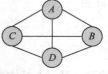

图 5.3 无向完全图

2. 有向图

如果顶点 V_i 和顶点 V_j 之间的边有方向，则称这条边为有向边（也可以称为弧），从顶点 V_i 到顶点 V_j 的有向边用有序偶对 $<V_i,V_j>$ 来表示。V_i 称为弧尾，V_j 称为弧头。如果图中任意两个顶点之间的边都是有向边，则称该图为有向图，如图 5.4 所示。

在有向图中，如果任意两个顶点之间都存在方向相反的两条弧，则称该图为有向完全图。含有 n 个顶点的有向完全图有 $n\times(n-1)$ 条边，如图 5.5 所示。

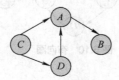

图 5.4 有向图

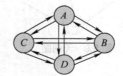

图 5.5 有向完全图

在有向图中，如不存在顶点到自身的边，且同一条边不重复出现，则称这样的图为简单图。图 5.6 所示为非简单图。（本章介绍的图都是简单图。）

3. 稀疏图与稠密图

有很少条边或弧的图称为稀疏图，反之称为稠密图。稀疏与稠密是相对模糊的概念，没有具体的量化标准。如果图的边或弧具有与其相关的数字，则将这些数字称为权。这些权可以表示从一个顶点到另一个顶点的距离。这种带权的图通常称为网，如图 5.7 所示。

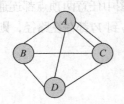

(a) 同一条边重复出现

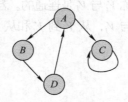

(b) 存在顶点到自身的边

图 5.6 非简单图

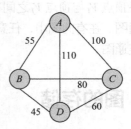

图 5.7 网

4. 子图

如果存在两个图 $G=(V,E)$ 和 $G'=(V',E')$，并且满足 $V'\subseteq V$ 和 $E'\subseteq E$，则称 G' 为 G 的子图。图5.8（b）、图5.8（c）、图5.8（d）都是图5.8（a）的子图。

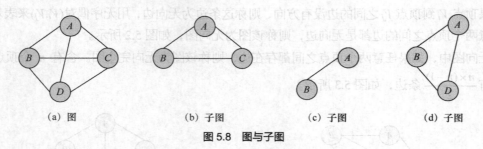

（a）图　　　　　　　（b）子图　　　　　　（c）子图　　　　　　（d）子图

图5.8　图与子图

5. 顶点的度

对于无向图来说，某一个顶点的度是与该顶点相关联的边的数量。如图5.9所示，顶点 A 的度为 3，表示为 $D(A)=3$；顶点 B 的度为2，表示为 $D(B)=2$。

对于有向图来说，以顶点 V_i 为弧头的弧的数量称为 V_i 的入度，以顶点 V_i 为弧尾的弧的数量称为 V_i 的出度，V_i 的度为入度与出度的和。如图5.10所示，顶点 C 的入度为2，出度为2，度为4；顶点 F 的入度为1，度为1。

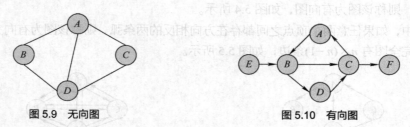

图5.9　无向图　　　　　　　　　　　　　　　图5.10　有向图

6. 路径

从顶点 V_i 到顶点 V_j 经过的顶点与弧称为 V_i 与 V_j 之间的路径。对于有向图来说，其路径也是有向的。路径上弧的数量称为路径的长度。例如，图5.10中的顶点 E 到顶点 F 的路径长度为3或4。

如果路径中的顶点不重复出现，则称该路径为简单路径。第一个顶点与最后一个顶点相同的路径称为回路或环。除了第一个顶点与最后一个顶点之外，其他顶点不重复出现的回路称为简单回路或简单环。

图5.10中，$B\to C\to A$、$E\to B\to C\to F$ 都是简单路径，$B\to C\to A\to B$ 为简单回路。

7. 连通性

如果顶点 V_i 与顶点 V_j 之间存在路径，则称 V_i 与 V_j 是连通的。若图中任意两顶点都连通，则称该图为连通图。在有向图中，任意一对顶点 V_i 与 V_j，从 V_i 到 V_j 和从 V_j 到 V_i 都存在路径，则称该有向图为强连通图。

5.2　图的存储

图形结构的存储涉及两部分内容：顶点（数据元素）的信息与顶点之间的关系（边或弧的信息）。

本节将介绍 4 种存储图形结构的方法，分别为邻接矩阵、邻接表、十字链表、邻接多重表。

5.2.1　邻接矩阵

邻接矩阵使用两个数组（一个一维数组与一个二维数组）来表示图形结构，一维数组用来存储图中顶点的信息，二维数组用来存储图中弧的信息。

假设图 G 有 n 个顶点，则需要创建一个可以存储 n 个数据元素的一维数组 $V[n]$，并且创建一个可以存储 $n \times n$ 个数据元素的二维数组 $\mathrm{arc}[n][n]$，也可以将二维数组理解为一个 $n \times n$ 的矩阵，其定义如下。

$$\mathrm{arc}[i][j]=\begin{cases}1, & (V_i,V_j)\in E\text{ 或 }<V_i,V_j>\in E,\text{ 表示存在弧}\\0, & \text{表示不存在弧}\end{cases}$$

上述公式中，1 表示顶点 V_i 与顶点 V_j 之间存在弧，0 表示不存在弧。

如图 5.11 所示，创建一个无向图，并使用一维数组存储顶点信息，使用二维数组（矩阵）表示顶点之间的关系。

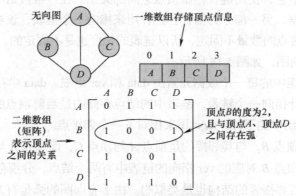

图 5.11　邻接矩阵表示无向图

图 5.11 中，存放图顶点数据的数组为 $V[4]=\{A,B,C,D\}$，二维数组 $\mathrm{arc}[4][4]$ 对应图中的矩阵，由此可知，$\mathrm{arc}[2][0]=1$ 表示的是顶点 A 与顶点 C 之间存在弧，$\mathrm{arc}[3][2]=1$ 表示的是顶点 C 与顶点 D 之间存在弧。

如果图为有向图，则表示方法与无向图类似，如图 5.12 所示，同样使用一维数组存储图中顶点的信息，使用二维数组存储顶点之间的关系。

图 5.12 中，$\mathrm{arc}[3][0]=1$ 表示从顶点 D 到顶点 A 具有弧，而 $\mathrm{arc}[0][3]=0$ 表示从顶点 A 到顶点 D 不具有弧。矩阵最后一行与最后一列表示顶点 D 的出度与入度，可知顶点 D 的度为 3。

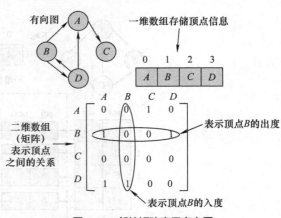

图 5.12　邻接矩阵表示有向图

5.2.2 邻接表

虽然邻接矩阵可以解决图形结构的逻辑存储问题，但是当图中的弧明显少于顶点时，采用这种存储方式会浪费大量的存储空间。

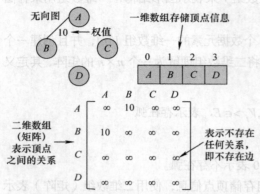

图 5.13 邻接矩阵造成存储资源浪费

如图 5.13 所示，无向图中的大部分顶点之间不存在连接关系，而二维数组本身占用的存储空间不会随着记录信息的减少而减少。因此，使用二维数组记录顶点关系，可能会造成大量存储资源浪费。

由线性表的存储方式（见第 2 章）可知，顺序存储（一维数组）由于预先分配内存可能会造成存储资源浪费，而采用链式存储则很好地解决了这一问题。图形结构同样可以采用链式存储的方式记录顶点关系，这种方式称为邻接表。

邻接表使用数组与链表结合的方式表示图形结构。使用一维数组存储顶点信息，使用链表存储顶点之间的关系。在一维数组中，每个数据元素分为两部分，一部分为顶点数据，另一部分为指针。指针用来指向一个链表，该链表用来记录当前顶点的邻接点的信息。因为邻接点的数量不固定，所以链表的长度也是不固定的。

使用邻接表表示无向图，如图 5.14 所示。

图 5.14 中，一维数组中的每一个数据元素由 data 和 ver 组成。data 中存储的是顶点的数据，ver 中存储的是指针，该指针指向一个链表，链表中的结点存储的是当前顶点的邻接点的下标。其中，adj 表示邻接点在一维数组中的下标，next 用来指向下一个邻接点。

图 5.14 中无向图的顶点 B，与其邻接的是顶点 A 与顶点 C，而顶点 A 与顶点 C 在一维数组中的下标分别为 0、2，因此顶点 B 对应的 ver 指向的链表中有两个结点，分别存储的值为 0、2。

如果图是有向图，其邻接表的结构也是类似的。由于有向图的弧是有方向的，因此既需要记录以顶点为弧头的弧，也需要记录以顶点为弧尾的弧。使用邻接表的方式表示有向图，如图 5.15 所示。

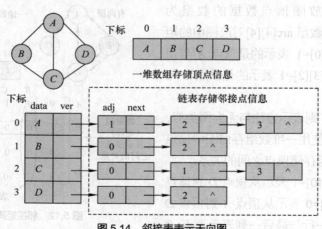

图 5.14 邻接表表示无向图

图 5.15 中，邻接表中的 adj 存储的是某一顶点（该顶点为弧尾，出度）的邻接点在一维数组中

的下标。逆邻接表与邻接表相反，adj 存储的是作为弧头（入度）的顶点的邻接点所在的下标。由图 5.15 可知，顶点 B 为弧尾，邻接点为顶点 A 与顶点 C，顶点 A 与顶点 C 在一维数组中的下标分别为 0、2。顶点 B 为弧头，邻接点为顶点 C，邻接点在一维数组中的下标为 2。

　　如果图中顶点之间的关系具有权值，则需要在邻接表中添加一个记录权值的数据域，如图 5.16 所示。

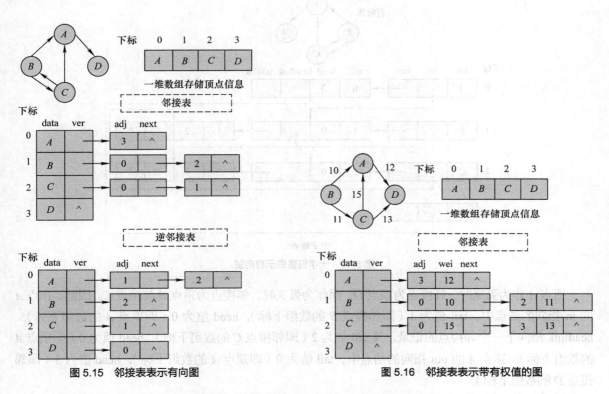

图 5.15　邻接表表示有向图　　　　　　图 5.16　邻接表表示带有权值的图

　　图 5.16 中，顶点 C 为弧尾时，其邻接点为顶点 A 与顶点 D，对应的权值为 15 与 13。

5.2.3　十字链表

　　对于有向图而言，邻接表具有一定的缺陷。如图 5.15 所示，邻接表只能解决顶点出度的问题，而逆邻接表只能解决顶点入度的问题。因此，可以考虑将邻接表与逆邻接表结合到一起，这种存储方式就是十字链表。

　　十字链表与邻接表都采用了数组与链表结合的方式来表示图形结构。十字链表相对于邻接表而言，数据的结构更加复杂。其中，一维数组中数据元素的结构如图 5.17 所示。

　　图 5.17 中，data 表示有向图中顶点的数据，in 表示指针，指向以该顶点为弧头的邻接点的记录（即链表中的结点），out 同样是指针，指向以该顶点为弧尾的邻结点的记录（即链表中的结点）。

　　链表中的结点保存的是邻接点的记录，其结构如图 5.18 所示。

图 5.17　一维数组中数据元素的结构　　　　　图 5.18　链表中结点的结构

图 5.18 中，tail 表示弧尾顶点在数组中的下标，head 表示弧头顶点在数组中的下标，headlink 为指针，指向以顶点为弧头的下一个邻接点的记录，taillink 同样为指针，指向以顶点为弧尾的下一个邻接点的记录。

假设存在一个有向图，使用十字链表表示该有向图，如图 5.19 所示。

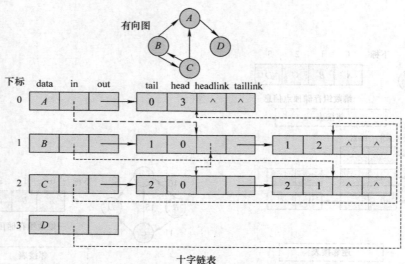

图 5.19　十字链表表示有向图

顶点 A 作为弧尾时，邻接点为顶点 D，而作为弧头时，邻接点为顶点 B 与顶点 C。因此，顶点 A 的 in 指向的结点中，tail 值为 1（即邻接点 B 的数组下标），head 值为 0（即顶点 A 的数组下标），headlink 指向下一个邻接点的记录，其 tail 值为 2（即邻接点 C 的数组下标），head 值为 0（即顶点 A 的数组下标）。顶点 A 的 out 指向的结点中，tail 值为 0（即顶点 A 的数组下标），head 值为 3（即邻接点 D 的数组下标）。

顶点 B 作为弧尾时，邻接点为顶点 A 与顶点 C，而作为弧头时，邻接点为顶点 C。因此，顶点 B 的 in 指向的结点中，tail 值为 2（即邻接点 C 的数组下标），head 值为 1（即顶点 B 的数组下标）。顶点 B 的 out 指向的结点中，tail 值为 1（即顶点 B 的数组下标），head 值为 0（即邻接点 A 的数组下标），taillink 指向下一个邻接点的记录，其 tail 值为 1（即顶点 B 的数组下标），head 值为 2（即邻接点 C 的数组下标）

顶点 C 与顶点 D 的情况可参考上述分析，这里不再详细描述。十字链表的优势就是将邻接表与逆邻接表进行了结合。由图 5.19 可以看出，十字链表的本质是链表交叉，即同一个结点可以存在于多条链表中。

5.2.4　邻接多重表

邻接多重表与邻接表类似，不同的是，邻接多重表重点关注的是顶点之间的关系（边或弧），而非顶点。使用邻接表表示无向图时，如果选择操作图中的某一条边，则需要找到这条边的两个顶点在邻接表中的信息，然后才能进行操作。如果当前需要频繁地处理顶点之间的关系，那么使用邻接表表示图形结构并不是一个很好的选择。

邻接多重表使用数组与链表结合的方式表示图形结构，其不同于邻接表的是，链表中的结点表示的是与顶点相关联的边，而非顶点。邻接多重表中结点的结构如图 5.20 所示。

图 5.20 中，iver 与 jver 表示与边相关联的两个顶点在数组中的下标，ilink 指向与顶点 iver 相关联的下一条边的记录（下一个链表结点），jlink 指向与顶点 jver 相关联的下一条边的记录（下一个链表结点）。

使用邻接多重表表示无向图如图 5.21 所示。

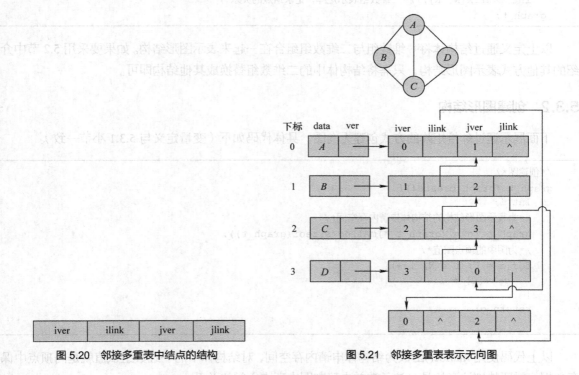

| iver | ilink | jver | jlink |

图 5.20　邻接多重表中结点的结构　　　　图 5.21　邻接多重表表示无向图

图 5.21 中，与顶点 A 相关联的边有 3 条，分别为(A,B)、(A,C)、(A,D)。如果转换为用数据下标表示，则分别为(0,1)、(0,2)、(0,3)。因此，顶点 A 的 ver 指向的结点中，iver 为 0（顶点 A），jver 为 1（顶点 B），且 ilink 指向下一个结点，该结点的 jver 为 0（顶点 A），iver 为 3（顶点 D），jlink 指向下一个结点，该结点的 iver 为 0，jver 为 2。

邻接多重表与邻接表类似，邻接表关注的是顶点的信息，而邻接多重表关注的是顶点之间的关系（边或弧）。

5.3　图的创建

5.2 节主要介绍了如何实现图形结构的存储，即图形结构在计算机中的实现方法。本节将通过具体的代码实现图形结构的创建以及操作。

5.3.1　定义图形结构

下面展示通过邻接矩阵的方式对图形结构进行定义。邻接矩阵采用一维数组与二维数组组合的方式表示图形结构，因此，通过代码实现对图形结构的定义如下所示。

```
#define N 5
typedef int datatype_t;    /*类型重定义*/
/*定义结构体*/
typedef struct{
    datatype_t v[N];    /*一维数组存储图的顶点数据*/
    int matrix[N][N];   /*二维数组表示矩阵，记录顶点的关系*/
}graph_t;
```

以上定义通过结构体将一维数组与二维数组组合在一起来表示图形结构。如果要采用 5.2 节中介绍的其他方式表示图形结构，只需将结构体中的二维数组替换成其他结构即可。

5.3.2　创建图形结构

下面展示通过邻接矩阵的方式创建无向图，具体代码如下（变量定义与 5.3.1 小节一致）。

```
/*创建图*/
graph_t *graph_create(){
    int i;
    /*为表示图形结构的结构体申请内存空间*/
    graph_t *g = (graph_t *)malloc(sizeof(graph_t));
    /*为图中的顶点赋值*/
    for(i = 0; i < N; i++){
        g->v[i] = i;
    }
    return g;
}
```

以上代码使用 malloc()函数为结构体申请内存空间，对结构体中的一维数组赋值就是向顶点中保存数据。需要特别注意的是，该函数并未确定图中顶点之间的关系。

5.3.3　确定顶点关系

确定图中顶点之间的关系需要对二维数组赋值。假设数字 1 表示顶点之间存在关系（顶点之间存在弧），数字 0 表示顶点之间不存在关系，具体代码如下（变量定义与 5.3.1 小节一致）。

```
/*确定顶点之间的关系*/
void graph_input(graph_t *g){
    int x, y;
    /*根据终端输入，确定顶点之间的关系*/
    while(scanf("%d,%d", &x, &y) == 2){
        getchar();
        /*赋值为1，表示存在关系*/
        g->matrix[x][y] = g->matrix[y][x] = 1;
    }
    return ;
}
```

以上代码通过函数 scanf() 读取终端输入，输入内容为二维数组的坐标。赋值为 1，表示存在关系。

5.3.4　输出顶点关系

输出顶点关系即输出二维数组中的数据，通过数据可以判定无向图中顶点之间的关系。具体代码如下（变量定义与 5.3.1 小节一致）。

```
/*输出顶点之间的关系*/
void graph_output(graph_t *g){
    /*遍历整个二维数组*/
    int i, j;
    printf("   V0 V1 V2 V3 V4\n"); /*输出列表头，类似于菜单*/
    for(i = 0; i < N; i++){
        printf("V%d ", i);           /*输出列表头，类似于菜单*/
        for(j = 0; j < N; j++){
            printf("%-3d", g->matrix[i][j]);
        }
        printf("\n");
    }
    return ;
}
```

以上代码遍历整个二维数组，通过某一个结点的值，即可推出顶点之间是否存在弧。例如，matrix[1][2]=1 表示一维数组中保存的第 2 个顶点与第 3 个顶点之间存在弧。

5.3.5　整体测试

对 5.3.1 小节至 5.3.4 小节的功能代码进行整体测试，如例 5-1 所示。

例 5-1　图的创建。

```
1   #include <stdio.h>
2   #include <stdlib.h>
3
4   #define N 5
5
6   typedef int datatype_t;  /*类型重定义*/
7
8   /*定义结构体*/
9   typedef struct{
10      datatype_t v[N];  /*一维数组存储图的顶点数据*/
11      int matrix[N][N]; /*二维数组表示矩阵，记录顶点的关系*/
12  }graph_t;
13
14  /*创建图*/
15  graph_t *graph_create(){
16      int i;
17      /*为表示图形结构的结构体申请内存空间*/
18      graph_t *g = (graph_t *)malloc(sizeof(graph_t));
19
```

```
20        /*为图中的顶点赋值*/
21        for(i = 0; i < N; i++){
22            g->v[i] = i;
23        }
24        return g;
25    }
26    /*确定顶点之间的关系*/
27    void graph_input(graph_t *g){
28        int x, y;
29
30        /*根据终端输入，确定顶点之间的关系*/
31        while(scanf("%d,%d", &x, &y) == 2){
32            getchar();  /*回收终端输入的垃圾字符*/
33            /*赋值为1，表示存在关系*/
34            g->matrix[x][y] = g->matrix[y][x] = 1;
35        }
36        return ;
37    }
38    /*输出顶点之间的关系*/
39    void graph_output(graph_t *g){
40        /*遍历整个二维数组*/
41        int i, j;
42
43        printf("   V0 V1 V2 V3 V4\n");
44        for(i = 0; i < N; i++){
45            printf("V%d ", i);
46            for(j = 0; j < N; j++){
47                printf("%-3d", g->matrix[i][j]);
48            }
49            printf("\n");
50        }
51        return ;
52    }
53    /*主函数，测试功能函数是否正确*/
54    int main(int argc, const char *argv[])
55    {
56        graph_t *g = graph_create(); /*调用创建函数，创建图*/
57
58        graph_input(g);   /*输入图中顶点之间的关系*/
59        graph_output(g);  /*输出顶点之间的关系*/
60
61        return 0;
62    }
```

例 5-1 中，主函数调用子函数完成图的创建，然后执行确定顶点关系的函数，最后输出图中顶点的关系。程序运行结果如下所示。

```
linux@ubuntu:~/1000phone/data/chap5$ ./a.out
0,1                    /*该内容为用户手动输入内容*/
0,2
0,3
1,2
```

```
1,3
2,3
3,4
2,4
q                      /*输入格式错误的内容，程序自动结束读取终端输入*/
  V0 V1 V2 V3 V4       /*程序输出内容*/
V0 0 1 1 1 0
V1 1 0 1 1 0
V2 1 1 0 1 1
V3 1 1 1 0 1
V4 0 0 1 1 0
linux@ubuntu:~/1000phone/data/chap5$
```

运行程序，按照格式输入坐标值，当输入格式错误的内容时，程序自动结束读取。根据输出内容可知，具有关系的边有(V_0,V_1)、(V_0,V_2)、(V_0,V_3)、(V_1,V_2)、(V_1,V_3)、(V_2,V_3)、(V_2,V_4)、(V_3,V_4)。因此，根据输入的顶点数据与关系，可以确定程序创建的无向图的逻辑结构，如图 5.22 所示。

图 5.22　程序创建的无向图的逻辑结构

5.4　图的遍历

图的遍历与树的遍历类似，即从图中的某个顶点开始，经过一定的路线访问图中所有可以访问的顶点，并且这些顶点只能被访问一次，这个过程称为图的遍历。图的遍历方式通常可以分为深度优先搜索与广度优先搜索两种。

5.4.1　深度优先搜索

1. 深度优先搜索的概念

深度优先搜索（Depth First Search，DFS）类似于树的先序遍历。从图中的某个顶点开始访问，访问完成后，需要按照深度优先的原则，继续访问其邻接点，并依此类推。若某顶点的邻接点全部访问完毕，则回溯到它的上一个顶点，然后从此顶点开始，按照深度优先的原则继续搜索，直到可以被访问的顶点都访问完毕为止。

如图 5.23 所示，假设从无向图中的顶点 A 开始访问，定义一个访问规则（参考树的先序遍历）：访问任何顶点的下一个邻接点时，首先访问顶点右边（顶点角度）的邻接点。

图 5.23 中，按照先访问顶点右边的邻接点的规则，从访问顶点 A 开始，顶点 A 的邻接点有 B、F，应该先访问顶点 B。顶点 B 的邻接点有 C、G、H，应该先访问顶点 C。顶点 C 的邻接点有 B、G、D，应该先访问顶点 D。顶点 D 的邻接点有 C、G、H、I、E，应该先访问顶点 E。顶点 E 的邻接点有 D、I、F，应该先访问顶点 F。顶点 F

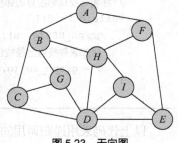

图 5.23　无向图

的邻接点有 A、H、I、E，因为顶点 A 已经被访问，所以应该先访问顶点 H。顶点 H 的邻接点为 B、D、I、F，其中顶点 B、D、F 都已经被访问，因此只能访问顶点 I。经过上述遍历后，可以发现顶点

G 并没有被访问，因此在访问到 I 时，遍历并没有结束，而需要按照原来访问的路径返回。当返回到顶点 D 时，邻接点 C、H、I 都已经被访问，只剩下顶点 G 未被访问。顶点 G 访问完成后，继续返回，直到返回到顶点 A 停止。

综上所述，图 5.23 中顶点的访问顺序为 A-B-C-D-E-F-H-I-G。由上述遍历过程可以看出，该遍历方式与树的遍历一样，需要借助递归的方式实现。

2. 深度优先搜索的实现

下面介绍基于邻接矩阵存储方式的深度优先搜索，其核心操作为采用递归调用的思想寻找顶点的邻接点。如果某个顶点的所有邻接点都已经被访问，则返回上一个顶点，继续访问。具体代码如下（变量定义与 5.3.1 小节一致）。

```c
int visited[N] = {0}; /*存放顶点是否被访问的标志*/
/*查找顶点的邻接点*/
int graph_adj(graph_t *g, int x){
    int i = 0;
    for(i = 0; i < N; i++){
        /*必须满足邻接点的条件，且没有被访问过*/
        if(g->matrix[x][i] == 1 && visited[i] == 0){
            return i;
        }
    }
    /*没有邻接点或者已经被访问完毕*/
    return -1;
}
/*深度优先搜索，参数 x 表示初始访问的顶点的下标*/
void graph_DFS(graph_t *g, int x){
    int u;
    printf("%d ", g->v[x]);    /*输出顶点数据*/
    visited[x] = 1;            /*重新定义新的数组，记录顶点是否被访问过*/

    /*调用子函数，寻找当前顶点的邻接点*/
    u = graph_adj(g, x);

    /*如果存在邻接点且没有被访问过，则递归调用函数本身*/
    /*继续寻找该邻接点的邻接点*/
    while(u >= 0){
        graph_DFS(g, u);    /*递归调用*/
        /*如果邻接点已经被访问完，则寻找上一个顶点的其他邻接点*/
        u = graph_adj(g, x);
    }
}
```

以上代码采用递归调用的方式，依次寻找顶点的邻接点。其设计思想如图 5.24 所示。graph_DFS()函数的功能为输出顶点数据，并调用 graph_adj()函数寻找顶点的邻接点。

3. 整体测试

整体测试需要结合邻接矩阵存储图形结构的代码（见例 5-1），如例 5-2 所示。

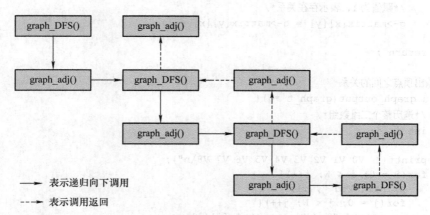

```
            ┌──────────────┐      ┌──────────────┐
            │  graph_DFS() │      │  graph_adj() │
            └──────┬───────┘      └──────────────┘
                   │                      ▲
                   ▼                      ┆
       ┌──────────────┐   ┌──────────────┐   ┌──────────────┐
       │  graph_adj() │──▶│  graph_DFS() │◀┄┄│  graph_adj() │
       └──────────────┘   └──────┬───────┘   └──────────────┘
                                 │ ▲
                                 ▼ ┆
   ┌──────────────┐   ┌──────────────┐   ┌──────────────┐
   │  graph_adj() │──▶│  graph_DFS() │◀┄┄│  graph_adj() │
   └──────────────┘   └──────────────┘   └──────┬───────┘
                                 │ ▲            ▲ ┆
                                 ▼ ┆            ┆ ▼
                         ┌──────────────┐   ┌──────────────┐
                         │  graph_adj() │──▶│  graph_DFS() │
                         └──────────────┘   └──────────────┘
```

    ——▶ 表示递归向下调用

    ┄┄▶ 表示调用返回

图 5.24 设计思想

例 5-2 图的深度优先搜索的实现。

```
1    #include <stdio.h>
2    #include <stdlib.h>
3
4    #define N 9
5
6    typedef int datatype_t;  /*类型重定义*/
7
8    /*定义结构体*/
9    typedef struct{
10       datatype_t v[N];  /*一维数组存储图的顶点数据*/
11       int matrix[N][N]; /*二维数组表示矩阵，记录顶点的关系*/
12   }graph_t;
13
14   int visited[N] = {0}; /*存放顶点是否被访问的标志*/
15   /*创建图*/
16   graph_t *graph_create(){
17       int i;
18       /*为表示图形结构的结构体申请内存空间*/
19       graph_t *g = (graph_t *)malloc(sizeof(graph_t));
20
21       /*为图中的顶点赋值*/
22       for(i = 0; i < N; i++){
23           g->v[i] = i;
24       }
25       return g;
26   }
27   /*确定顶点之间的关系*/
28   void graph_input(graph_t *g){
29       int x, y;
30       char c;
31
32       /*根据终端输入，确定顶点之间的关系*/
33       while(scanf("%d,%d", &x, &y) == 2){
34           getchar();  /*回收终端输入的垃圾字符*/
```

```
35              /*赋值为1，表示存在关系*/
36              g->matrix[x][y] = g->matrix[y][x] = 1;
37          }
38          return ;
39      }
40      /*输出顶点之间的关系*/
41      void graph_output(graph_t *g){
42          /*遍历整个二维数组*/
43          int i, j;
44
45          printf("  V0 V1 V2 V3 V4 V5 V6 V7 V8\n");
46          for(i = 0; i < N; i++){
47              printf("V%d ", i);
48              for(j = 0; j < N; j++){
49                  printf("%-3d", g->matrix[i][j]);
50              }
51              printf("\n");
52          }
53          return ;
54      }
55      /*查找顶点的邻接点*/
56      int graph_adj(graph_t *g, int x){
57          int i = 0;
58
59          for(i = 0; i < N; i++){
60              /*必须满足邻接点的条件，且没有被访问过*/
61              if(g->matrix[x][i] == 1 && visited[i] == 0){
62                  return i;
63              }
64          }
65          /*没有邻接点或者已经被访问完毕*/
66          return -1;
67      }
68      /*深度优先搜索，参数 x 表示初始访问的顶点的下标*/
69      void graph_DFS(graph_t *g, int x){
70          int u;
71
72          printf("%d ", g->v[x]);   /*输出顶点数据*/
73          visited[x] = 1;          /*重新定义新的数组，记录顶点是否被访问过*/
74
75          /*调用子函数，寻找当前顶点的邻接点*/
76          u = graph_adj(g, x);
77
78          /*如果存在邻接点且没有被访问过，则递归调用函数本身*/
79          /*继续寻找该邻接点的邻接点*/
80          while(u >= 0){
81              graph_DFS(g, u);   /*递归调用*/
82
83              /*如果邻接点已经被访问完，则寻找上一个顶点的其他邻接点*/
84              u = graph_adj(g, x);
85          }
86      }
```

```
87   /*主函数*/
88   int main(int argc, const char *argv[])
89   {
90       graph_t *g = graph_create(); /*调用创建函数，创建图*/
91
92       graph_input(g);    /*输入图中顶点之间的关系*/
93       graph_output(g);   /*输出顶点之间的关系*/
94
95       printf("DFS: ");
96       graph_DFS(g, 0); /*深度优先搜索*/
97       printf("\n");
98       return 0;
99   }
```

例 5-2 中，主函数调用子函数创建图，并需要终端输入顶点关系，通过深度优先搜索函数输出访问结果。程序运行结果如下所示。

```
linux@ubuntu:~/1000phone/data/chap5$ ./a.out
0,1                     /*用户输入顶点关系*/
0,5
1,2
1,6
1,7
2,3
2,6
3,4
3,6
3,7
3,8
4,5
4,8
5,7
7,8
q                       /*输入错误格式，程序退出读取操作*/
     V0 V1 V2 V3 V4 V5 V6 V7 V8    /*程序输出顶点关系*/
V0 0  0  1  0  0  0  1  0  0  0
V1 1  0  1  0  0  0  0  1  1  0
V2 0  1  0  1  0  0  1  0  0
V3 0  0  1  0  1  0  1  0  1  1  1
V4 0  0  0  1  0  1  0  0  1
V5 1  0  0  0  1  0  0  1  0
V6 0  1  1  1  0  0  0  0  0
V7 0  1  0  1  0  1  0  0  1
V8 0  0  0  1  1  0  0  1  0
DFS: 0 1 2 3 4 5 7 8 6           /*输出深度优先搜索的结果，即顶点的数据*/
linux@ubuntu:~/1000phone/data/chap5$
```

无向图中的顶点共有 9 个，根据输入的顶点数据与关系，可以确定程序创建的无向图的逻辑结构，如图 5.25 所示。

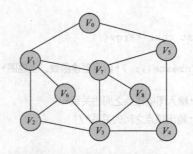

顶点	V_0	V_1	V_2	V_3	V_4	V_5	V_6	V_7	V_8
对应值	0	1	2	3	4	5	6	7	8

图 5.25　程序创建的无向图的逻辑结构

例 5-2 输出的搜索结果为 0–1–2–3–4–5–7–8–6，结合图 5.25 可知，运算结果与推理一致，深度搜索成功。

5.4.2　广度优先搜索

1.　广度优先搜索的概念

广度优先搜索（Breadth First Search，BFS）类似于树的层序遍历。例如，5.4.1 小节的图 5.23 中，从顶点 A 开始访问（顶点 A 作为层序遍历的第一层）；顶点 A 的邻接点为顶点 B、顶点 F，因此将顶点 B、顶点 F 作为层序遍历的第二层，其邻接点为 C、G、H、E；同样将顶点 C、G、H、E 作为层序遍历的第三层，其邻接点为顶点 D、顶点 I（顶点 D、顶点 I 作为遍历的第四层）。将图 5.23 按照层序遍历的思想重新设计，如图 5.26 所示。

无论是树还是图，层序遍历都需要借助于队列来完成（队列实现数据先进先出）。图 5.26 中，第一层为顶点 A，第二层为顶点 B、顶点 F，第三层为顶点 C、顶点 G、顶点 H、顶点 E，第四层为顶点 D、顶点 I。因此，通过队列实现遍历的原理如图 5.27 所示。

图 5.27 所示原理为：将无向图中每一层的顶点按照顺序入队、出队，并访问数据。广度优先搜索即每次必须先找到顶点的所有邻接点，访问完成后，再寻找这些邻接点的下一层邻接点。

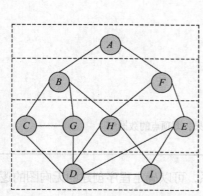

图 5.26　层序遍历思想设计无向图

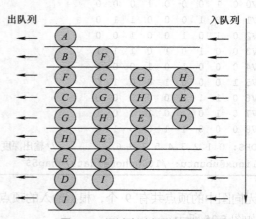

图 5.27　通过队列实现遍历的原理

2. 广度优先搜索的实现

下面介绍基于邻接矩阵存储方式的广度优先搜索，具体代码如下（队列函数实现可参考 3.6 节链式队列的代码实现）。

```
/*广度优先搜索, 参数 x 表示顶点在数组中的下标*/
void graph_BFS(graph_t *g, int x){
    int temp, i;

    /*创建一个队列*/
    linkqueue_t *lq = linkqueue_create();
    linkqueue_input(lq, x);     /*将顶点下标值入队*/
    visited[x] = 1;             /*将顶点标记为被访问*/

    /*判断队列是否为空, 为空不能出队*/
    while(!linkqueue_empty(lq)){
        temp = linkqueue_output(lq);  /*出队*/
        printf("%d ", g->v[temp]);    /*输出出队顶点的数据*/

        /*寻找没有被访问过的邻接点*/
        for(i = 0; i < N; i++){
            if(g->matrix[temp][i] == 1 && visited[i] == 0){
                linkqueue_input(lq, i); /*将邻接点入队*/
                visited[i] = 1;         /*将入队的邻接点标为已访问*/
            }
        }
    }
    return ;
}
```

以上代码实现的原理如图 5.28 所示。

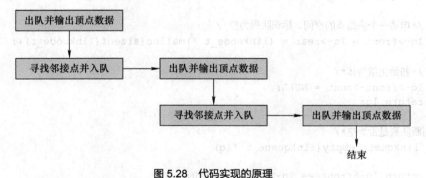

图 5.28　代码实现的原理

3. 整体测试

整体测试需要结合邻接矩阵存储图形结构的代码（见例 5-1）以及 3.6 节链式队列的操作代码。首先将链式队列的操作代码直接封装为头文件，然后使用操作图形结构的代码调用该头文件，即可完成测试。

链式队列的操作代码如例 5-3 所示。

例 5-3 队列操作的头文件。

```c
1    #ifndef _LINKQUEUE_H_
2    #define _LINKQUEUE_H_
3
4    #include <stdio.h>
5    #include <stdlib.h>
6
7    /*定义数据类型*/
8    typedef int datatype;
9
10   /*定义队列结点结构体*/
11   typedef struct node{
12       datatype data;      /*数据域*/
13       struct node *next;  /*指针域*/
14   }linknode_t;
15   /*定义操作链表的指针*/
16   typedef struct{
17       linknode_t *front;
18       linknode_t *rear;
19   }linkqueue_t;
20
21   extern linkqueue_t *linkqueue_create();
22   extern int linkqueue_empty(linkqueue_t *lq);
23   extern void linkqueue_input(linkqueue_t *lq, datatype value);
24   extern datatype linkqueue_output(linkqueue_t *lq);
25
26   /*创建一个空的队列*/
27   linkqueue_t *linkqueue_create()
28   {
29       /*为操作队列的两个指针申请内存空间*/
30       linkqueue_t *lq = (linkqueue_t *)malloc(sizeof(linkqueue_t));
31
32       /*申请一个头结点的空间，标识队列为空*/
33       lq->front = lq->rear = (linknode_t *)malloc(sizeof(linknode_t));
34
35       /*初始化结构体*/
36       lq->front->next = NULL;
37       return lq;
38   }
39   /*判断队列是否为空*/
40   int linkqueue_empty(linkqueue_t *lq)
41   {
42       return lq->front == lq->rear ? 1 : 0;
43   }
44   /*入队*/
45   void linkqueue_input(linkqueue_t *lq, datatype value)
46   {
47       linknode_t *temp = (linknode_t *)malloc(sizeof(linknode_t));
48       temp->data = value;
49       temp->next = NULL;
```

```
50
51      /*将新插入的结点插入到 rear 的后面*/
52      lq->rear->next = temp;
53      /*将 rear 指向新插入的结点*/
54      lq->rear = temp;
55
56      return ;
57  }
58  /*出队*/
59  datatype linkqueue_output(linkqueue_t *lq)
60  {
61      if(linkqueue_empty(lq))
62      {
63          printf("linkqueue is empty\n");
64          return (datatype)-1;
65      }
66      /*出队*/
67      linknode_t *temp = lq->front->next;
68      lq->front->next = temp->next;
69
70      datatype value = temp->data;
71
72      free(temp);
73      temp = NULL;
74
75      /*在最后一个有数据的结点删除之后*/
76      /*需要将 rear 指向头结点，接着可以执行入队操作*/
77      if(lq->front->next == NULL)
78      {
79          lq->rear = lq->front;
80      }
81      return value;
82  }
83
84  #endif
```

广度优先搜索的代码如例 5-4 所示。

例 5-4 图的广度优先搜索的实现。

```
1   #include <stdio.h>
2   #include <stdlib.h>
3   #include "linkqueue.h"   /*引用队列操作的头文件*/
4
5   #define N 9
6
7   typedef int datatype_t;   /*类型重定义*/
8
9   /*定义结构体*/
10  typedef struct{
11      datatype_t v[N];   /*一维数组存储图的顶点数据*/
12      int matrix[N][N];  /*二维数组表示矩阵，记录顶点的关系*/
13  }graph_t;
14
```

141

```
15    int visited[N] = {0};  /*保存顶点是否被访问的标志*/
16    /*创建图*/
17    graph_t *graph_create(){
18        int i;
19        /*为表示图形结构的结构体申请内存空间*/
20        graph_t *g = (graph_t *)malloc(sizeof(graph_t));
21
22        /*为图中的顶点赋值*/
23        for(i = 0; i < N; i++){
24            g->v[i] = i;
25        }
26        return g;
27    }
28
29    /*确定顶点之间的关系*/
30    void graph_input(graph_t *g){
31        int x, y;
32        char c;
33
34        /*根据终端输入，确定顶点之间的关系*/
35        while(scanf("%d,%d", &x, &y) == 2){
36            getchar();  /*回收终端输入的垃圾字符*/
37            /*赋值为1，表示存在关系*/
38            g->matrix[x][y] = g->matrix[y][x] = 1;
39        }
40        return ;
41    }
42    /*输出顶点之间的关系*/
43    void graph_output(graph_t *g){
44        /*遍历整个二维数组*/
45        int i, j;
46
47        printf("   V0 V1 V2 V3 V4 V5 V6 V7 V8\n");
48        for(i = 0; i < N; i++){
49            printf("V%d ", i);
50            for(j = 0; j < N; j++){
51                printf("%-3d", g->matrix[i][j]);
52            }
53            printf("\n");
54        }
55        return ;
56    }
57    /*广度优先搜索，参数 x 表示顶点在数组中的下标*/
58    void graph_BFS(graph_t *g, int x){
59        int temp, i;
60
61        /*创建一个队列*/
62        linkqueue_t *lq = linkqueue_create();
63        linkqueue_input(lq, x);   /*将顶点下标值入队*/
64        visited[x] = 1;           /*将顶点标记为被访问*/
65
66        /*判断队列是否为空，为空不能出队*/
```

```
67        while(!linkqueue_empty(lq)){
68            temp = linkqueue_output(lq);   /*出队*/
69            printf("%d ", g->v[temp]);      /*输出出队顶点的数据*/
70
71            /*寻找没有被访问过的邻接点*/
72            for(i = 0; i < N; i++){
73                if(g->matrix[temp][i] == 1 && visited[i] == 0){
74                    linkqueue_input(lq, i); /*将邻接点入队*/
75                    visited[i] = 1;          /*将入队的邻接点标为已访问*/
76                }
77            }
78        }
79        return ;
80    }
81    int main(int argc, const char *argv[])
82    {
83        graph_t *g = graph_create(); /*调用创建函数，创建图*/
84
85        graph_input(g);      /*输入图中顶点之间的关系*/
86        graph_output(g);     /*输出顶点之间的关系*/
87
88        printf("BFS: ");
89        graph_BFS(g, 0);
90        printf("\n");
91
92        return 0;
93    }
```

例 5-4 中，主函数调用子函数完成图的创建，然后执行确定顶点关系的函数，最后输出图中顶点的关系。通过广度优先搜索函数实现遍历，程序运行结果如下所示。

```
linux@ubuntu:~/1000phone/data/chap5/5-3$ ./a.out
0,1                            /*用户输入结点关系*/
0,5
1,2
1,6
1,7
2,3
2,6
3,4
3,6
3,7
3,8
4,5
4,8
5,7
7,8
q                    /*输入错误格式数据，自动停止读取数据*/
   V0 V1 V2 V3 V4 V5 V6 V7 V8    /*输出顶点关系*/
V0  0  1  0  0  0  0  1  0  0  0
V1  1  0  1  0  1  0  0  0  1  1  0
V2  0  1  0  1  0  1  0  0  1  0  0
```

```
V3 0 0 1 0 1 0 1 0 1 1 1
V4 0 0 0 0 1 0 1 0 1 0 0 1
V5 1 0 0 0 0 1 0 0 1 0 1 0
V6 0 1 1 1 1 0 0 0 0 0
V7 0 1 0 1 0 1 0 1 0 0 1
V8 0 0 0 0 1 1 0 0 1 0
BFS: 0 1 5 2 6 7 4 3 8    /*广度优先搜索输出结果*/
linux@ubuntu:~/1000phone/data/chap5/5-3$
```

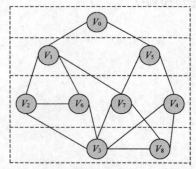

图 5.29　层序遍历思想设计无向图

无向图中的顶点共有 9 个，根据输入的顶点数据与关系，可以确定程序创建的无向图的逻辑结构与 5.4.1 小节中的图 5.25 一致。其中，顶点 V_0 的邻接点为顶点 V_1、顶点 V_5，顶点 V_1、顶点 V_5 的邻接点为顶点 V_2、顶点 V_4、顶点 V_6、顶点 V_7，顶点 V_2、顶点 V_4、顶点 V_6、顶点 V_7 的邻接点为顶点 V_3、顶点 V_8。按照层序遍历的思想重新设计，如图 5.29 所示。

结合图 5.29 和广度优先搜索的规则，可以推理出顶点被访问的顺序为 V_0-V_1-V_5-V_2-V_6-V_7-V_4-V_3-V_8。程序输出的结果为 0–1–5–2–6–7–4–3–8。程序输出结果与推理结果一致，表示广度优先搜索成功。

5.4.3　最短路径

1. 最短路径的概念

在非网图（边或弧不具有权值）中，最短路径指的是两顶点之间经过边数最少的路径。而在网图（边或弧具有权值）中，最短路径指的是两顶点之间经过的边的权值之和最小的路径，路径上的第一个顶点称为源点，最后一个顶点称为终点。

2. 迪杰斯特拉算法

迪杰斯特拉（Dijkstra）算法是按照路径长度递增次序产生最短路径的算法。迪杰斯特拉算法主要讨论的是从一个顶点到其余各个顶点的最短路径（也称为单源最短路径）。算法的基本思想为：将图中的顶点分为两个集合 S 和 T，集合 S 中存放已确定最短路径的顶点，集合 T 中存放未确定最短路径的顶点，按照最短路径长度递增的次序将集合 T 中的顶点逐个加入集合 S，直到从源点出发可以到达的所有顶点都在集合 S 中。

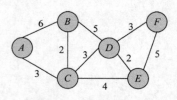

图 5.30　具有权值的图

如图 5.30 所示，创建一个具有权值的图。接下来通过该图形结构对迪杰斯特拉算法的原理进行分析。

（1）在集合 S 中加入顶点 A，即 $S=(A)$，此时最短路径为 $A{\rightarrow}A$（权值为 0）。集合 T 中的顶点有 B、C、D、E、F，即 $T=(B,C,D,E,F)$。顶点 A 的邻接点为顶点 B、顶点 C，$A{\rightarrow}B$ 的权值为 6，$A{\rightarrow}C$ 的权值为 3，其中 $A{\rightarrow}C$ 的权值较小。

（2）在集合 S 中加入顶点 C，即 $S=(A,C)$。集合 T 中的顶点有 B、D、E、F，即 $T=(B,D,E,F)$。顶点 C 的邻接点有顶点 A、顶点 B、顶点 D、顶点 E，$A{\rightarrow}C{\rightarrow}B$ 的权值为 5，$A{\rightarrow}C{\rightarrow}D$ 的权值为 6，$A{\rightarrow}C{\rightarrow}E$ 的权值为 7，其中 $A{\rightarrow}C{\rightarrow}B$ 的权值最小。

（3）在集合 S 中加入顶点 B，即 $S=(A,C,B)$。集合 T 中的顶点有 D、E、F，即 $T=(D,E,F)$。顶点 B 的邻接点有顶点 A、顶点 C、顶点 D，$A{\to}C{\to}B{\to}D$ 的权值为 10，该权值大于上一步中 $A{\to}C{\to}D$ 的权值。因此，这里需要变更为权值较小的路径，即 $A{\to}C{\to}D$。

（4）在集合 S 中加入顶点 D，即 $S=(A,C,B,D)$。集合 T 中的顶点有 E、F，即 $T=(E,F)$。顶点 D 的邻接点有顶点 B、顶点 C、顶点 E、顶点 F，$A{\to}C{\to}D{\to}E$ 的权值为 8，$A{\to}C{\to}D{\to}F$ 的权值为 9。路径 $A{\to}C{\to}D{\to}E$ 的权值大于上一步中 $A{\to}C{\to}E$ 的权值。因此，这里需要变更为权值较小的路径，即 $A{\to}C{\to}E$。

（5）在集合 S 中加入顶点 E，即 $S=(A,C,B,D,E)$。集合 T 中的顶点有 F，即 $T=(F)$。顶点 E 的邻接点为顶点 C、顶点 D、顶点 F，$A{\to}C{\to}E{\to}F$ 的权值为 12，该权值大于上一步中 $A{\to}C{\to}D{\to}F$ 的权值。因此，这里需要变更为权值较小的路径，即 $A{\to}C{\to}D{\to}F$。

（6）在集合 S 中加入顶点 F，即 $S=(A,C,B,D,E,F)$。集合 T 为空，查找完毕。顶点 A 到顶点 A 的最短路径为 $A{\to}A$（0），顶点 A 到顶点 B 的最短路径为 $A{\to}C{\to}B$（5），顶点 A 到顶点 C 的最短路径为 $A{\to}C$（3），顶点 A 到顶点 D 的最短路径为 $A{\to}C{\to}D$（6），顶点 A 到顶点 E 的最短路径为 $A{\to}C{\to}E$（7），顶点 A 到顶点 F 的最短路径为 $A{\to}C{\to}D{\to}F$（9）。

由上述分析可知，通过迪杰斯特拉算法计算两顶点之间的最短路径并非一步完成，而是在已经得出最短路径的基础上，求到更远顶点的最短路径。上述操作中，按最短路径长度的递增次序依次把集合 T 中的顶点加入集合 S。在加入的过程中，总保持从源点 A 到集合 S 中各顶点的最短路径长度不大于从源点 A 到集合 T 中任何顶点的最短路径长度。

3. 弗洛伊德算法

如果每次以图中的一个顶点（不重复）作为源点，重复执行迪杰斯特拉算法，便可求出每对顶点之间的最短路径，但显然这种处理方式是比较复杂的。接下来将介绍一种适合计算任意两顶点之间的最短路径的算法——弗洛伊德（Floyd）算法。

弗洛伊德算法的核心为：对于任意一对顶点 V_i 和 V_j，判断是否存在一个顶点 V_x，使得从顶点 V_i 到顶点 V_x 再到顶点 V_j 比已知的路径更短，如果存在，则更新该路径。

如图 5.31 所示，创建一个有向图。接下来通过该图形结构对弗洛伊德算法的原理进行分析。

使用矩阵（二维数组 E）表示图 5.31 中有向图的顶点关系，如图 5.32 所示。

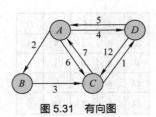

图 5.31　有向图

	A	B	C	D
A	0	2	6	4
B	∞	0	3	∞
C	7	∞	0	1
D	5	∞	12	0

图 5.32　使用矩阵表示顶点关系

顶点 A 到顶点 B 的路径为 2，则设 $E[0][1]=2$。顶点 C 到顶点 B 不存在弧，则设 $E[2][1]=\infty$。顶底 D 到顶点 C 的路径为 12，则设 $E[3][2]=12$。

根据弗洛伊德算法的核心思想，如果需要将任意两个顶点（例如，从顶点 A 到顶点 C）之间的路径变短，则需要引入第三个顶点（假设为顶点 K），并通过这个顶点中转（即 $A{\to}K{\to}C$）。而有些时候需要经过两个或更多的顶点中转才能使路径变短，如 $A \to K \to L \to M \to C$。

图 5.31 中，从顶点 D 到顶点 C 的路径权值为 12，如果通过顶点 A 中转（$D \to A \to C$），路径将缩短为权值 11（$E[3][0]+E[0][2]=5+6=11$）。其中，顶点 A 到顶点 C 也可以通过顶点 B 中转，使得顶点 A 到顶点 C 的路径缩短为权值 5（$E[0][1]+E[1][2]=2+3=5$）。因此，同时经过顶点 A 和顶点 B 中转，从顶点 D 到顶点 C 的路径会进一步缩短为权值 10。

图 5.31 中，如果任意两个顶点之间不允许通过其他顶点中转，那么顶点之间的最短路径就是初始路径，权值如图 5.32 所示。如果只允许通过顶点 A 进行中转，那么需要对任意两点之间的最短路径进行更新，如图 5.33 所示。

图 5.33 中，顶点 C 到顶点 B 的路径更新后权值为 9，即 $E[2][1]=9$，顶点 D 到顶点 B 的路径更新后权值为 7，即 $E[3][1]=7$，顶点 D 到顶点 C 的路径更新后权值为 11，即 $E[3][2]=11$。

如果允许通过顶点 A 与顶点 B 进行中转，那么需要对任意两点之间的最短路径再次进行更新，如图 5.34 所示。

	A	B	C	D
A	0	2	6	4
B	∞	0	3	∞
C	7	**9**	0	1
D	5	**7**	**11**	0

图 5.33　路径更新（一）

	A	B	C	D
A	0	2	**5**	4
B	∞	0	3	∞
C	7	**9**	0	1
D	5	**7**	**10**	0

图 5.34　路径更新（二）

图 5.34 中，顶点 A 到顶点 C 的路径更新后权值为 5，即 $E[0][2]=5$，顶点 D 到顶点 C 的路径更新后权值为 10，即 $E[3][2]=10$。

如果允许通过顶点 A、B、C 进行中转，那么需要对两点之间的最短路径再次进行更新，如图 5.35 所示。

图 5.35 中，顶点 B 到顶点 A 的路径更新后权值为 10，即 $E[1][0]=10$，顶点 B 到顶点 D 的路径更新后权值为 4，即 $E[1][3]=4$。

如果允许通过所有顶点进行中转，那么需要对两点之间的最短路径再次进行更新，如图 5.36 所示。

	A	B	C	D
A	0	2	**5**	4
B	**10**	0	3	4
C	7	**9**	0	1
D	5	**7**	**10**	0

图 5.35　路径更新（三）

	A	B	C	D
A	0	2	**5**	4
B	**9**	0	3	4
C	**6**	**8**	0	1
D	5	7	**10**	0

图 5.36　路径更新（四）

图 5.36 中，顶点 B 到顶点 A 的路径更新后权值为 9，即 $E[1][0]=9$，顶点 C 到顶点 A 的路径更新后权值为 6，即 $E[2][0]=6$，顶点 C 到顶点 B 的路径更新后权值为 8，即 $E[2][1]=8$。

将图 5.36 与图 5.32 进行对比可以看出，通过逐个添加顶点中转（弗洛伊德算法的核心），图中部分顶点之间的路径缩短。顶点 A 到 C 的路径更新后权值为 5（A→B→C），顶点 B 到 A 的路径更新后权值为 9（B→C→D→A），顶点 B 到顶点 D 的路径更新后权值为 4（B→C→D），顶点 C 到 A 的路径更新后权值为 6（C→D→A），顶点 C 到顶点 B 的路径更新后权值为 8（C→D→A→B），顶点 D 到顶点 B 的路径更新后权值为 7（D→A→B），顶点 D 到顶点 C 的路径更新后权值为 10（D→A→B→C）。图 5.36 中各顶点之间的路径就是最短路径。

5.5　本章小结

本章主要介绍了一种非线性数据结构——图，包括图的基本概念、图的存储、图的创建、图的遍历 4 个部分。其中，需要重点关注的是图形结构的存储方法，即邻接矩阵、邻接表、十字链表、邻接多重表。本章在最后展示了图形结构（基于邻接矩阵表示）的操作代码，包括图的创建、图的遍历。图的遍历主要有深度优先搜索与广度优先搜索。望读者理解图形结构的存储方法以及图的遍历，熟练编写操作代码。

5.6　习题

1. 填空题

（1）如果图中任意两个顶点之间的边都是无向边，则称该图为_____。

（2）在无向图中，如果任意两个顶点之间都存在边，则称该图为_____。

（3）含有 n 个顶点的无向完全图有_____条边。

（4）如果图中任意两个顶点之间的边都是有向边，则称该图为_____。

（5）在有向图中，如果任意两个顶点之间都存在方向互为相反的两条弧，则称该图为_____。

（6）含有 n 个顶点的有向完全图有_____条边。

（7）对于无向图来说，某一个顶点的度是指_____。

（8）对于有向图来说，以顶点 V_i 为弧头的弧的数量称为 V_i 的_____，以顶点 V_i 为弧尾的弧的数量称为 V_i 的_____。

2. 选择题

（1）一个具有 n 个顶点的无向图，若采用邻接矩阵表示，则该矩阵的大小是（　　）。

    A. $n-1$ B. n C. $(n-1)^2$ D. n^2

（2）若一个有向图用邻接矩阵表示，则第 i 个结点的入度就是（　　）。

    A. 第 i 行元素的个数   B. 第 i 行非零元素的个数

    C. 第 i 列非零元素的个数   D. 第 i 列零元素的个数

（3）下面关于图的存储的叙述中，正确的是（　　）。

    A. 用邻接矩阵表示图，占用的存储空间只与图中结点个数有关，而与边数无关

    B. 用邻接矩阵表示图，占用的存储空间只与图中边数有关，而与结点个数无关

    C. 用邻接表表示图，占用的存储空间只与图中结点个数有关，而与边数无关

    D. 用邻接表表示图，占用的存储空间只与图中边数有关，而与结点个数无关

（4）关于图的邻接矩阵，下列结论正确的是（　　　）。

　　A. 有向图的邻接矩阵总是不对称的

　　B. 有向图的邻接矩阵可以是对称的，也可以是不对称的

　　C. 无向图的邻接矩阵总是不对称的

　　D. 无向图的邻接矩阵可以是不对称的，也可以是对称的

（5）在一个无向图中，所有顶点的度数之和等于所有边数的（　　　）倍。

　　A. 1/2　　　　　　　　B. 1　　　　　　　　C. 2　　　　　　　　D. 4

（6）在任意一个有向图中，所有顶点的入度之和与所有顶点的出度之和的关系是（　　　）。

　　A. 相等　　　　　　B. 大于等于　　　　　　C. 小于等于　　　　　　D. 不确定

（7）下列说法不正确的是（　　　）。

　　A. 图的遍历是从给定的源点出发，每一个顶点仅被访问一次

　　B. 遍历的基本算法有两种：深度优先搜索和广度优先搜索

　　C. 图的深度优先搜索是一个递归过程

　　D. 图的深度优先搜索不适用于有向图

（8）图的深度优先搜索类似于二叉树的（　　　）。

　　A. 先序遍历　　　　B. 中序遍历　　　　C. 后序遍历　　　　D. 层序遍历

（9）图的广度优先搜索类似于二叉树的（　　　）。

　　A. 先序遍历　　　　B. 中序遍历　　　　C. 后序遍历　　　　D. 层序遍历

3. 思考题

（1）思考邻接矩阵表示图形结构的原理。

（2）思考邻接表表示图形结构的原理。

4. 编程题

编写代码实现深度优先搜索。邻接矩阵表示图，图中的顶点结构定义如下。

```
#define N 5
typedef int datatype_t;  /*类型重定义*/
/*定义结构体*/
typedef struct{
    datatype_t v[N];   /*一维数组存储图的顶点数据*/
    int matrix[N][N]; /*二维数组表示矩阵，记录顶点的关系*/
}graph_t;
```

第 6 章　查找与排序

本章学习目标

- 掌握常用的查找算法
- 掌握常用的排序算法
- 掌握查找算法的代码编写方法
- 掌握排序算法的代码编写方法

　　本章将主要介绍算法中的常用操作——查找与排序。查找与排序作为数据处理的基本操作，是学习编程必须掌握的。查找是在给定的数据集合（表）中搜索指定的数据元素。排序是将数据集合中的各个数据元素按照指定的顺序进行排列。查找与排序的算法很多，根据数据集合的不同特点使用不同的查找与排序算法，可以节省空间与时间，提高程序效率。本章将重点围绕查找与排序算法的原理与代码实现进行介绍。

6.1　查找

　　设记录表 $L=(R_1,R_2,\cdots,R_n)$，其中 $R_i(1 \leqslant i \leqslant n)$ 为记录，对给定的某个值 k，在表 L 中确定 key=k 的记录的过程，称为查找。若表 L 中存在一个记录 R_i 的 key 等于 k，记为 R_i.key=k，则查找成功，返回该记录在表 L 中的序号 i（或 R_i 的地址），否则（查找失败）返回 0（或 NULL）。

　　查找算法有顺序查找、折半查找、分块查找、哈希查找等。查找算法会影响计算机的使用效率，应根据应用场合选择相应的查找算法。

6.1.1　顺序查找

　　顺序查找（Sequential Search）又可以称为线性查找，是最基本的查找技术。顺序查找的基本原理是从数据集合中的第一个（或最后一个）数据元素开始，逐个与给定值进行对比。如果某个数据元素与给定值相同，则查找成功。如果查找到最后一个（或第一个）数据元素，都与给定值不同，则查找失败。

顺序查找算法比较简单，以整型数据为例，代码如例 6-1 所示。

例 6-1 顺序查找算法的实现。

```
1    #include <stdio.h>
2
3    #define N 16
4
5    int Sequential_Search(){
6        int i, j = 0, key = 0;
7        int array[N] = {0};          /*顺序表*/
8
9        for(i = 0; i < N; i++){      /*向表中添加数据*/
10           array[i] = i;
11       }
12
13       scanf("%d", &key);           /*读取终端输入，指定查找的数据*/
14       /*按照顺序依次查找*/
15       while(array[j] != key && j < N){
16           j++;
17       }
18       /*如果 j 等于 N 表示全部查找结束，无匹配数据，返回-1*/
19       /*否则返回查找到的数据的数组下标*/
20       return (j == N) ? -1 : j;
21   }
22   int main(int argc, const char *argv[])
23   {
24       int value = 0;
25       value = Sequential_Search();
26
27       if(value == -1){
28           printf("Search fail\n");
29       }
30       else{
31           printf("Search Success: %d\n", value);
32       }
33       return 0;
34   }
```

例 6-1 采用循环的方式遍历整个数据集合（数组），与指定值进行对比，相等则查找成功。程序运行结果如下。

```
linux@ubuntu:~/1000phone/data/chap6$ ./a.out
4                        /*输入查找内容*/
Search Success: 4        /*查找结果*/
```

运行结果中，输出指定值 4，可见查找成功。

6.1.2　折半查找

当数据集合中的数据元素无序排列时，只能采用顺序查找，而如果这个数据集合中的数据元素是有序的，则可以采用折半查找来提高查找效率。

折半查找（Binary Search）又称为二分查找。折半查找的基本原理是在有序的表中取中间的数据作为比较对象。如果查找的值与中间的值相等，则查找成功；如果查找的值小于中间的值，则到有序表的左半区继续查找；如果查找的值大于中间的值，则到有序表的右半区继续查找。不断重复上述步骤，直到查找成功，如图 6.1 所示。

在折半查找的过程中，查找范围不断变化。每一次查找后，查找范围都会减小为原来的一半。代码如例 6-2 所示。

例 6-2　折半查找算法的实现。

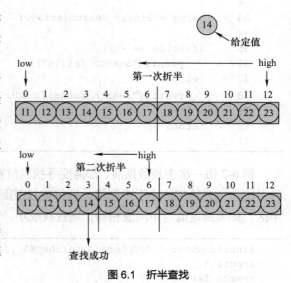

图 6.1　折半查找

```c
1    #include <stdio.h>
2
3    #define N 16
4
5    int Binary_Search(int *array){
6        int low, high, mid, key = 0;
7        low = 0;
8        high = N-1;
9
10       printf("Input: ");
11       scanf("%d", &key);
12       /*循环判断*/
13       while(low <= high){
14           mid = (low + high)/2;   /*求中间值*/
15
16           if(key < array[mid]){         /*小于中间值*/
17               high = mid - 1;     /*最大坐标值减小为上一次查找范围的一半*/
18           }else if(key > array[mid]){   /*大于中间值*/
19               low = mid + 1;      /*最小坐标值增大为上一次查找范围的一半*/
20           }else{
21               return mid;         /*返回查找到的数据的数组下标*/
22           }
23       }
24       return -1;
25   }
26   int main(int argc, const char *argv[])
27   {
28       int i, value, array[N] = {0};
29       /*初始化有序表（数组），第一个数据元素的值为10*/
```

```
30      for(i = 0; i < N; i++){
31          array[i] = 10 + i;
32      }
33      value = Binary_Search(array); /*折半查找*/
34
35      if(value == -1){
36          printf("search fail\n");
37      }else{
38          printf("search success: %d\n", value);  /*查找成功输出下标值*/
39      }
40      return 0;
41  }
```

例 6-2 每一次查找数据前，都需要寻找当前有序表的中间值，并以此作为判断标准，与给定值进行对比。如果给定值小于中间值，则将查找范围减小，下一次查找有序表的左半区；反之则查找右半区。如果给定值与中间值相等，则查找成功，输出该中间值的下标。程序运行结果如下。

```
linux@ubuntu:~/1000phone/data/chap6$ ./a.out
Input: 5
search fail
linux@ubuntu:~/1000phone/data/chap6$ ./a.out
Input: 15
search success: 5
```

运行结果中，输入给定值 5，显示查找失败，说明该值不在有序表（数组）中。输入给定值 15，返回该值在有序表中的下标 5。

由上述分析可知，折半查找的时间复杂度为 $O(\log_2 n)$，相较于顺序查找（时间复杂度为 $O(n)$），折半查找更加高效。需要注意的是，折半查找的前提是数据集合必须是有序的。

6.1.3 分块查找

分块查找（Block Search）又称为索引顺序查找，是介于顺序查找与折半查找之间的查找算法，也是顺序查找算法的一种改进算法。

分块查找类似于从书籍中查找资料。假设读者需要从一本书中查找资料，一般的做法是先从目录开始，找到资料所在章节的起始页面，然后从该起始页向后寻找。这种做法明显要比从书的第一页向后查找快很多。因此，书籍在编辑时，都会将所有的内容按照一定的规则分成若干块（章），每一块再分为若干个小块（节），并设置它们的位置（页），形成一个目录，通过这个目录即可实现快速查找。这个目录就是索引表，这种查找方式就是分块查找。

分块查找需要将数据集合分成若干个块，并且这些块满足两个条件。

（1）块内无序，即每一块中的数据不要求有序。

（2）块间有序，即块与块之间是有序的。后一个块中的各个数据元素都比前一个块中的任何数据元素大。例如，第一个块中的数据元素都小于 30，那么第二个块中的数据元素都必须大于等于 30。

分块查找算法的核心是设置一张索引表，索引表中的每一项（索引项）对应一个数据块。索引项由以下 3 部分组成。

（1）数据块中最大的数据元素。

（2）数据块中数据元素的个数。

（3）指向数据块中首元素的指针（块首指针），即首元素的地址。

数据块与索引表的关系如图 6.2 所示。

分块查找算法需要两步完成，具体如下。

（1）在索引表中查找数据所在的块，由于数据块之间是有序的，可以利用折半查找很快得到结果。例如，在图 6.2 中查找数据 43 所在的块，由于第 2 个数据块的最大值为 27，第 3 个数据块的最大值为 56，很容易判定数据 43 在第 3 个数据块中。

（2）根据索引表中的块首指针，在对应的数据块中按照顺序查找数据。（数据块中的数据是无序的，只能采用顺序查找。）

分块查找算法的代码如例 6-3 所示。

例 6-3 分块查找算法的实现。

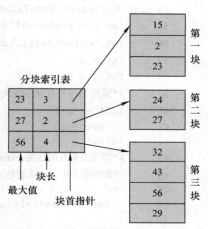

图 6.2 数据块与索引表的关系

```
1    #include <stdio.h>
2
3    /*定义索引表*/
4    typedef struct{
5        int key;
6        int address;
7    }IdxTable;
8    /*结点信息表*/
9    typedef struct{
10       int key;
11   }NodeTable;
12   /*利用折半查找，定位块号*/
13   /*idx 为索引表, m 为块数, key 为需要查找的数据, 函数返回关键字所在的块号*/
14   int BiSearch(IdxTable idx[],int m,int key){
15       int low = 0, high = m-1, mid;
16       int found = 0;
17       while(low <= high && found != 1){
18           mid = (low + high)/2;
19           if(key == idx[mid].key){
20               high = mid-1;
21               found = 1;
22           }else if(key < idx[mid].key){
23               high = mid-1;
24           }else{
25               low = mid+1;
26           }
27       }
28       /*查找完毕后，high 为 key 所在的前一个块的块号*/
29       return high+1;
30   }
31   /*分块查找*/
32   /*node 为数据表, n 为数据表的长度, idx 为索引表*/
```

```
33    /*m 为索引表的长度，即块数，s 为块长，key 为待查询的关键字*/
34    int BlkSearch(NodeTable node[],int n,IdxTable idx[],int m,int s,int key){
35        int i = BiSearch(idx,m,key);  /*分块查找，找到 key 值所在的块*/
36        int begin=idx[i].address;         /*获得 key 所在的块的起始地址*/
37        int end;                          /*key 所在的块的结尾地址*/
38        int j = 0;
39        /*锁定 key 所在块的地址范围*/
40        if(i == m-1){                     /*如果在最后一个块中，结尾地址就是 n*/
41            end = n;
42        }else{
43        /*如果要查找的数据不在最后一块，那么结尾地址就是下一个块的起始位置
44         *即索引表中下一块的地址
45         */
46            end = idx[i+1].address;
47        }
48        /*在块内顺序查找，找到返回下标，找不到则返回-1*/
49        for(j = begin; j < end; j++){
50            if(node[j].key == key){
51                return j;
52            }
53        }
54        return -1;
55    }
56    int main(int argc, const char *argv[])
57    {
58        int i, a[18] = {22,12,13,8,9,20,33,42,44,38,24,48,60,58,74,49,86,53};
59        NodeTable node[18];
60        for(i = 0; i < 18; i++){
61            node[i].key = a[i];      /*初始化结点信息表*/
62        }
63        int b = 18/6;                     /*总个数除以块长，数据块的数量*/
64        /*建立索引表，赋值块中的最大值以及起始地址*/
65        IdxTable idx[3];
66        idx[0].key = 22;idx[0].address = 0;
67        idx[1].key = 48;idx[1].address = 6;
68        idx[2].key = 86;idx[2].address = 12;
69        /*输入查找数据*/
70        int key;
71        printf("Input data: ");
72        scanf("%d", &key);
73
74        /*调用子函数分块查找*/
75        int index = BlkSearch(node,18,idx,3,6,key);
76
77        if(index == -1){
78            printf("Serach fail\n");
79        }else{
80            printf("数据所在的下标为:%d\n", index);
81        }
82        return 0;
83    }
```

例 6-3 使用结构体数组 NodeTable node[18]存储数据集合，IdxTable idx[3]为索引表，同样为结构体数组，数据元素为 3 个。因此，测试使用的数据集合分为 3 个数据块，块长为 6。子函数 BlkSearch() 实现分块查找算法，其中调用函数 BiSearch()（折半查找算法）先查找数据所在的数据块，然后使用顺序查找的方式在数据块中查找具体的数据。程序运行结果如下。

```
linux@ubuntu:~/1000phone/data/chap6$ ./a.out
Input data: 48
数据所在的下标为:11
```

输入待查找数据 48，由例 6-3 的第 58 行代码可知，48 在数组中的下标值为 11，程序输出结果同样为 11，测试成功。

例 6-3 中，BiSearch()函数用来确定数据所在的块，具体分析如下。

（1）假设数据集合分为 10 个数据块（每个数据块中的数据元素不确定），如图 6.3 所示。

（2）假设当前需要查找的数据 key 在数据块 4 中且不是块中的最大值，结合例 6-3 中的函数 BiSearch()可知，第一次执行 while 循环时，low 的值为 0，high 的值为 9，因此 mid 的值为 4。分析可知，key < idx[4].key，即待查找数据小于数据块 4 中的最大值，需要执行代码 high=mid-1，high 的值变为 3，如图 6.4 所示。

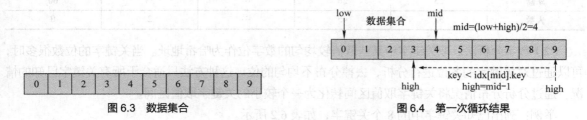

图 6.3 数据集合 图 6.4 第一次循环结果

（3）第一次循环后，high 的值变为 3，low 的值不变。再次执行循环，mid 的值为 1。分析可知，key > idx[1].key，即待查找数据大于数据块 1 中的最大值，需要执行代码 low=mid+1，low 的值变为 2，如图 6.5 所示。

（4）第二次循环后，high 的值为 3，low 的值变为 2。再次执行循环，mid 的值为 2。分析可知，key > idx[2].key，即待查找数据大于数据块 2 中的最大值，需要执行代码 low=mid+1，low 的值变为 3，如图 6.6 所示。

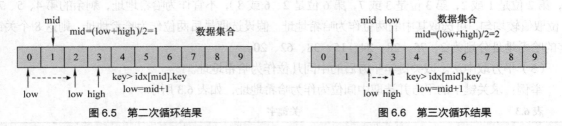

图 6.5 第二次循环结果 图 6.6 第三次循环结果

（5）第三次循环后，high 的值为 3，low 的值变为 3。再次执行循环，mid 的值为 3。分析可知，key > idx[3].key，即待查找数据大于数据块 3 中的最大值，需要执行代码 low=mid+1，low 的值变为 4，如图 6.7 所示。

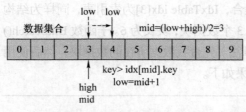

图 6.7　第四次循环结果

（6）第四次循环后，low 的值为 4，high 的值为 3。由于 low 的值大于 high，循环结束。由图 6.7 可知，需要查找的数据在第 high+1 个数据块中。

6.1.4　哈希查找

1. 哈希函数的构造方法

哈希查找（Hash Search）算法是通过计算数据元素的存储地址来进行查找的一种算法。算法的原理是查找时通过给定值 k 以及对应关系 f，便可以找到 k 值所对应的哈希地址 $f(k)$（不需要比较直接获得查找目标）。这种对应关系 f 就是哈希函数，通过这个思想建立的表称为哈希表。

哈希函数的构造方法有很多，具体如下。

（1）直接定址法。取关键字或关键字的某个线性函数值作为哈希地址，即 $H(key)=key$ 或 $H(key)=a \times key+b$（a,b 为常数）。

举例：某公司统计 25～60 岁的人数，以年龄作为关键字，哈希函数取关键字自身，假设需要知道年龄为 25 岁的人的数量，则直接查表 6.1 中的第 1 项即可。

表 6.1　　　　　　　　　　　　　　　　公司人数统计表

年龄	25	26	…	59	60
人数	32	45	…	2	0

（2）数字分析法。取关键字中某些取值较均匀的数字位作为哈希地址。当关键字的位数很多时，可以通过对关键字的各位进行分析，去掉分布不均匀的位。这种方法只适合于所有关键字已知的情况。通过分析分布情况将关键字取值区间转化为一个较小的关键字取值区间。

举例：列出已知关键字中的 8 个关键字，如表 6.2 所示。

表 6.2　　　　　　　　　　　　　　　　关键字

关键字	1	2	3	4
对应的值	61317602	61326875	62739628	61343634
关键字	5	6	7	8
对应的值	62706815	62774638	61381262	61394220

由表 6.2 中的 8 个关键字可知，关键字从左到右的第 1、2、3、6 位取值比较集中（第 1 位都为 6，第 2 位是 1 或 2，第 3 位是 3 或 7，第 6 位是 2、6 或 8），不宜作为哈希地址，剩余的第 4、5、7、8 位取值较均匀，可选取其中的两位作为哈希地址。假设选取最后两位作为哈希地址，则这 8 个关键字的哈希地址分别为 2、75、28、34、15、38、62、20。

（3）平方取中法。取关键字平方后的中间几位作为哈希地址。

举例：求关键字的平方并选取中间位为作为哈希地址，如表 6.3 所示。

表 6.3　　　　　　　　　　　　　　　　关键字

关键字	关键字的平方	哈希地址
0100	0010000	010
1100	1210000	210
2061	4310541	310
2162	4741304	741

（4）折叠法。将关键字分割成位数相同的几个部分（最后一部分的位数可以不同），然后取这几部分的叠加和（舍去进位）作为哈希地址。这种方法适用于关键字位数比较多，且关键字中每一位上数字分布大致均匀的情况。

（5）除留余数法。取关键字被某个不大于哈希表表长 m 的数 p 除后所得的余数作为哈希地址（p 为素数）。

（6）随机数法。选择一个随机函数，取关键字的随机函数值作为其哈希地址，即 $H(key)=random(key)$，其中 random() 为随机函数。该方法适用于关键字长度不等的情况。

2. 哈希冲突

由于通过哈希函数产生的哈希地址是有限的，而在数据比较多的情况下，经过哈希函数处理后，不同的数据可能会产生相同的哈希地址，这就造成了哈希冲突，如图 6.8 所示。

除了构造哈希函数外，哈希算法的另一个关键问题就是解决哈希冲突，其方法有很多，具体如下。

（1）开放地址法。开放地址法有 3 种探测方式：线性探测、再平方探测、伪随机探测。线性探测指的是按顺序决定哈希地址时，如果某数据的哈希地址已经存在，则在原来哈希地址的基础上向后加一个单位，直至不发生哈希冲突。再平方探测指的是按顺序决定哈希地址时，如果某数据的哈希地址已经存在，则在原来哈希地址的基础上先加 1 的平方个单位，若仍然存在则减 1 的平方个单位，之后是 2 的平方，依此类推，直至不发生哈希冲突。伪随机探测指的是按顺序决定哈希地址时，如果某数据的哈希地址已经存在，则通过随机函数随机生成一个数，在原来哈希地址的基础上加上随机数，直至不发生哈希冲突。

（2）建立公共溢出区。建立公共溢出区存储所有造成哈希冲突的数据。

（3）再哈希法。对冲突的哈希地址再次进行哈希处理，直至没有哈希冲突。

（4）链地址法。对相同的哈希地址使用链表进行连接，使用数组存储每一个链表。

接下来将重点介绍链地址法的具体实现。链地址法又称为拉链法，其基本的思路是将所有具有相同哈希地址的不同关键字连接到同一个单链表中。如果选定的哈希表长度为 m，则可将哈希表定义为一个由 m 个头指针组成的指针数组 $T[0\cdots m-1]$，所有哈希地址为 i 的数据，均以结点的形式插入以 $T[i]$ 为头指针的单链表，如图 6.9 所示。

链地址法实现哈希查找算法的代码如例 6-4 所示。

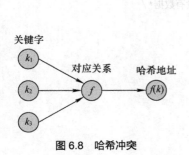

图 6.8　哈希冲突

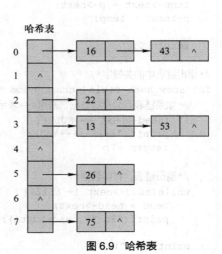

图 6.9　哈希表

例 6-4　链地址法实现哈希查找算法。

```
1    #include <stdio.h>
2    #include <stdlib.h>
3
4    #define N 13
5    #define ADDR_SIZE 4
6
7    typedef struct node{
8        int data;
9        struct node *next;
10   }HASH;
11
12   /*创建哈希表，长度为13*/
13   HASH **create_hash(){
14       /*申请空间存储13个指针，可以理解为为指针数组申请空间*/
15       HASH **h = (HASH**)malloc(N * ADDR_SIZE);
16       int i = 0;
17
18       /*创建13个头结点，分别保存在指针数组中*/
19       for (i = 0; i < N; i++){
20           h[i] = (struct node *)malloc(sizeof(struct node));
21           h[i]->next = NULL;
22       }
23       return h;
24   }
25   /*插入关键字数据*/
26   int insert_hash_table(HASH **h, int data){
27       /*将插入的数据对哈希表的长度取余，取余后的值为哈希地址*/
28       int key = data % N;
29       struct node *temp;
30       struct node *p = h[key];
31
32       /*为新插入的关键字申请存储空间*/
33       temp = (struct node *)malloc(sizeof(struct node));
34       temp->data = data;  /*赋值*/
35
36       /*采用头插法将关键字插入对应哈希地址的链表*/
37       temp->next = p->next;
38       p->next = temp;
39
40       return 0;
41   }
42   /*输出链表中的关键字*/
43   int show_hash_table(struct node *head){
44       /*如果链表后面没有数据，则用+++表示链表存在但是没有数据*/
45       if (head->next == NULL){
46           printf("+++++++++\n");
47           return -1;
48       }
49       /*遍历链表，打印数据*/
50       while(head->next != NULL){
51           head = head->next;
52           printf("%d ", head->data);
53       }
54       printf("\n");
```

```
55      return 0;
56 }
57 /*查找关键字*/
58 int search_hash_table(HASH **h, int data){
59      /*将查询的值对哈希表长度取余，得到哈希地址*/
60      /*与插入关键字时计算哈希地址的方式相同*/
61      int key = data % N;
62      struct node *p = h[key]; /*找到哈希地址对应的链表*/
63
64      /*对比要查找的数据*/
65      while(p->next != NULL ){
66          if(p->next->data == data){
67              return 1;  /*找到返回1*/
68          }
69          /*继续向下一个结点查找*/
70          p = p->next;
71      }
72      /*未找到*/
73      return 0;
74 }
75 /*主函数*/
76 int main(int argc, const char *argv[])
77 {
78      int a[11] = {23, 34, 14, 38, 46, 16, 68, 15, 7, 31, 39};
79      /*调用子函数创建哈希表*/
80      HASH **h = create_hash();
81
82      int i = 0, j = 0;
83      /*调用子函数将关键字的数据存入链表*/
84      for (i = 0; i < 11; i++){
85          insert_hash_table(h, a[i]);
86      }
87      /*调用子函数输出链表中的关键字，循环遍历所有链表*/
88      for (j = 0; j < N; j++){
89          show_hash_table(h[j]);
90      }
91      /*查找关键字，给定值为68*/
92      if (search_hash_table(h, 68) == 1){
93          printf("found success\n");
94      }else{
95          printf("found fail\n");
96      }
97      return 0;
98 }
```

例6-4中，插入的关键字共有11个，哈希表的长度为13，对应13个链表。哈希函数为给定值对哈希表长度取余（代码第28行与第61行），得到结果为哈希地址（数组下标）。程序查询的给定值为68，由插入的关键字可知，68属于其中的一个关键字。程序运行结果如下。

```
linux@ubuntu:~/1000phone/data/chap6$ ./a.out
39
14
15
68 16
```

159

```
+++++++++
31
+++++++++
7  46
34
+++++++++
23
+++++++++
38
found success
```

由程序运行结果可知，输出数据为 13 个链表中的所有关键字，给定值 68 查找成功。程序构建的哈希表如图 6.10 所示。

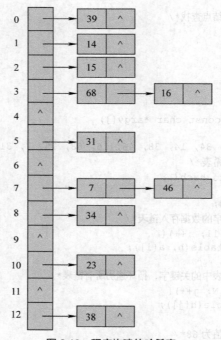

图 6.10　程序构建的哈希表

图 6.10 中，关键字共有 11 个，其中 16 与 68 的哈希地址相同，7 与 46 的哈希地址相同。

6.2　排序

排序（Sort）是将无序的记录序列调整为有序的序列。对序列进行排序有非常重要的意义，例如，对有序的序列进行折半查找，会提高查找的执行效率。在数据库和文件库中建立若干索引文件就会涉及排序的问题。在一些计算机的应用系统中按不同的数据段做若干统计同样也会涉及排序处理。排序效率的高低，直接影响计算机的工作效率。

6.2.1　排序的概念

排序指的是将无序的记录按照其中某个（或某些）关键字的大小以递增或递减的顺序排列起来

的操作。其确切的定义为：假设有 n 个数据元素的序列$(R_1, R_2, \cdots, R_n)$，其相应关键字的序列是$(K_1, K_2, \cdots, K_n)$，要求通过排序找出下标 $1, 2, \cdots, n$ 的一种排列 $P_1, P_2, \cdots, P_n$，使得相应关键字满足非递减（或非递增）关系 $K_{p1} \leqslant K_{p2} \leqslant \cdots \leqslant K_{pn}$，从而得到一个按关键字有序排列的记录序列$(R_{p1}, R_{p2} \cdots, R_{pn})$。

按照排序过程中涉及的存储器的不同，可以将排序分为内部排序与外部排序。内部排序指的是待排序的记录数较少，所有的记录都能存放在内存中进行排序。外部排序指的是待排序的记录数太多，不可能把所有的记录存放在内存中，排序过程中必须在内存与外存之间进行数据交换。

按照排序过程中对记录操作方式的不同，可以将排序分为四大类：插入排序、选择排序、交换排序、归并排序。其中，每一类排序都有很多经典的排序算法，如表 6.4 所示。

表 6.4　　　　　　　　　　　　　　　　　排序算法

排序分类	排序算法	时间复杂度		
		平均情况	最好情况	最坏情况
插入排序	直接插入排序	$O(n^2)$	$O(n)$	$O(n^2)$
	希尔排序	$O(n\log_2 n)$	$O(n\log_2 n)$	$O(n\log_2 n)$
选择排序	直接选择排序	$O(n^2)$	$O(n^2)$	$O(n^2)$
	堆排序	$O(n\log_2 n)$	$O(n\log_2 n)$	$O(n\log_2 n)$
交换排序	冒泡排序	$O(n^2)$	$O(n)$	$O(n^2)$
	快速排序	$O(n\log_2 n)$	$O(n\log_2 n)$	$O(n^2)$
归并排序	归并排序	$O(n\log_2 n)$	$O(n\log_2 n)$	$O(n\log_2 n)$

6.2.2　直接插入排序

1. 直接插入排序概述

直接插入排序（Insertion Sort）是一种简单直观的排序算法，其工作原理是先构建有序序列，然后在已排序序列中从后向前扫描，为未排序的数据找到相应位置并将其插入。

直接插入排序算法的具体操作步骤如下所示。

（1）从序列的第一个元素开始，该元素被认定为已排序。

（2）在已排序的元素序列中从后向前扫描，为下一个元素寻找位置。

（3）如果已排序的元素大于新插入的元素，则将已排序元素移动到下一位。

（4）重复步骤（3），直到已排序元素小于或等于新插入的元素。

（5）插入新元素。

（6）重复步骤（2）～（5）。

接下来通过具体的序列对插入排序算法进行说明。如图 6.11 所示，假设有一串未排序的元素。

执行上述算法描述的步骤（1），选择第一个元素作为已排序的元素，如图 6.12 所示。

未排序的元素

已排序的元素

图 6.12　第一个元素作为已排序的元素

未排序的元素

图 6.11　未排序的元素

执行上述算法描述的步骤（2），选择下一个元素（元素为12），在已排序的元素中进行扫描，执行算法描述的步骤（3）、（4）、（5）。由于新插入的元素12大于已排序的元素8，因此无须移动已排序的元素8。插入元素12后的效果如图6.13所示。

重复算法描述的步骤（2），选择下一个元素（元素为65），在已排序的元素中从后向前扫描，执行步骤（3）、（4）、（5）。元素65先与元素12比较，再与元素8比较，新插入的元素65大于元素8与元素12，无须移动已排序的元素。插入元素65后的效果如图6.14所示。

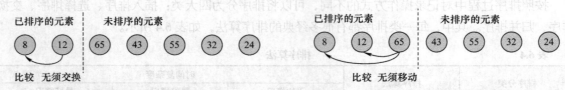

图6.13　插入元素12后的效果　　　　　　　　图6.14　插入元素65后的效果

重复算法描述的步骤（2），选择下一个元素（元素为43），在已排序的元素中从后向前扫描，执行步骤（3）、（4）、（5）。元素43小于元素65，将元素65向后移动，即两个元素位置交换；元素43大于元素12，则元素12无须移动。插入元素43后的效果如图6.15所示。

重复上述操作，插入元素为55，执行算法描述的步骤（3）、（4）、（5）。元素55小于元素65，大于元素43。插入元素55后的效果如图6.16所示。

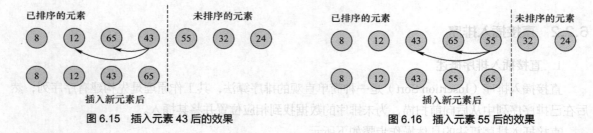

图6.15　插入元素43后的效果　　　　　　　　图6.16　插入元素55后的效果

重复上述操作，插入元素为32，执行算法描述的步骤（3）、（4）、（5）。元素32小于元素65、55、43，大于元素12。插入元素32后的效果如图6.17所示。

重复上述操作，插入最后一个元素24，执行算法描述的步骤（3）、（4）、（5）。元素24小于元素65、55、43、32，大于元素12。插入元素24后的效果如图6.18所示。

元素24插入完成后，整个排序过程结束。如图6.18所示，新序列为递增序列。由上述分析可知，插入排序最坏的情况是序列是逆序的，最好的情况是序列是顺序的。例如，图6.18中最后形成的序列是递增的，如果原始序列呈递减状态，则排序过程中，元素比较与移动的次数是最多的。

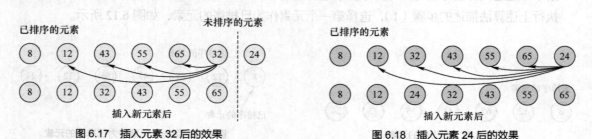

图6.17　插入元素32后的效果　　　　　　　　图6.18　插入元素24后的效果

2. 直接插入排序代码实现

直接插入排序的代码如例 6-5 所示。

例 6-5 直接插入排序算法的实现。

```c
1    #include <stdio.h>
2
3    #define N 6
4    /*插入排序算法, n 表示元素个数*/
5    void Insertion_Sort(int a[],int n){
6        int i,j;
7        int temp;
8        /*i 表示插入次数, 也可以表示待插入元素的数组下标*/
9        for(i = 1; i < n; i++){
10           temp = a[i]; /*把待排序元素赋值给 temp, temp 在 while 循环中的值不会改变*/
11           j = i-1;        /*找到待排序元素的上一个元素, 与该元素进行对比*/
12           /*while 循环实现从后向前扫描, 一一对比*/
13           /*将比待排序元素大的元素都往后移动一个位置*/
14           while((j >= 0) && (temp < a[j])){ /*满足待排序元素小于已排序的元素*/
15               a[j+1] = a[j];   /*将已排序的元素后移一位*/
16               j--;              /*继续向前对比下一个已排序的元素*/
17           }
18           /*元素后移完成, 要插入的位置空出, 该位置插入待排序的元素*/
19           a[j+1] = temp;
20       }
21   }
22   int main(int argc, const char *argv[])
23   {
24       /*定义数组, 存储无序的序列*/
25       int array[N] = {2, 10, 4, 5, 1, 9};
26       int i = 0;
27       /*执行插入排序算法*/
28       Insertion_Sort(array, 6);
29       /*输出排序后的序列*/
30       for(i = 0; i < N; i++){
31           printf("%d ", array[i]);
32       }
33       printf("\n");
34       return 0;
35   }
```

例 6-5 的运行结果如下所示。

```
linux@ubuntu:~/1000phone/data/chap6$ ./a.out
1 2 4 5 9 10
```

由运行结果可以看出, 无序序列经过插入排序后, 成为递增的有序序列。

6.2.3 希尔排序

1. 希尔排序概述

希尔排序（Shell Sort）是希尔（Donald Shell）于 1959 年提出的一种排序算法。希尔排序同样是一种插入排序，它是直接插入排序经过改进之后的一个更高效的版本，也称为缩小增量排序。希尔排序与直接插入排序的不同之处在于，希尔排序会优先比较距离较远的元素。

希尔排序的核心操作是将序列按照增量（增量等于组的数量）进行分组，然后对每一组中的序列使用直接插入排序算法进行排序。当所有组中的序列都完成排序后，增量变小，按照减小的增量再次分组（分组不影响元素的位置），分组后再进行直接插入排序，依此类推（增量越小，每组的元素就越多）。当增量减小为 1 时，整个序列分为一组，算法结束。

希尔排序在选择增量时，可以使增量 gap=length/2（length 为序列长度），缩小增量可以使用 gap=gap/2 的方式，这种增量可以用一个序列来表示，称为增量序列。

图 6.19　未排序的序列

接下来通过具体的序列对希尔排序算法进行说明。如图 6.19 所示，创建一个原始的未排序的序列。

由图 6.19 可以计算出，初始增量 gap=length/2=6，则整个序列可以分为 6 组，分别是[18,21]、[9,3]、[7,17]、[5,24]、[13,14]、[16,44]，如图 6.20 所示。

分别对 6 组序列进行直接插入排序（组与组互不影响），如图 6.21 所示。

图 6.20　序列第一次分组

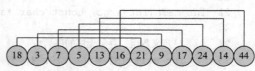

图 6.21　序列执行直接插入排序

对比图 6.21 与图 6.20 可知，经过插入排序后，第 2 组的元素 3 与元素 9 交换了位置。完成排序后，减小增量 gap=gap/2=3，则整个序列分为 3 组，如图 6.22 所示。

分别对重新分组的 3 组序列进行直接插入排序，如图 6.23 所示。

图 6.22　序列第二次分组

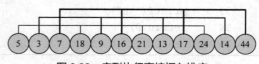

图 6.23　序列执行直接插入排序

对比图 6.22 与图 6.23 可知，第 1 组序列经过直接插入排序后为 5–18–21–24，第 2 组序列排序后为 3–9–13–14，第 3 组序列排序后为 7–16–17–44。再次减小增量 gap=gap/2=1，则将整个序列作为一组，对整个序列进行直接插入排序，如图 6.24 所示。

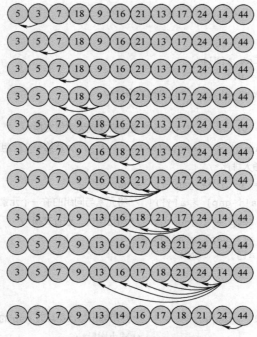

图 6.24 序列执行直接插入排序

经过最后一次直接插入排序后，序列变为递增序列。从上述过程中可以看出，每一次改变增量都会进行一次直接插入排序。虽然希尔排序涉及多次插入排序，但就整体而言，希尔排序降低了直接插入排序算法中元素移动与判断的次数。

2. 希尔排序代码实现

希尔排序算法的代码如例 6-6 所示。

例 6-6 希尔排序算法的实现。

```
1   #include<stdio.h>
2   #define N 12
3
4   /*length 统计序列的长度，返回最后元素的数组下标*/
5   int length(int a[N]){
6       int i = 0;
7       for(i = 0;i <= N; i++){
8           if(a[i]==0){
9               return i-1;
10          }
11      }
12  }
13  /*打印输出数组元素*/
14  void show(int a[N]){
15      int i = 0;
16      for(i = 0;i < N; i++){
17          if(a[i] != 0){
18              printf("%4d", a[i]);
```

```
19          }
20      }
21  }
22  /*希尔排序*/
23  void Shell_Sort(int a[N]){
24      int i = 0, j = 0;
25      int gap = length(a)/2;   /*计算初始增量*/
26      do{
27          int temp = 0;            /*temp 变量用来实现元素值交换*/
28          for(i = gap; i <= length(a); i++){     /*从第一个分组开始*/
29              /*直接插入排序*/
30              for(j = i; j >= gap; j -= gap){
31                  if(a[j-gap] > a[j]){ /*将元素与同组的前一个元素进行对比*/
32                      temp = a[j-gap];  /*满足条件，进行交换*/
33                      a[j-gap] = a[j];
34                      a[j] = temp;
35                  }
36              }
37          }
38          printf("%d ",gap);            /*打印输出每次循环时 gap 的数值*/
39          gap /= 2;                      /*减小增量*/
40      }while(gap != 0);
41  }
42  int main(void){
43      /*通过数组存储无序的序列*/
44      int a[N] = {2, 3, 32, 1, 22, 13, 5, 34, 4, 7};
45      /*输出数组最后一个元素的下标*/
46      printf("数组最后一个元素的下标：%d\n",length(a));
47      /*希尔排序*/
48      Shell_Sort(a);
49      printf("\n");
50      /*输出排序后的序列*/
51      show(a);
52      printf("\n");
53      return 0 ;
54  }
```

例 6-6 中，每一次确定增量后，选择分组中的元素与同组中该元素的前一个元素进行对比，如果满足交换条件则交换。程序运行结果如下所示。

```
linux@ubuntu:~/1000phone/data/chap6$ ./a.out
数组最后一个元素的下标：9
4 2 1
  1   2   3   4   5   7  13  22  32  34
```

程序运行结果中，增量序列为 4–2–1，排序后的序列为递增序列。

6.2.4 直接选择排序

1. 直接选择排序概述

直接选择排序（Selection Sort）是比较稳定的排序算法，其时间复杂度在任何情况下都是 $O(n^2)$。

直接选择排序是一种简单直观的排序算法，排序过程中，无须占用额外的空间。直接选择排序的工作原理是：首先在未排序的序列中找到最小（大）元素，存放到已排序序列的末尾；然后从剩余未排序元素中寻找最小（大）元素，放到已排序序列的末尾；依此类推，直到所有元素排序完毕。

由上述描述可知，直接选择排序就是反复从未排序的序列中取出最小（大）的元素，加入另一个序列，最后得到已经排好的序列。接下来通过具体的序列对直接选择排序算法进行说明。如图 6.25 所示，创建一个原始的未排序的序列。

选取第一个元素 5，分别与其他元素进行比较，当比较到元素 4 时，发现元素 4 小于元素 5，然后用元素 4 与其他元素进行对比，对比到元素 3 时，对比结束，将元素 3 放入已排序的序列，如图 6.26 所示。

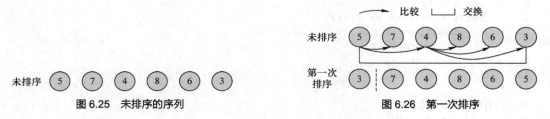

图 6.25　未排序的序列　　　　图 6.26　第一次排序

经过第一次排序，元素 3 进入已排序的序列。选取未排序序列中的第一个元素 7 再次进行比较，当比较到元素 4 时，发现元素 4 小于元素 7，然后用元素 4 与其他元素进行比较。元素 4 为最小值，将其放入已排序的序列，如图 6.27 所示。

元素 3、元素 4 进入已排序序列。选取元素 7 与其他元素再次进行比较，比较到元素 6 时，开始用元素 6 与其他元素进行比较。元素 5 为最小值，将其放入已排序的序列，如图 6.28 所示。

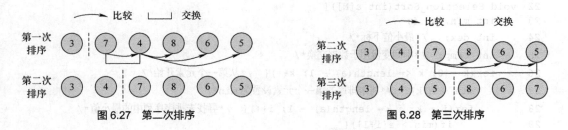

图 6.27　第二次排序　　　　图 6.28　第三次排序

元素 3、元素 4、元素 5 进入已排序序列。选取元素 8 与其他元素再次进行比较，比较到元素 6 时，开始用元素 6 与其他元素进行比较。元素 6 为最小值，将其放入已排序的序列，如图 6.29 所示。

元素 3、元素 4、元素 5、元素 6 进入已排序序列。选取元素 8 与最后一个元素 7 进行比较。元素 7 为最小值，将其放入已排序的序列，如图 6.30 所示。

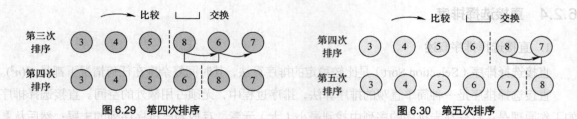

图 6.29　第四次排序　　　　　　　　　　　图 6.30　第五次排序

经过第五次排序后，序列排序结束，为递增序列。

2. 直接选择排序代码实现

直接选择排序的代码如例 6-7 所示。

例 6-7　直接选择排序算法的实现。

```c
1    #include <stdio.h>
2    #define N 12
3    /*统计数组的长度，返回最后元素的下标*/
4    int length(int a[N]){
5        int i = 0;
6        for(i = 0; i <= N; i++){
7            if(a[i] == 0){
8                return i-1;
9            }
10       }
11   }
12   /*打印输出数组元素*/
13   void show(int a[N]){
14       int i = 0;
15       for(i = 0; i < N; i++){
16           if(a[i] != 0){
17               printf("%4d", a[i]);
18           }
19       }
20   }
21   /*直接选择排序*/
22   void Selection_Sort(int a[N]){
23       int min, k, i;
24       int dex;    /*最小值下标*/
25       int temp;   /*中间变量用于数据交换*/
26       for(k = 0; k <= length(a) - 1; k++){   /*从第一个元素开始*/
27           min = a[k];   /*将未排序的第一个元素设置为min*/
28           for(i = k; i <= length(a) - 1; i++){   /*寻找未排序序列中的最小值*/
29               if(min > a[i+1]){
30                   min = a[i+1];
31                   dex = i + 1;
32               }
33           }
34           /*将最小值与第一个元素交换，并将其视为已排序*/
35           temp = a[k];
```

```
36          a[k] = min;
37          a[dex] = temp;
38      }
39  }
40  int main(int argc, const char *argv[])
41  {
42      int a[N] ={2, 4, 7, 1, 12, 3, 5, 24, 16}; /*无序序列*/
43      printf("数组最后一个元素下标: %d\n", length(a));
44      Selection_Sort(a); /*直接选择排序*/
45      show(a);                /*输出排序后的序列*/
46      printf("\n");
47      return 0;
48  }
```

例 6-7 中的直接选择排序函数每次选择未排序的第一个元素与其他所有元素进行比较，找到最小元素后，将其与第一个元素进行交换。交换后的第一个元素作为已排序的元素。程序运行结果如下所示。

```
linux@ubuntu:~/1000phone/data/chap6$ ./a.out
数组最后一个元素下标: 8
  1   2   3   4   4   5   12   16   24
```

由运行结果可知，排序后的序列为递增序列。

6.2.5 堆排序

1. 堆排序概述

堆排序（Heap Sort）是利用数据结构堆设计的一种排序算法。堆是一个近似完全二叉树的结构。如果堆中每个结点的值都大于或等于其左右孩子的值，则该堆称为大顶堆；如果堆中每个结点的值都小于或等于其左右孩子的值，则该堆称为小顶堆，如图 6.31 所示。

如果需要排序后的序列为增序序列，则选择大顶堆，反之选择小顶堆。

堆排序算法的具体操作步骤如下所示。

（1）用初始待排序的序列$(R_1,R_2,\cdots,R_n)$构建大顶堆，则此堆为初始的无序区。

（2）将堆顶元素 R_1 与最后一个元素 R_n 交换，将得到新的无序区$(R_1,R_2\cdots,R_{n-1})$和新的有序区(R_n)，同时满足$(R_1,R_2,\cdots,R_{n-1})\leqslant(R_n)$。

（3）由于交换后新的堆顶 R_1 可能违背大顶堆的性质，需要将当前无序区$(R_1,R_2,\cdots,R_{n-1})$调整为新堆，然后将 R_1 与无序区最后一个元素交换，得到新的无序区$(R_1,R_2,\cdots,R_{n-2})$和新的有序区(R_{n-1},R_n)。

（4）重复上述过程，直到有序区的元素个数为 $n-1$，则整个排序过程结束。

接下来通过具体的序列对堆排序算法进行说明。如图 6.32 所示，构造一个初始未排序的堆。

将堆中的结点按照层序保存到数组中，如图 6.33 所示。

选取堆的最后一个非叶结点开始调整（lenth/2 – 1=5/2 – 1=1），即结点 1，按照从左到右、从下到上的顺序进行调整。判断结点 1 的左右孩子是否小于该结点，可见结点 4 的值大于结点 1，因此将结点 4 与结点 1 进行交换，如图 6.34 所示。

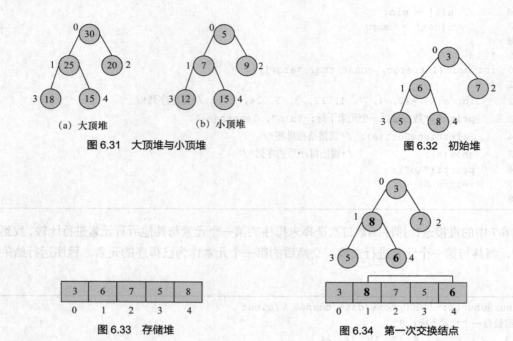

（a）大顶堆 　　　（b）小顶堆

图 6.31　大顶堆与小顶堆

图 6.32　初始堆

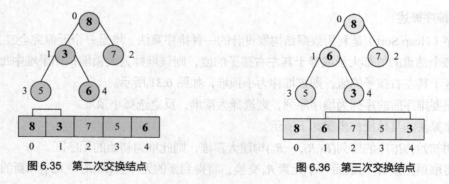

图 6.33　存储堆

图 6.34　第一次交换结点

结点 1 的值变为 8，大于结点 0 的值，因此将结点 1 与结点 0 进行交换，如图 6.35 所示。

交换结点后，结点 1 的值小于其左右孩子，结点 1、结点 3、结点 4 中结点 4 的值最大，将结点 1 与结点 4 进行交换，如图 6.36 所示。

图 6.35　第二次交换结点

图 6.36　第三次交换结点

经过交换后，无序的堆变为大顶堆。根据该堆与数组的对应关系，得出构造堆的规则。如图 6.37 所示，a 为保存结点的数组，i 表示结点在数组的下标以及结点的编号。

经过上述交换操作，堆成为大顶堆，其根结点的值大于所有子结点。此时将图 6.36 中的根结点与末尾结点进行交换（在数组中保存的末尾结点），如图 6.38 所示。

经过交换后，结点 4 的值为堆中的最大值，对应数组的末尾，并且该结点将被视为有序序列的第一个元素。

对图 6.38 中的堆进行调整，使其满足大顶堆的规则。结点 0 的值小于其左右孩子，因此选择将结点 2 与结点 0 进行交换（结点 2 的值为当前最大值），如图 6.39 所示。

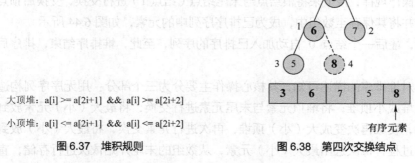

大顶堆：a[i] >= a[2i+1] && a[i] >= a[2i+2]

小顶堆：a[i] <= a[2i+1] && a[i] <= a[2i+2]

图 6.37　堆积规则　　　　　　　　图 6.38　第四次交换结点

结点 0 的值为成为堆中的最大值，此时将堆中的根结点（结点 0）与末尾结点（末尾结点为结点 3，结点 4 已排序）进行交换，如图 6.40 所示。

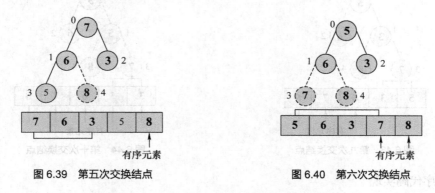

图 6.39　第五次交换结点　　　　　　　　图 6.40　第六次交换结点

经过交换后，结点 3 的值为堆中的最大值，且保存在数组的倒数第二位，结点 3 与结点 4 成为有序序列。继续对堆进行调整，将结点 0 与结点 1 进行交换（结点 0 的值小于其左右孩子，且结点 1 的值为当前最大值），如图 6.41 所示。

根结点的值成为堆中的最大值后，选择将根结点与末尾结点（结点 2）进行交换，如图 6.42 所示。

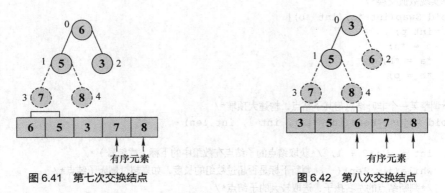

图 6.41　第七次交换结点　　　　　　　　图 6.42　第八次交换结点

经过交换后，结点 2 的值成为堆积中的最大值，且保存在数组的倒数第三位，成为已排序序列中的元素。

再次对堆进行调整，使其满足大顶堆的规则，即将结点 0 与结点 1 进行交换，交换后结点 0 的值成为堆中的最大值，如图 6.43 所示。

按照上述操作规律，接下来将根结点与末尾结点（结点 1）进行交换，交换后顶点 1 的值成为堆中的最大值，并将其保存至数组中，成为已排序序列中的元素，如图 6.44 所示。

经过交换，最后一个结点 0 自动加入已排序的序列，至此，堆排序结束，排序后的序列为递增序列。

通过上述对堆排序的描述可知，其核心操作主要分为三个部分：用无序序列构造一个堆，并调整为一个大顶堆或小顶堆；将堆顶元素与末尾元素进行交换，将最大（小）元素放到数组的末尾；重新调整结构，使堆再次变成大（小）顶堆，再次进行元素交换，将最大（小）放到数组的末尾。反复执行上述过程，每次选出最大（小）元素，从数组的末尾开始依次进行存储，直到所有元素都被选出，则排序成功。

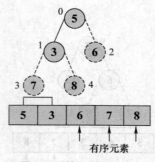

图 6.43　第九次交换结点

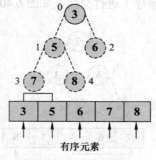

图 6.44　第十次交换结点

2. 堆排序代码实现

堆排序的代码如例 6-8 所示。

例 6-8　堆排序算法的实现。

```
1    #include <stdio.h>
2
3    #define N 8
4    /*实现数值交换*/
5    void Swap(int *a, int *b){
6        int p;
7        p = *a;
8        *a = *b;
9        *b = p;
10   }
11   /*调整某一个非叶结点与其子结点，构建大顶堆*/
12   void Adjust_Heap(int *arr, int i, int len)
13   {
14       int j = i*2 + 1;  /*获取结点的子结点在数组中的下标（或编号）*/
15       while(j < len){  /*判断下标是否超过数组的长度，如果超过则无子结点*/
16       /*判断结点的左右孩子，选取较大的子结点*/
17           if(j + 1 < len && arr[j] < arr[j+1]){
18               j++;
19           }
20           /*将左右孩子中较大的结点与父结点进行比较*/
```

```
21          /*若子结点比父结点小, 不需要交换*/
22          if(arr[i] > arr[j]){
23              break;  /*不需要交换, 跳出循环返回函数 Make_Heap(), 寻找下一个非叶结点*/
24          }
25          Swap(&arr[i], &arr[j]); /*如果子结点大于父结点, 交换*/
26          /*与父结点交换值后, 需要将子结点与子结点的子结点 (孙子结点) 再进行比较*/
27          /*再次执行循环进行判断*/
28          i = j;
29          j = 2*i + 1;
30      }
31  }
32  /*从最后一个非叶结点开始, 调整所有非叶结点与其子结点的位置*/
33  /*在堆中, 从右向左、从下向上依次访问所有非叶结点*/
34  void Make_Heap(int *arr, int n){
35      int i;
36      /*从堆中的最后一个非叶结点开始调整*/
37      for(i = n/2 - 1; i >= 0; i--){
38          Adjust_Heap(arr, i, n);  /*调整堆*/
39      }
40  }
41  void Heap_Sort(int *arr, int len){
42      int i = 0;
43      Make_Heap(arr, len);              /*第一次调整堆为大顶堆*/
44      for(i = len-1; i >= 0; i--){  /*从堆的末尾元素开始*/
45          /*将堆顶元素与末尾元素进行交换 (堆顶元素为最大值)*/
46          /*堆顶元素存放到数组的末尾, 并被视为已排序*/
47          Swap(&arr[i], &arr[0]);
48          /*交换后, 需要重新构建大顶堆, 此时从堆顶元素开始调整*/
49          Adjust_Heap(arr, 0, i);
50      }
51  }
52  int main(int argc, const char *argv[])
53  {
54      int i, a[N] = {10, 15, 2, 7, 11, 6, 8, 5};
55      Heap_Sort(a, N);   /*堆排序*/
56      for(i = 0; i < 8; i++){  /*输出排序结果*/
57          printf("%d ", a[i]);
58      }
59      printf("\n");
60      return 0;
61  }
```

　　堆排序算法的实现比其他排序算法复杂。其中, **Make_Heap()**函数用来实现第一次堆的调整, 第一次调整堆是从堆中最后一个非叶结点开始的。第一次堆调整完成后, 堆顶元素一定是整个堆的最大元素, 将其与末尾元素进行交换, 目的是将最大值存储到数组的末尾。元素交换导致堆顶元素不再是最大元素, 破坏了大顶堆的规则, 此刻除了堆顶元素, 其他元素仍然满足大顶堆的规则, 因此, 后续堆调整都是从堆顶元素开始。**Adjust_Heap()**函数用来实现某个非叶结点与其子结点的调整, 当该非叶结点为根结点时, 函数调整的是整个堆。程序运行结果如下所示。

```
linux@ubuntu:~/1000phone/data/chap6$ ./a.out
2 5 6 7 8 10 11 15
```

由运行结果可知，通过堆排序算法排序后的序列为递增序列。

6.2.6 冒泡排序

1. 冒泡排序概述

冒泡排序（Bubble Sort）是一种简单且经典的排序算法。冒泡排序的核心思想是重复遍历整个序列，从第一个元素开始，两两比较相邻元素的大小，如果反序则交换，直到整个序列变为有序为止。

冒泡排序算法的具体操作步骤如下所示。

（1）比较相邻元素，从第一个元素开始，即第一个元素与第二个元素比较，如果前一个元素大于后一个元素就进行交换。

（2）每次比较完成后，移动到下一个元素继续进行比较，直到比较完最后一个元素与倒数第二个元素。

（3）所有元素比较完成后（一轮比较），序列中最大的元素在序列的末尾。

（4）重复上述 3 个步骤。

接下来通过具体的序列对冒泡排序算法进行说明。如图 6.45 所示，创建一个初始未排序的序列。

对该序列进行第一次排序。先比较第一个元素与第二个元素，再比较第二个元素与第三个元素，以此类推。如果前一个元素大于后一个元素，则将二者交换，反之不交换，如图 6.46 所示。

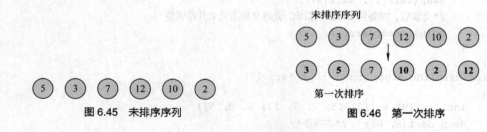

图 6.45　未排序序列　　　　　　　　　　　　图 6.46　第一次排序

第一次排序后，最大元素 12 位于序列末尾。进行下一轮排序，如图 6.47 所示。

第二次排序后，元素 10 位于序列倒数第二位。继续进行下一轮排序，如图 6.48 所示。

图 6.47　第二次排序　　　　　　　　　　　　图 6.48　第三次排序

第三次排序后，元素 7 位于序列倒数第三位。继续进行下一轮排序，如图 6.49 所示。

第四次排序后，元素 5 位于序列倒数第四位。继续进行下一轮排序，如图 6.50 所示。

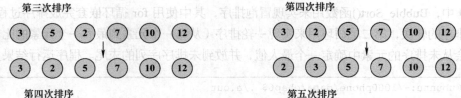

图 6.49　第四次排序　　　　　　　　　　　图 6.50　第五次排序

经过排序后，序列为递增序列。至此，冒泡排序结束。

2. 冒泡排序代码实现

冒泡排序的代码如例 6-9 所示。

例 6-9 冒泡排序算法的实现。

```
1    #include <stdio.h>
2
3    #define N 32
4    int number[N];      /*定义存储序列的数组*/
5    /*冒泡排序*/
6    void Bubble_Sort(int a[], int n){
7        int i, j, temp;              /*定义三个整型变量*/
8        for(j = 0; j < n-1; j++){    /*按轮次进行判断*/
9        /*每一轮判断完成后，最后一个元素都是当前未排序序列的最大值*/
10       /*每一轮排序后，未排序的元素都会减 1*/
11           for(i = 0;i < n-1-j; i++){  /*从第一个元素开始依次向后判断*/
12               if(a[i] > a[i+1]){        /*比较元素与后一个元素*/
13                   temp = a[i];          /*数据交换*/
14                   a[i] = a[i+1];
15                   a[i+1] = temp;
16               }
17           }
18       }
19   }
20   int main(int argc, const char *argv[])
21   {
22       int i, j, n;
23       printf("输入数字个数: ");
24       scanf("%d", &n);              /*输入序列数字的个数*/
25
26       for(j = 0; j < n; j++){       /*用一个 for 循环输入所有数字*/
27           scanf("%d", &number[j]);
28       }
29       Bubble_Sort(number, n);       /*冒泡排序*/
30       for(i = 0; i < n; i++){       /*输出排序完成的序列*/
31           printf("%d ", number[i]);
32       }
33       printf("\n");
34       return 0;
35   }
```

例 6-9 中，Bubble_Sort()函数用来实现冒泡排序，其中使用 for 循环嵌套完成排序过程，第一层循环表示排序的轮次，第二层循环用来实现一轮排序（从第一个元素到最后一个元素的比较），每一轮排序都会从未排序的元素中确定一个最大值，并放到未排序序列的末尾。程序运行结果如下所示。

```
linux@ubuntu:~/1000phone/data/chap6$ ./a.out
输入数字个数：8
2                        //用户自行输入 8 个数字
4
1
5
9
7
6
10
1 2 4 5 6 7 9 10     //冒泡排序输出的序列
```

由运行结果可知，通过冒泡排序算法排序后的序列为递增序列。

6.2.7　快速排序

快速排序（Quick Sort）的核心思想是通过一轮排序将未排序的序列分为独立的两部分，使得一部分序列的值比另一部分序列的值小，然后分别对这两部分序列继续进行排序，以达到整个序列有序。

快速排序使用分治法将一个序列分为两个子序列，其具体的算法描述如下。

（1）从序列中选出一个元素，作为基准值。

（2）重新排序，将所有比基准值小的元素放到基准值前，所有比基准值大的元素放到基准值后（与基准值相同的元素可以到任一边）。

（3）采用递归的思想对小于基准值的子序列和大于基准值的子序列排序。

在上述算法描述的基础上，快速排序可以设计出很多版本。接下来将通过具体的序列展示快速排序的两个版本，分别为单指针遍历法与双指针遍历法（指针指的是方向选择，不是语法意义上的指针）。

1. 单指针遍历法

如图 6.51 所示，创建一个无序的数字序列。

从序列的第一个元素开始，将元素 5 作为基准值，从序列末尾选择元素与基准值进行比较，即元素 2 与元素 5 进行比较。由于元素 2 小于元素 5，二者进行交换，如图 6.52 所示。

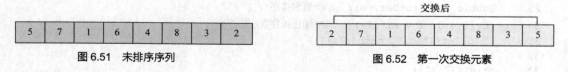

图 6.51　未排序序列　　　　　　　　　　图 6.52　第一次交换元素

交换完成后，从序列开头选择元素与基准值进行比较，即元素 7 与元素 5 进行比较。由于元素 7 大于元素 5，二者进行交换，如图 6.53 所示。

从序列末尾选择元素与基准值进行比较，即元素 3 与元素 5 进行比较。由于元素 3 小于元素 5，二者进行交换，如图 6.54 所示。

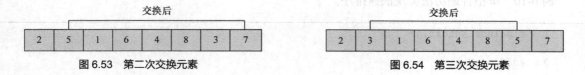

图 6.53　第二次交换元素　　　　　　　　　　　　图 6.54　第三次交换元素

从序列开头选择元素与基准值进行比较，即元素 1 与元素 5 进行比较。由于元素 1 小于元素 5，二者无须交换。移动至下一个元素，比较元素 6 与元素 5，元素 6 大于元素 5，二者进行交换，如图 6.55 所示。

从序列末尾选择元素与基准值进行比较，即元素 8 与元素 5 进行比较。由于元素 8 大于元素 5，二者无须交换。移动至下一个元素，比较元素 4 与元素 5，元素 4 小于元素 5，二者进行交换，如图 6.56 所示。

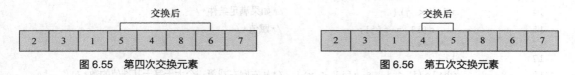

图 6.55　第四次交换元素　　　　　　　　　　　　图 6.56　第五次交换元素

经过一轮排序后，序列被分为两个子序列，元素 5 前的所有元素都小于元素 5 后的所有元素。将元素 5（可包含元素 5）前的序列视为一个子序列，元素 5 后的序列视为另一个子序列，接下来继续采用上述方式，对这两个子序列进行排序。

先处理第一个子序列，即元素 2 到元素 5，将元素 2 作为基准值。将子序列的末尾元素 5 与元素 2 进行比较，元素 5 大于元素 2，无须交换。移动至下一个元素 4，同样无须交换。再次移动至下一个元素 1，元素 1 小于元素 2，二者进行交换，如图 6.57 所示。

继续从子序列的开头选择元素与基准值进行比较，即元素 3 与元素 2 进行比较。元素 3 大于元素 2，二者进行交换，如图 6.58 所示。

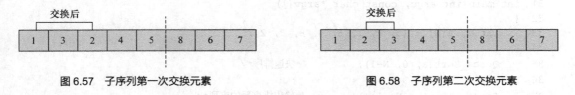

图 6.57　子序列第一次交换元素　　　　　　　　　图 6.58　子序列第二次交换元素

经过交换，子序列再次分为两个子序列，即元素 1 到元素 2 为一个子序列，元素 3 到元素 5 为另一个子序列。将这两个序列继续按照上述方法排序，包括元素 8 到元素 7 的子序列。当所有子序列的元素个数变为 1 时，整个序列的排序工作结束。

由上述操作过程可知，一轮排序会产生两个子序列，且子序列会继续产生子序列。排序的轮次越多，子序列越多，子序列中元素的个数越少。无论产生多少子序列，其排序方式不变，因此排序的过程可以采用递归的思想来实现。

2. 单指针遍历法实现快速排序

采用单指针遍历法实现快速排序，如例 6-10 所示。

例 6-10 单指针遍历法实现快速排序。

```
1    #include <stdio.h>
2
3    #define N 8
4
5    /*快速排序，l 表示起始元素，r 表示结尾元素*/
6    void Quick_Sort(int s[], int l, int r){
7        if(l < r){
8            /*x 将作为基准值，i 为序列起始位置下标，j 为序列末尾位置下标*/
9            int i = l, j = r, x = s[l];        /*x 将作为基准值*/
10           while(i < j){                 /*一轮排序结束后，i 的值将等于 j 的值*/
11               while(i < j && s[j] >= x){ /*从右向左寻找第一个小于基准值的数*/
12                   j--;                       /*向左移动，寻找满足条件的元素*/
13               }
14               if(i < j){                     /*如果满足条件*/
15                   s[i] = s[j];               /*赋值*/
16                   i++;
17               }
18               while(i < j && s[i] < x){  /*从左向右找第一个大于等于基准值的数*/
19                   i++;                       /*向右移动，寻找满足条件的元素*/
20               }
21               if(i < j){                     /*满足条件*/
22                   s[j] = s[i];               /*赋值*/
23                   j--;
24               }
25           s[i] = x;                          /*将基准值放入序列*/
26           /*采用递归调用的思想，处理子序列*/
27           Quick_Sort(s, l, i - 1);
28           Quick_Sort(s, i + 1, r);
29       }
30   }
31   int main(int argc, const char *argv[])
32   {
33       int i, a[N] = {5, 7, 1, 6, 4, 8, 3, 2};
34
35       Quick_Sort(a, 0, N-1);          /*快速排序*/
36
37       for(i = 0; i < N; i++){              /*输出排序后的序列*/
38           printf("%d ", a[i]);
39       }
40       printf("\n");
41       return 0;
42   }
```

例 6-10 中，**Quick_Sort()**函数用来实现快速排序，通过函数嵌套实现递归操作，递归的目的是对每一轮排序产生的子序列进行排序。**Quick_Sort()**函数中，采用"挖坑填数"的方式实现了元素之间的交换，如图 6.59 所示。

　　"挖坑填数"通过相互赋值覆盖掉不需要的数据，实现数据的交换。读者也可以定义交换元素的函数，使用直接交换的方式完成排序。程序运行结果如下。

```
linux@ubuntu:~/1000phone/data/chap6$ ./a.out
1 2 3 4 5 6 7 8
```

由运行结果可知，经过快速排序后的序列为递增序列。

3. 双指针遍历法

　　在单指针遍历法中，每次都是选择一个元素与基准值进行比较，而双指针遍历法是同时选择两个元素与基准值进行比较。如图 6.60 所示，创建一个无序序列。

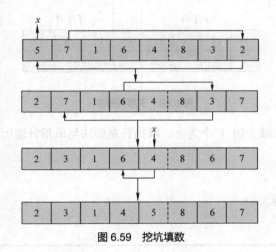

图 6.59　挖坑填数

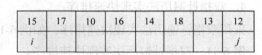

图 6.60　无序序列

　　图 6.60 中，标志 i 处于第一个元素 15 的位置，标志 j 处于末尾元素 12 的位置。将元素 15 作为基准值，将标志 i 向右移动，标志 j 不变。对比标志 i 与标志 j 对应的元素，如图 6.61 所示。

　　将标志 i 对应的元素与标志 j 对应的元素同时与基准值进行对比，元素 17 大于元素 15，元素 12 小于元素 15，因此将标志对应的元素进行交换。元素交换后，小于基准值的元素在前，大于基准值的元素在后，标志 i 与 j 分别向右、向左移动一位，如图 6.62 所示。

图 6.61　比较元素

图 6.62　第一次交换元素

　　由于标志 i 对应的元素 10 小于元素 15，需要将标志 i 继续向右移动一位，标志 j 位置不变。标志 i 对应的元素 16 大于元素 15，标志 j 对应的元素 13 小于元素 15，因此二者进行交换，如图 6.63 所示。

　　元素交换后，较小的元素排在较大的元素前面。继续移动标志 i 与标志 j，使标志 i 对应的元素为 14，标志 j 对应的元素为 18，如图 6.64 所示。

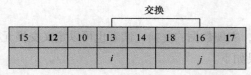

图 6.63　第二次交换元素

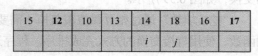

图 6.64　移动标志

标志 *i* 对应的元素 14 小于元素 15，标志 *j* 对应的元素 18 大于元素 15，因此二者不需要交换。继续移动标志 *i* 与标志 *j*（标志 *i* 与标志 *j* 都需要移动时，先移动标志 *j*，如果标志 *i* 与标志 *j* 发生重合，将基准值与标志对应的元素进行交换），如图 6.65 所示。

元素 14 与基准值交换后，序列分为两个子序列，即元素 14 到元素 15 为一个序列，元素 18 到元素 17 为一个序列。分别对这两个子序列采用同样的方式进行排序，如图 6.66 所示。

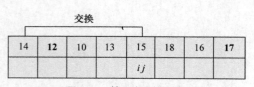

图 6.65　第三次交换元素

图 6.66　子序列排序

继续通过移动标志进行排序，直到序列中的元素减少到 1 个为止。双指针遍历法与单指针遍历法一样，需要采用递归的思想实现。

4. 双指针遍历法实现快速排序

采用双指针遍历法实现快速排序，如例 6-11 所示。

例 6-11　双指针遍历法实现快速排序。

```
1   #include <stdio.h>
2
3   #define N 8
4   /*交换函数*/
5   void Swap(int *a, int *b){
6       int temp;
7       temp = *a;
8       *a = *b;
9       *b = temp;
10  }
11  /*实现序列排序（一轮）*/
12  int partition(int a[], int low, int high){
13      int x = a[low];    /*将序列的第一个元素作为基准值*/
14      int i = low;       /*指向序列开头的标记*/
15      int j = high;      /*指向序列末尾的标记*/
16      while(i < j){
17          while(i < j && a[j] >= x){
18              j--;       /*从右至左找到第一个小于比较元素的数*/
19          }
20          while (i < j && a[i] <= x){
21              i++;       /*从左至右找到第一个大于比较元素的数*/
22          }
```

```
23          /*需要注意的是，这里的j--与i++的顺序不可以调换*/
24          /*将大数与小数交换*/
25          if (i != j){
26              Swap(&a[i], &a[j]);
27          }
28      }
29      Swap(&a[low], &a[i]);        /*将比较元素与基准值进行交换*/
30      return i;                    /*返回比较元素的位置*/
31  }
32  /*快速排序*/
33  void Quick_Sort(int a[], int low, int high){
34      if (low < high){
35          int i = partition(a, low, high);    /*实现序列一轮次的排序*/
36          /*递归调用*/
37          Quick_Sort(a, low, i - 1);          /*对子序列进行排序*/
38          Quick_Sort(a, i + 1, high);         /*对另一个子序列进行排序*/
39      }
40  }
41  int main(int argc, const char *argv[])
42  {
43      int i, a[N] = {5, 7, 1, 6, 4, 8, 3, 2};  /*未排序序列*/
44      Quick_Sort(a, 0, N-1);                   /*快速排序*/
45      for(i = 0; i < N; i++){
46          printf("%d ", a[i]);                 /*输出排序后的序列*/
47      }
48      printf("\n");
49      return 0;
50  }
```

例 6-11 中，partition()函数实现每一轮排序都会产生两个子序列。Quick_Sort()函数通过嵌套实现递归操作，对子序列进行排序。程序运行结果如下所示。

```
linux@ubuntu:~/1000phone/data/chap6$ ./a.out
1 2 3 4 5 6 7 8
```

由运行结果可知，排序后的序列为递增序列。

6.2.8　归并排序

1. 归并排序概述

归并排序（Merging Sort）是利用归并的思想设计的一种排序算法，该算法是采用分治法的一个非常典型的应用。归并排序是一种稳定的排序方法，性能不受输入数据的影响。归并排序的核心思想是将已排序的子序列合并，得到完全有序的序列，即先使每个子序列有序，再使子序列之间有序。

归并排序算法的具体描述如下。

（1）将长度为 n 的序列分成两个长度为 $n/2$ 的子序列。

（2）对两个子序列分别进行归并排序。

（3）将两个排序好的子序列合并成一个最终序列。

归并排序主要的操作是分与合，分指的是将序列分为子序列，合指的是合并子序列。

由于最开始的序列是无序的，因此对该序列采用递归的方式进行分割，直到每一个子序列都有序为止，如图 6.67 所示。

一个无序的序列经过多次分割，最后每个子序列的元素个数为 1。当子序列的元素个数为 1 时，可以认为该子序列是有序的。

分割完成后，再对子序列采用递归的思想进行合并，如图 6.68 所示。

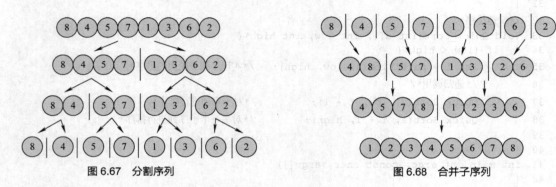

图 6.67　分割序列　　　　　　　　　　　　　　　　图 6.68　合并子序列

图 6.68 展示的算法过程中，不仅需要将子序列合并，而且需要对合并的序列进行排序。接下来对图 6.68 中的最后一次合并处理进行具体分析，如图 6.69 所示。

由于子序列在合并前都是有序的，因此可以从子序列的第一个元素开始进行比较，将较小的元素放入一个新的数组中保存，如图 6.70 所示。

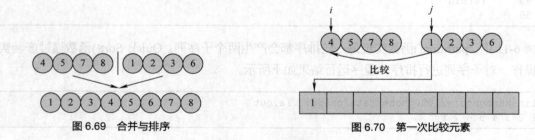

图 6.69　合并与排序　　　　　　　　　　　　　　　图 6.70　第一次比较元素

图 6.70 中，标志 i 与标志 j 分别对应两个子序列的第一个元素。从第一个元素开始比较，标志 j 对应的元素 1 小于标志 i 对应的元素 4，因此将元素 1 存入新数组的第一个位置。移动标志 j 到下一个位置，再次比较标志 i 与标志 j 对应的元素，如图 6.71 所示。

标志 j 对应的元素 2 小于标志 i 对应的元素 4，因此将元素 2 存入新数组。移动标志 j 到下一个位置，再次比较标志 i 与标志 j 对应的元素，如图 6.72 所示。

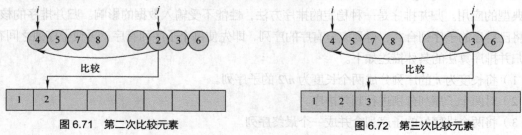

图 6.71　第二次比较元素　　　　　　　　　　　　　图 6.72　第三次比较元素

标志 j 对应的元素 3 小于标志 i 对应的元素 4，因此将元素 3 存入新数组。移动标志 j 到下一个位置，再次比较标志 i 与标志 j 对应的元素，如图 6.73 所示。

标志 j 对应的元素 6 大于标志 i 对应的元素 4，因此将元素 4 存入新数组。移动标志 i 到下一个位置，再次比较标志 i 与标志 j 对应的元素，如图 6.74 所示。

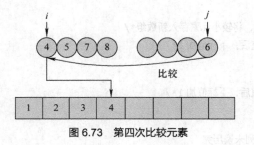

图 6.73　第四次比较元素

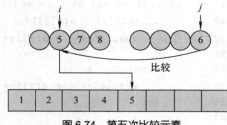

图 6.74　第五次比较元素

标志 j 对应的元素 6 大于标志 i 对应的元素 5，因此将元素 5 存入新数组。移动标志 i 到下一个位置，再次比较标志 i 与标志 j 对应的元素，如图 6.75 所示。

标志 j 对应的元素 6 小于标志 i 对应的元素 7，因此将元素 6 存入新数组。元素 6 存入数组后，标志 j 无法移动，表示子序列遍历结束。此时，将另一个子序列中剩余的元素按顺序依次存入新数组，如图 6.76 所示。

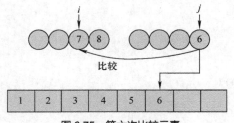

图 6.75　第六次比较元素

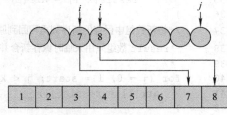

图 6.76　合并子序列

至此，已通过比较将所有子序列中的元素加入新数组，形成新的序列。归并排序中其他合并子序列的操作与上述操作相同。

2. 归并排序代码实现

归并排序算法的代码如例 6-12 所示。

例 6-12　归并排序算法的实现。

```
1   #include <stdio.h>
2
3   #define N 9
4
5   void Print_List(int arr[], int len){
6       int i;
7       for (i = 0; i < len; i++) {
8           printf("%d ", arr[i]);
9       }
10      printf("\n");
11  }
```

```
12    void Merge(int arr[], int start, int mid, int end){
13        int result[N];
14        int k = 0;
15        int i = start;      /*标志 i 对应子序列的起始元素*/
16        int j = mid + 1;    /*标志 j 对应另一个子序列的起始元素*/
17        /*循环对比两个子序列中的元素*/
18        while(i <= mid && j <= end){
19            if (arr[i] < arr[j]){          /*比较，将较小元素存入新数组*/
20                result[k++] = arr[i++]; /*赋值后，下标值加 1*/
21            }
22            else{
23                result[k++] = arr[j++]; /*赋值后，下标值加 1*/
24            }
25        }
26        /*如果子序列的元素全部遍历完，而另一个子序列未遍历完
27         *将未遍历完的子序列中的元素依次存入新数组
28         */
29        if(i == mid + 1){
30            while(j <= end)
31                result[k++] = arr[j++];
32        }
33        if(j == end + 1){
34            while (i <= mid)
35                result[k++] = arr[i++];
36        }
37        /*将新数组中保存的新序列再写回到原来的数组中
38         *result 数组只用来临时保存新合并的序列
39         */
40        for (j = 0, i = start; j < k; i++, j++){
41            arr[i] = result[j];
42        }
43    }
44    void Merge_Sort(int arr[], int start, int end){
45        if (start >= end)
46            return;
47        int mid = (start + end ) / 2; /*找到序列的中间位置*/
48        /*递归调用，分割序列*/
49        Merge_Sort(arr, start, mid);     /*对子序列进行分割*/
50        Merge_Sort(arr, mid + 1, end); /*对另一个子序列进行分割*/
51        Merge(arr, start, mid, end);    /*合并子序列*/
52    }
53    int main(int argc, const char *argv[])
54    {
55        int arr[N] = {4, 7, 6, 5, 3, 1, 8, 2, 9}; /*定义无序序列*/
56        /*归并排序，传入起始元素与末尾元素的下标*/
57        Merge_Sort(arr, 0, N-1);
58        Print_List(arr, N); /*输出排序后的有序序列*/
59
60        return 0;
61    }
```

例 6-12 中，Merge_Sort()函数通过嵌套实现递归排序，Merge()函数用来实现合并子序列。程序运行结果如下所示。

```
linux@ubuntu:~/1000phone/data/chap6$ ./a.out
1 2 3 4 5 6 7 8 9
```

由运行结果可知，排序后的序列为递增序列。

6.3　本章小结

本章主要介绍了算法中的两种常见操作——查找与排序，包括 4 种常见的查找算法与 7 种排序算法。本章从操作原理与代码实现两个方面解释了每一种算法的核心思想。不同的算法在处理不同的情况时，效率也不同。因此，读者需要在理解这些算法的基础上，熟练编写操作代码，为在实际开发中优化数据操作奠定基础。

6.4　习题

1．填空题

（1）折半查找算法的前提是＿＿＿＿。

（2）分块查找将数据分为若干个块，这些块满足两个条件：＿＿＿＿和＿＿＿＿。

（3）哈希查找算法是通过计算数据元素的＿＿＿＿来进行查找的一种算法。

（4）按照排序过程中涉及的存储器的不同，可以将排序分为＿＿＿＿与＿＿＿＿。

2．选择题

（1）用折半查找算法查找元素的速度比用顺序查找算法（　　　）。

　　A. 快　　　　　　B. 慢　　　　　　C. 相等　　　　　　D. 不能确定

（2）哈希函数的构造方法不包括（　　　）。

　　A. 直接定址法　　B. 平方取中法　　C. 开放地址法　　D. 除留余数法

（3）哈希查找解决地址冲突的方法不包括（　　　）。

　　A. 折叠法　　　　B. 链地址法　　　C. 再哈希法　　　D. 建立公共溢出区

（4）将 10 个元素散列到 1000 个单元的哈希表中，则（　　　）产生冲突。

　　A. 一定　　　　　B. 一定不　　　　C. 可能　　　　　D. 以上说法都不对

（5）下列序列中，（　　　）是执行第一趟快速排序后所得的序列。

　　A. [68　11　18　69] [23　93　73]　　B. [68　11　69　23] [18　93　73]

　　C. [93　73] [68　11　69　23　18]　　D. [68　11　69　23　18] [93　73]

（6）下列 4 个序列中，（　　　）满足堆的条件。

　　A. 75–65–30–15–25–45–20–10　　　　B. 75–65–45–10–30–25–20–15

　　C. 75–45–65–30–15–25–20–10　　　　D. 75–45–65–10–25–30–20–15

（7）有序表的关键字序列为 1–4–6–10–18–35–42–53–67–71–78–84–92–99，当用折半查找法查找键值为 84 的元素时，经过（ ）次比较后查找成功。

    A. 5   B. 4   C. 3   D. 2

（8）从未排序的序列中取出一个元素与已排序的序列中的元素依次进行比较，然后将其放在已排序序列的合适位置，这种排序方法为（ ）。

    A. 插入排序   B. 选择排序   C. 冒泡排序   D. 快速排序

3. 思考题

（1）思考冒泡排序算法的操作原理。

（2）已知一个无序序列 29–18–25–47–58–12–51–10，分别写出按照归并排序、快速排序、堆排序进行排序的变化过程。（归并排序每归并一次记录一次次序，快速排序每划分一次记录一次次序，堆排序记录第一次成大顶堆时的次序。）

4. 编程题

编写程序实现冒泡排序算法，函数参数为存储序列的数组以及序列的长度。

07 第 7 章 经典算法

本章学习目标

- 理解各种经典算法的设计思想与操作原理
- 熟练操作算法中涉及的数据结构
- 掌握具体算法实例的代码编写方法

本章将主要介绍一些经典算法的实例。经典算法涉及很多解决问题的方法，如回溯法、贪心算法、分治法、动态规划法、分支界限法等。前面的章节中，本书已经介绍了利用贪心算法与分治法解决问题的实例，如赫夫曼树、快速排序等。本章将主要介绍使用回溯法与动态规划法解决问题的实例，其中也涉及一些数据结构的操作，望读者理解算法的设计思想，熟练编写操作代码。

7.1 约瑟夫问题

7.1.1 算法概述

约瑟夫问题又称为约瑟夫斯置换，是一个在计算机科学和数学中出现的问题。在计算机编程中，类似问题又可以称为约瑟夫环。约瑟夫问题有很多版本，其一般的形式如下所示。

假设编号分别为$(1,2,\cdots,n)$的 n 个人围坐成一圈。其中，约定序号为 $k(1 \le k \le n)$ 的人从 1 开始报数，数到 m 的那个人出列，然后下一位继续从 1 开始报数，数到 m 的那个人再次出列，依此类推，直到所有人出列为止。

如图 7.1 所示，设 k 等于 3，n 等于 8，m 等于 4，则出列的序列为 6–2–7–4–3–5–1–8。

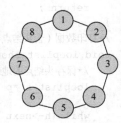

图 7.1 约瑟夫环

7.1.2　算法实现

1.　链表实现

由 7.1.1 小节中对约瑟夫问题的简单描述可知，每个待出列的人都可以被视为一个数据元素，这些元素形成一个封闭环。因此，可以使用单向循环链表来解决约瑟夫问题。

使用单向循环链表解决约瑟夫问题的代码如例 7-1 所示。

例 7-1　单向循环链表解决约瑟夫问题。

```
1    #include <stdio.h>
2    #include <stdlib.h>
3
4    /*定义数据类型*/
5    typedef int datatype_t;
6
7    /*定义结点结构体*/
8    typedef struct node{
9        datatype_t data;
10       struct node *next;
11   }looplist_t;
12
13   /*创建一个空的链表*/
14   looplist_t *looplist_create(){
15       looplist_t *h = (looplist_t *)malloc(sizeof(looplist_t));
16
17       /*next 保存头结点的地址，实现循环*/
18       h->next = h;
19
20       return h;
21   }
22   /*插入数据（头插法）*/
23   void looplist_insert_head(looplist_t *h, datatype_t value){
24       looplist_t *temp = (looplist_t *)malloc(sizeof(looplist_t));
25       temp->data = value;  /*赋值*/
26
27       temp->next = h->next;
28       h->next = temp;
29
30       return ;
31   }
32   /*打印数据（含头结点）*/
33   void looplist_show_undel(looplist_t *h){
34       /*保存头结点的地址*/
35       looplist_t *p = h;
36
37       while(h->next != p){
38           printf("%d ", h->next->data);
39
40           h = h->next;
41       }
42       /*输出换行*/
```

```
43      putchar(10);
44
45      return ;
46  }
47  /*去掉头结点, 头结点不包含数据*/
48  looplist_t *looplist_cut_head(looplist_t *h){
49      /*保存头结点的地址*/
50      looplist_t *p = h;
51
52      /*找到最后一个结点*/
53      while(h->next != p){
54          h = h->next;
55      }
56
57      /*让最后一个结点的指针指向头结点的下一个结点*/
58      h->next = p->next;
59
60      free(p);   /*释放头结点使用的地址空间*/
61      p = NULL;
62
63      /*返回新的头结点的地址*/
64      return h->next;
65  }
66  /*打印数据 (不含头结点) */
67  void looplist_show_del(looplist_t *h){
68      /*保存头结点的地址*/
69      looplist_t *p = h;
70
71      while(h->next != p){
72          /*去掉头结点后, 第一个结点有数据*/
73          printf("%d ", h->data);
74          /*下一个结点*/
75          h = h->next;
76      }
77
78      /*循环结束, 最后一个结点的数据没有打印, 再次输出*/
79      printf("%d ", h->data);
80      putchar(10);
81
82      return ;
83  }
84  /*解决约瑟夫问题*/
85  void joseph(int n, int k, int m){
86      int i;
87      looplist_t *temp;
88
89      /*创建一个单向循环链表, 并插入数据*/
90      looplist_t *h = looplist_create();
91
92      for(i = n; i >= 1; i--){
93          looplist_insert_head(h, i); /*插入数据*/
94      }
95
96      looplist_show_undel(h);
97      h = looplist_cut_head(h);           /*去掉头结点*/
```

```
98          looplist_show_del(h);
99
100         /*寻找第k个数据元素，从该数据元素开始计数*/
101         for(i = 1; i < k; i++){
102             h = h->next;
103         }
104
105         /*循环寻找到计数到m的数据元素，将其从链表里面删除*/
106         /*循环结束条件：只剩下一个数据元素*/
107         while(h->next != h){
108             /*寻找到计数到m的前一个元素*/
109             for(i = 1; i < m - 1; i++){
110                 h = h->next;
111             }
112             /*删除计数到m的数据元素*/
113             temp = h->next;
114             h->next = temp->next;
115             /*输出寻找到的元素的数据*/
116             printf("%d ", temp->data);
117             /*释放被删除元素使用的地址空间*/
118             free(temp);
119             temp = NULL;
120
121             /*此时，h指向被删除元素的前一个元素*/
122             /*移动到被删除元素的下一个元素重新开始计数*/
123             h = h->next;
124         }
125         /*输出最后一个出列的元素的数据*/
126         printf("%d\n", h->data);
127
128         return ;
129     }
130     /*主函数，处理约瑟夫环*/
131     int main(int argc, const char *argv[])
132     {
133         /*环中的数据有8个，从第3个元素开始计数*/
134         /*计数的第4个元素出列*/
135         joseph(8, 3, 4);
136
137         return 0;
138     }
```

例7-1中，joseph()函数将数据元素个数设定为8，然后从第3个元素开始计数，每当计数到第4个元素时，将该元素删除。

Joseph()函数首先采用循环的方式对单向循环链表进行遍历，然后寻找需要删除的元素的上一个元素与下一个元素，最后将这两个元素进行连接，即可实现指定元素的删除。每一次删除元素后，单向循环链表都会重新连接为一个新的环，因此无须考虑环中数据元素减少的问题。程序运行结果如下所示。

```
linux@ubuntu:~/1000phone/data/chap7$ ./a.out
1 2 3 4 5 6 7 8          /*去掉头结点前的所有数据元素*/
```

```
1 2 3 4 5 6 7 8        /*去掉头结点后的所有数据元素*/
6 2 7 4 3 5 1 8        /*按照规则输出数据元素*/
```

由运行结果可以看出，按照约瑟夫问题的规则，输出数据元素的顺序为 6–2–7–4–3–5–1–8。

2. 循环实现

在单向循环链表中，每删除一个数据元素（结点）后，链表都会重新形成新的循环。因此，无论第几次删除数据元素，其删除过程都与第一次相同，即计数到 k 时，删除对应数据。而如果采用数学的思想处理约瑟夫问题，就需要考虑删除数据产生的空位对后续计数的影响。例如，假设当前环中的数据元素为 10 个，从第 0 个元素开始，每次计数到 4 时，将对应的数据元素删除，如图 7.2 所示。

对环中的数据元素进行操作，第一次删除的是编号为 3 的元素，第二次删除的是编号为 7 的元素（以元素 4 为起始点进行计数）。由此推理，第三次删除的是编号为 1 的元素。当进行第四次删除操作时，编号为 3 的元素已经被删除（环断开），此时需要删除的是编号为 6 的元素，而非编号为 5 的元素，可见数据删除产生的空洞对计数产生了影响。

为了解决上述问题，可以将每一次删除数据元素后的环看作成一个新环，这样就不会产生数学运算上的不连续，如图 7.3 所示。

图 7.2　删除元素　　　　　　　　　　图 7.3　构造新环

图 7.3 中，第一次删除的是编号为 3 的元素，元素 3 删除后，元素 2 与元素 4 的连接断开，形成空洞。因此，可以将删除元素后的环重新看作一个新环，即将被删除元素的下一位元素重新编号为 0，以此类推，这样形成的新环在数学运算上就是连续的，不会对后续删除元素产生影响。

由图 7.3 可知，实际删除的是编号为 3 的元素，而在新环中该元素对应的编号为 9。因此，当前需要解决的问题是新环中被删除元素的编号与旧环中的编号如何一一对应。

从图 7.3 中可以看出，新环中的元素的编号是由旧环中的元素整体移动 k（k 为计数值，为 4）个单位得来的。由此可以推理出公式 old_num=(new_num+k)%old_sum，其中，old_num 表示旧环中被删除元素的编号，new_num 表示新环中被删除元素的编号，k 表示计数值，old_sum 表示旧环中元素的总个数。例如，图 7.3 中需要删除的元素的编号为 3，而在新环中对应的编号为 9，k 为 4，旧环中元素总数为 10（删除元素之前环中元素的总数），即 3=(9+4)%10。

按照上述操作方式，在每一次删除元素后，都重新构造新环，如图 7.4 所示。

图 7.4 中，每一次删除元素后，都需要重新构造新环，即从被删除元素的下一位开始重新编号。每一个环

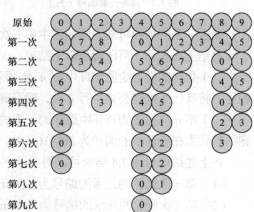

图 7.4　多次构造新环

相对于上一个环来说，都是一个新环。

综上所述，根据构造的新环与推理公式，即可推导出原始的环中每一次删除的元素对应的编号。例如，计算图 7.4 中的原始环第五次删除的元素的编号，只需要找到第五次删除元素后构造的新环，然后根据推理公式进行推导即可，如图 7.5 所示（截取自图 7.4）。

第五次删除元素后构造的新环在数学计算上是连续的，即序列顺序为 0–1–2–3–4，得出第五次删除的元素的编号为 5（在新环中的编号，非原始环中的编号）。结合推理公式可知，(5+4)%6=3，即编号为 5 的元素对应上一个新环（第四次删除元素后构造的新环）中编号为 3 的元素，如图 7.6 所示（截取自图 7.4）。

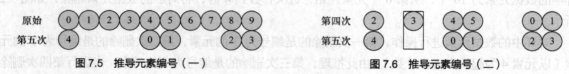

图 7.5　推导元素编号（一）　　　　　　　　图 7.6　推导元素编号（二）

将元素 3 加入推理公式可得出，(3+4)%7=0，即编号为 3 的元素对应上一个新环（第三次删除元素后构造的新环）中编号为 0 的元素，如图 7.7 所示（截取自图 7.4）。

将元素 0 加入推理公式可得出，(0+4)%8=4，即编号为 0 的元素对应上一个新环（第二次删除元素后构造的新环）中编号为 4 的元素，如图 7.8 所示（截取自图 7.4）。

图 7.7　推导元素编号（三）　　　　　　　　图 7.8　推导元素编号（四）

将元素 4 加入推理公式可得出，(4+4)%9=8，即编号为 4 的元素对应上一个新环（第一次删除元素后构造的新环）中编号为 8 的元素，如图 7.9 所示（截取自图 7.4）。

将元素 8 加入推理公式可得出，(8+4)%10=2，即编号为 8 的元素对应上一个新环（原始环）中编号为 2 的元素，如图 7.10 所示（截取自图 7.4）。

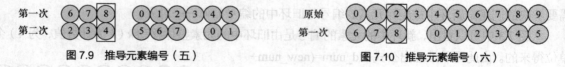

图 7.9　推导元素编号（五）　　　　　　　　图 7.10　推导元素编号（六）

经过一系列推导可知，原始环中第五次删除的元素的编号为 2。

总结上述过程，可以得到以下结论。

（1）如果需要确定原始环中第 n 次删除的元素，只需要找到第 n 次构造的新环中删除的元素的编号，将其代入推理公式执行 n 次，即可确定原始环中删除的元素。

（2）第 n 次构造的新环中删除的元素的编号等于元素的总个数减去 n，例如，图 7.4 中，第七次删除的元素在新环中的编号为 3(3=10 − 7)。

将上述结论与图 7.4 结合可以得出以下结果（元素总数 sum 为 10，计数值 k 为 4）。

（1）第一次删除的元素的编号为：(sum − 1+k)%sum=(10 − 1+4)%10=3。

（2）第二次删除的元素的编号为：(sum − 2+k)%(sum − 1)=(8+4)%9=3，(3+k)%sum=(3+4)%10=7。

（3）第三次删除的元素的编号为：$(sum-3+k)\%(sum-2)=(7+4)\%8=3$，$(3+k)\%(sum-1)=(3+4)\%9=7$，$(7+k)\%sum=(7+4)\%10=1$。

（4）其他轮次的删除操作可依此类推。

根据上述求值操作可知，求第 n 次删除元素的编号，需要执行 n 次推理公式，且每一次的计算结果都将代入下一轮次的公式中继续运算。同时可以看出，算式的一般形式为$(sum-1+k)\%sum$。

将推导得出的结论转换为程序，如例 7-2 所示。

例 7-2　循环方式解决约瑟夫问题。

```
1   #include <stdio.h>
2
3   #define N 10
4   /*计算元素编号，sum 表示元素总数，n 表示第 n 次删除元素*/
5   int joseph(int sum, int k, int n){
6       int j, value, num;
7       value = n;              /*value 表示推理公式执行的次数*/
8       num = sum - value;     /*num 存储删除元素的编号*/
9       /*循环计算元素的编号*/
10      for(j = 1; j <= value; j++){
11          num = (num + k) % (sum - n + 1);
12          n--;
13      }
14      /*返回计算得出的编号*/
15      return num;
16  }
17  int main(int argc, const char *argv[])
18  {
19      /*计数值 k 为 4*/
20      int i, num, k = 4;
21      /*环中的数据元素*/
22      int a[N] = {23, 32, 14, 8, 7, 12, 5, 24, 23, 16};
23      /*循环计算所有删除的元素的编号*/
24      for(i = 1; i <= N; i++){
25          /*得到第 i 次删除的元素的编号*/
26          num = joseph(N, k, i);
27          /*输出删除的元素的编号与数据*/
28          printf("%d, %d\n", num, a[num]);
29      }
30
31      return 0;
32  }
```

由例 7-2 可见，通过数学的思想同样可以解决约瑟夫问题。joseph()函数通过获取新环中的元素对应的编号以及循环执行推理公式，确定原始环中删除的元素。程序运行结果如下所示。

```
linux@ubuntu:~/1000phone/data/chap7$ ./a.out
3, 8                    /*第一列为删除的元素对应的编号，第二列为删除的元素的数据*/
7, 24
1, 32
6, 5
2, 14
9, 16
8, 23
```

```
0, 23
5, 12
4, 7
```

由运行结果可知，按顺序删除的元素为 8–24–32–5–14–16–23–23–12–7，其对应的编号（在数组中的下标值）为 3–7–1–6–2–9–8–0–5–4。

3. 递归实现

采用递归的编程方式同样可以解决约瑟夫问题，递归操作与循环操作类似，都是循环执行推理公式。不同的是，循环实现是直接逐级计算被删除元素在新环中对应的编号，而递归实现是先按轮次向下调用，然后逐级计算被删除元素在新环中对应的编号。采用递归的方式解决约瑟夫问题，如例 7-3 所示。

例 7-3 递归方式解决约瑟夫问题。

```c
1    #include <stdio.h>
2
3    #define N 10
4
5    /*递归方式解决约瑟夫问题*/
6    /*sum 表示元素删除前的元素的总数, value 表示计数值, n 表示第 n 次删除元素*/
7    int joseph(int sum, int value, int n){
8        if(n == 1){
9            return (sum + value - 1) % sum;
10       }
11       else{
12           /*非第 1 次删除元素时, 采用递归的方式计算被删除元素的编号*/
13           return (joseph(sum - 1, value, n - 1) + value ) % sum;
14       }
15   }
16   int main(int argc, const char *argv[])
17   {
18       int i, j = 0;
19       int a[N] = {0, 1, 2, 3, 4, 5, 6, 7, 8, 9};
20
21       for(i = 1; i <= N; i++){
22           j = joseph(N, 4, i); /*计算被删除元素的编号(数组下标)*/
23           /*输出编号所对应的元素的值*/
24           printf("%d ", a[j]);
25       }
26       printf("\n");
27       return 0;
28   }
```

例 7-3 采用 joseph()函数嵌套的方式实现递归操作。程序运行结果如下所示。

```
linux@ubuntu:~/1000phone/data/chap7$ ./a.out
3 7 1 6 2 9 8 0 5 4
```

由运行结果可知，按顺序删除的元素为 3–7–1–6–2–9–8–0–5–4。

假设当前原始环中的元素总数为 10，计数值为 4，计算第四次删除的元素的编号，结合例 7-3

的程序推理该递归操作的过程，可知递归实现的操作原理如图 7.11 所示。

循环实现则是直接将编号代入公式计算，其操作原理如图 7.12 所示。

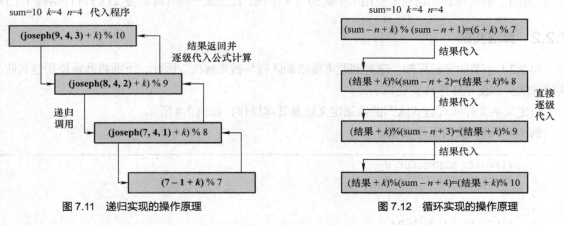

图 7.11 递归实现的操作原理

图 7.12 循环实现的操作原理

对比图 7.11 与图 7.12 可知，循环与递归这两种实现方式本质上没有区别。

7.2 球钟问题

7.2.1 算法概述

球钟问题是一个需要借助于栈和队列来解决的问题。球钟是一种利用球的移动来记录时间的简单装置，它有 3 个可以容纳若干个球的指示器：小时指示器、五分钟指示器、分钟指示器。例如，分钟指示器中有 3 个球，五分钟指示器中有 4 个球，小时指示器中有 8 个球，则表示当前时间为 8 点 23 分。

球钟问题的工作原理如下。

（1）每过一分钟，球钟就会从球队列的队首取出一个球放入分钟指示器（分钟指示器中最多可容纳 4 个球）。当放入第 5 个球时，在分钟指示器中的 4 个球就会按照它们被放入时的相反顺序加入球队列的队尾，第 5 个球则会进入五分钟指示器。

（2）五分钟指示器最多可放 11 个球，当放入第 12 个球时，在五分钟指示器中的 11 个球就会按照它们被放入时的相反顺序加入球队列的队尾，第 12 个球则会进入小时指示器。

（3）小时指示器最多可放 11 个球，当小时指示器放入第 12 个球时，原来的 11 个球就会按照它们被放入时的相反顺序加入球队列的队尾，然后第 12 个球也加入队尾。此时 3 个指示器均为空，回到初始状态。

综上所述，球钟表示的时间范围是 00:00 到 11:59。其工作原理如图 7.13 所示。

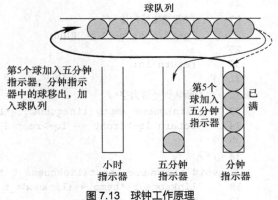

图 7.13 球钟工作原理

由图 7.13 可以看出，球队列中的球遵循先进先出的原则，可以使用数据结构中的队列来实现。而指示器中的球，放入与移出的顺序刚好相反，遵循后进先出的原则，可以使用数据结构中的栈来实现。因此，解决球钟问题需要使用 1 个队列与 3 个栈，且完成一轮计时需要 27（11+11+4+1）个球。

7.2.2 算法实现

由 7.2.1 小节的分析可知，球钟问题需要借助队列与栈来解决，因此，下面将展示使用链式队列实现球队列和使用顺序栈实现指示器。

自定义头文件实现链式队列的数据定义以及基本操作，如例 7-4 所示。

例 7-4　链式队列操作实现。

```
1    #ifndef _LINKQUEUE_H_
2    #define _LINKQUEUE_H_
3
4    #include <stdio.h>
5    #include <stdlib.h>
6
7    /*定义数据类型*/
8    typedef int datatype;
9
10   /*定义结点结构体*/
11   typedef struct node{
12       datatype data;          /*结点数据*/
13       struct node *next;
14   }linknode_t;
15   /*指针结构体，操作结点*/
16   typedef struct{
17       linknode_t *front;
18       linknode_t *rear;
19   }linkqueue_t;
20   /*创建一个空的队列*/
21   linkqueue_t *linkqueue_create(){
22       /*为操作队列的这两个指针在堆区开辟空间*/
23       linkqueue_t *lq = (linkqueue_t *)malloc(sizeof(linkqueue_t));
24       /*申请一个头结点的空间，标识队列为空*/
25       lq->front = lq->rear = (linknode_t *)malloc(sizeof(linknode_t));
26
27       /*初始化结构体*/
28       lq->front->next = NULL;
29
30       return lq;
31   }
32   /*判断队列是否为空*/
33   int linkqueue_empty(linkqueue_t *lq){
34       return lq->front == lq->rear ? 1 : 0;
35   }
36   /*入队*/
37   void linkqueue_input(linkqueue_t *lq, datatype value){
38       linknode_t *temp = (linknode_t *)malloc(sizeof(linknode_t));
39       temp->data = value;
```

```
40        temp->next = NULL;
41
42        /*将新结点插入到 rear 的后面*/
43        lq->rear->next = temp;
44        /*将 rear 指向最后一个结点（新插入的结点）*/
45        lq->rear = temp;
46
47        return ;
48    }
49
50    /*出队*/
51    datatype linkqueue_output(linkqueue_t *lq){
52        /*判断队列是否为空*/
53        if(linkqueue_empty(lq)){
54            printf("linkqueue is empty\n");
55            return (datatype)-1;
56        }
57        /*头删法出队*/
58        linknode_t *temp = lq->front->next;
59        lq->front->next = temp->next;
60
61        datatype value = temp->data;
62
63        free(temp);  /*释放被删除结点占用的地址空间*/
64        temp = NULL;
65
66        /*当最后一个有数据的结点被删除之后，需要将 rear 指向头结点，接着可以执行入队操作*/
67        if(lq->front->next == NULL){
68            lq->rear = lq->front;
69        }
70        return value;
71    }
72    #endif
```

例 7-4 在头文件中实现了链式队列的创建、入队、出队以及队列的判断。

自定义头文件实现顺序栈的数据定义以及基本操作，如例 7-5 所示。

例 7-5 顺序栈操作实现。

```
1    #ifndef _SEQSTACK_H_
2    #define _SEQSTACK_H_
3
4    #include <stdio.h>
5    #include <stdlib.h>
6
7    #define N 32
8
9    /*定义数据类型*/
10   typedef int datatype_t;
11
12   /*定义结构体*/
13   typedef struct {
14       datatype_t data[N];
```

```
15        int top;
16   }seqstack_t;
17   /*创建一个空的栈*/
18   seqstack_t *seqstack_create(){
19        seqstack_t *s;
20        s = (seqstack_t *)malloc(sizeof(seqstack_t));
21
22        s->top = -1;
23
24        return s;
25   }
26   /*判断栈是否为满*/
27   int seqstack_full(seqstack_t *s){
28        return s->top == N - 1 ? 1 : 0;
29   }
30   /*判断栈是否为空*/
31   int seqstack_empty(seqstack_t *s){
32        return s->top == -1 ? 1 : 0;
33   }
34   /*入栈*/
35   int seqstack_push(seqstack_t *s, datatype_t value){
36        /*判断栈是否为满*/
37        if(seqstack_full(s)){
38            printf("seqstack is full\n");
39            return -1;
40        }
41        /*每入栈一个结点，top值加1*/
42        s->top++;
43        s->data[s->top] = value;   /*保存入栈数据*/
44
45        return 0;
46   }
47   /*输出栈中的数据*/
48   int seqstack_show(seqstack_t *s){
49        int i = 0;
50        /*循环遍历*/
51        for(i = 0; i <= s->top; i++){
52            printf("%d ", s->data[i]);
53        }
54        putchar(10);
55
56        return 0;
57   }
58   /*出栈*/
59   datatype_t seqstack_pop(seqstack_t *s){
60        datatype_t value;
61        /*判断栈是否为空*/
62        if(seqstack_empty(s)){
63            printf("seqstack is empty\n");
64            return -1;
65        }
66        /*每删除一个结点，top值减1*/
67        value = s->data[s->top];
```

```
68      s->top--;
69
70      return value;
71  }
72  #endif
```

例 7-5 在头文件中实现了顺序栈的创建、入栈、出栈以及输出栈中的数据。

测试程序需要借助于例 7-4 与例 7-5 中的函数接口，如例 7-6 所示。

例 7-6　球钟问题测试。

```
1   #include "linkqueue.h"
2   #include "seqstack.h"  /*声明头文件*/
3
4   /*判断球是否已经入队*/
5   int linkqueue_check(linkqueue_t *lq){
6       /*指针指向第一个有数据的结点*/
7       linknode_t *temp = lq->front->next;
8       /*判断队列中球的顺序是否与初始时一致*/
9       while(temp->next != NULL){
10          if(temp->data < temp->next->data){
11              temp = temp->next;
12          }
13          else{
14              return 0;
15          }
16      }
17      /*一致则返回 1*/
18      return 1;
19  }
20  /*球钟计算时间的函数*/
21  int balltime(){
22      int i;
23      int count = 0;
24
25      /*创建 1 个球队列，3 个栈表示指示器*/
26      linkqueue_t *lq = linkqueue_create();
27      seqstack_t *s_min = seqstack_create();
28      seqstack_t *s_five = seqstack_create();
29      seqstack_t *s_hour = seqstack_create();
30
31      /*将 27 个球加入队列*/
32      for(i = 1; i <= 27; i++){
33          linkqueue_input(lq, i);
34      }
35
36      /*循环执行出队入栈*/
37      /*如果栈满，执行出栈入队操作*/
38      while(1){
39          /*出队操作*/
40          i = linkqueue_output(lq);
41          /*计数*/
42          count++;
43
```

```
44          if(s_min->top < 3){
45              /*入栈，分钟指示器计数*/
46              seqstack_push(s_min, i);
47          }
48          /*分钟指示器对应的栈已满*/
49          else{
50              /*出栈（分钟指示器）入队（球队列）操作*/
51              while(!seqstack_empty(s_min)){
52                  linkqueue_input(lq, seqstack_pop(s_min));
53              }
54
55              if(s_five->top < 10){
56                  /*入栈，五分钟指示器计数*/
57                  seqstack_push(s_five, i);
58              }
59              /*五分钟指示器对应的栈已满*/
60              else{
61                  /*出栈（五分钟指示器）入队（球队列）操作*/
62                  while(!seqstack_empty(s_five)){
63                      linkqueue_input(lq, seqstack_pop(s_five));
64                  }
65
66                  if(s_hour->top < 10){
67                      /*入栈，小时指示器计数*/
68                      seqstack_push(s_hour, i);
69                  }
70                  /*小时指示器对应的栈已满*/
71                  else{
72                      /*出栈（小时指示器）入队（球队列）操作*/
73                      while(!seqstack_empty(s_hour)){
74                          linkqueue_input(lq, seqstack_pop(s_hour));
75                      }
76                      /*将最后一个球入队*/
77                      linkqueue_input(lq, i);
78                      /*判断球是否已经入队*/
79                      if(linkqueue_check(lq) == 1){
80                          break;
81                      }
82                  }
83              }
84          }
85      }
86      return count;
87  }
88  /*主函数*/
89  int main(int argc, const char *argv[])
90  {
91      /*执行球钟函数*/
92      int count = balltime();
93      /*输出时间*/
94      printf("%d min --> %d hour --> %d day\n", count, count/60, count/60/24);
95
96      return 0;
97  }
```

例 7-6 中，程序利用球钟的计时规则，计算从球出队开始到球全部回到队列（同时保证球在队列中的顺序与初始出队时一致）的时间。程序运行结果如下。

```
linux@ubuntu:~/1000phone/data/chap7/7-4$ ./a.out
33120 min --> 552 hour --> 23 day
```

由运行结果可知，按照球钟的计时规则，从球开始出队到全部入队（入队后球的顺序与初始出队时一致）的时间为 23 天。

7.3　八皇后问题

7.3.1　算法概述

八皇后问题是一个利用回溯法的典型案例，该问题是由国际西洋棋棋手马克斯·贝瑟尔于 1848 年提出的。其具体形式为：在 8 格×8 格的国际象棋棋盘上摆放八个皇后，使其不能互相攻击（即任意两个皇后都不能处于同一行、同一列或同一斜线上），计算有多少种摆法。

棋盘中的任意两个皇后都不在同一行、同一列或同一斜线上，满足摆放规则，如图 7.14 所示。

解决八皇后问题的方法有很多，本节将主要介绍通过回溯法解决这一问题。为了便于理解，可以将皇后数量及棋盘变小进行分析。

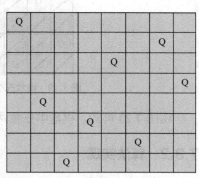

图 7.14　满足规则的摆法

假设当前皇后数量为 4，棋盘大小为 4 格×4 格，由于每一个皇后只能占单独的一行与一列，因此第一个皇后可以摆放在第一行的第一列上，如图 7.15 所示。

由图 7.15 可知，第二个皇后只能摆放在第二行的 A 位置或 B 位置上，按照顺序，先将其摆放在 A 位置，如图 7.16 所示。

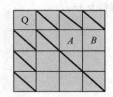

图 7.15　摆放第一个皇后

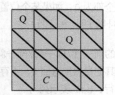

图 7.16　摆放第二个皇后

由图 7.16 可知，在第二个皇后摆放完成后，第三个皇后只能摆放在第四行的 C 位置上，而棋盘中已经没有位置可以摆放第四个皇后。此时就需要回溯到上一步，重新摆放第二个皇后。将第二个皇后摆放到图 7.15 所示棋盘的 B 位置上，如图 7.17 所示。

由图 7.17 可知，重新将第二个皇后摆放完成后，第三个皇后只能摆放在第三行的 C 位置上，而 C 位置与 D 位置在同一斜线上，因此第四个皇后将无法摆放。再次回溯到上一步（第一次摆放皇后时），重新摆放第一个皇后，将其摆放到第一行的第二列上，如图 7.18 所示。

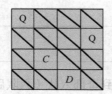

图 7.17　重新摆放第二个皇后

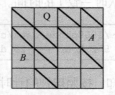

图 7.18　重新摆放第一个皇后

由图 7.18 可知，重新将第一个皇后摆放完成后，第二个皇后可以摆放在第二行的 A 位置上，第三个皇后可以摆放在第三行的 B 位置上，如图 7.19 所示。

由图 7.19 可知，最后一个皇后可以摆放在最后一行的 C 位置上。摆放结果如图 7.20 所示。

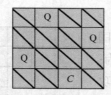

图 7.19　摆放三个皇后

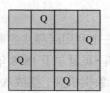

图 7.20　摆放结果

由图 7.20 可知，棋盘中任意两个皇后都不在同一行、同一列或同一斜线上，满足指定的规则。

7.3.2　算法实现

由 7.3.1 小节算法分析可知，在棋盘中摆放皇后，需要考虑下一个皇后是否有位置可以摆放，如果没有，则返回到上一步，重新摆放皇后。因此，在设计代码时，需要采用回溯的思想，如例 7-7 所示。

例 7-7　回溯法解决八皇后问题。

```
1    #include <stdio.h>
2
3    int count = 0;
4    /*定义二维数组，表示棋盘*/
5    /*初始元素全部为 0，如果某个位置摆放皇后，则将对应位置赋值为 1*/
6    int chess[8][8] = {0};
7
8    /*判断皇后的同一行/同一列/同一斜线上是否有其他皇后*/
9    /*如果存在其他皇后则返回 0，不存在则返回 1*/
10   /*row 表示行，col 表示列*/
11   int Check( int row, int col){
12       int i, k;
13       /*判断列方向*/
14       for(i = 0; i < 8; i++ ){
15           if(chess[i][col] == 1){
16               return 0;
17           }
18       }
19       /*判断左对角线*/
20       for(i = row, k = col; i>=0 && k>=0; i--, k--){
```

```
21          if(chess[i][k] == 1){
22              return 0;
23          }
24      }
25      /*判断右对角线*/
26      for(i = row, k = col; i >= 0 && k < 8; i--, k++){
27          if(chess[i][k] == 1){
28              return 0;
29          }
30      }
31      return 1;
32 }
33 /*输出摆放方式*/
34 void Print(){
35      int row, col;
36      printf("第 %d 种\n", count + 1);
37          for(row = 0; row < 8; row++){
38              for(col = 0; col < 8; col++){
39                  if(chess[row][col] == 1){      /*皇后用 Q 表示*/
40                      printf("Q ");
41                  }
42                  else{
43                      printf("# ");
44                  }
45              }
46              printf("\n");
47          }
48          printf("\n");
49 }
50 /*解决八皇后问题, row 表示行*/
51 void EightQueen(int row){
52      int col;          /*col 表示列*/
53      if(row > 7){        /*如果遍历完 8 行找到摆放皇后的位置则输出解*/
54 /*      Print();          输出八皇后问题的解, 注释仅供调试观察使用*/
55          count++;        /*计数摆放的方法*/
56          return ;
57      }
58      /*从第一列开始, 测试摆放*/
59      /*递归调用执行完成后, 回溯到下一列继续调用*/
60      for(col = 0; col < 8; col++){
61          /*判断同行/同列/同斜线是否有其他皇后*/
62          if(Check(row, col)){
63              chess[row][col]=1;   /*如果没有则摆放皇后, 赋值为 1*/
64              EightQueen(row+1);   /*递归调用, 继续在下一行摆放皇后*/
65
66              /*清除上一步不合理的摆放, 以免回溯摆放时出现错误*/
67              chess[row][col]=0;
68          }
69      }
70 }
71 int main(int argc, const char *argv[])
72 {
```

```
73        /*计算八皇后问题的摆放方法*/
74        /*参数为 0, 表示从第 0 行开始*/
75        EightQueen(0);
76        printf("摆放方法共有: %d 种\n", count);
77        return 0;
78    }
```

例 7-7 中，Check()函数用来检测皇后是否可以摆放，EightQueen()函数通过嵌套的形式实现递归操作（函数执行一次操作棋盘中的一行），并通过循环与 Check()函数结合，确定皇后在一行中的摆放位置（即某一列上）。如果一行中的所有位置都不适合摆放皇后，则返回到上一步（上一行），重新摆放上一个皇后。程序运行结果如下。

```
linux@ubuntu:~/1000phone/data/chap7$ ./a.out
摆放方法共有: 92 种
```

由运行结果可知，八皇后问题的解法共有 92 种。

7.4 背包问题

7.4.1 算法概述

背包问题可以描述为：假设有 n 个物品与一个背包，物品 i 的质量为 W_i，价值为 V_i，背包的最大载重为 c，求如何装载可使背包中物品的总价值最大。本次只讨论"0-1"的情况，即物品不可拆分，只能装入或不装入，且不能将同一个物品装入多次。

解决背包问题的方法有很多，如回溯法、动态规划法、分支界限法等。本节将主要介绍通过回溯法解决背包问题，即采用探测的方式。接下来通过一个具体的示例展示探测的过程。

例如，一个背包只能载重 8kg，已知荔枝 4kg 的价格为 45 元，樱桃 5kg 的价格为 57 元，香蕉 1kg 的价格为 11 元，草莓 2kg 的价格为 22.5 元，菠萝 6kg 的价格为 67 元，如表 7.1 所示。

表 7.1 价格表

	荔枝	樱桃	香蕉	草莓	菠萝
序号	1	2	3	4	5
重量/kg	4	5	1	2	6
价格/元	45	57	11	22.5	67

对表 7.1 中的物品进行试探，具体操作步骤如下（略去单位）。

（1）假设先将荔枝放入背包，此时背包中物品的总价值为 45，总重量为 4（背包的最大载重为 8），当前背包问题的最优解为 45（暂时）。

（2）将樱桃放入背包，此时背包总重量为 9，大于背包的最大载重，不满足规则，因此将樱桃取出并进行判断。判断当前背包中物品总价值加未探测物品的总价值是否大于最优解（荔枝的价值与其他物品的总价值之和大于荔枝的价值），判断结果为需要继续探测。

（3）将香蕉放入背包，此时背包的总重量为 5，背包中物品的总价值为 56，背包总重量小于背包最大载重，可以继续探测。当前背包问题的最优解为 56。

（4）将草莓放入背包，此时背包的总重量为 7，背包中物品的总价值为 78.5（最优解为 78.5），背包总重量小于背包最大载重，可以继续探测。

（5）将菠萝放入背包，此时背包的总重量为 13，大于背包的最大载重，不满足规则，因此将菠萝取出。至此一轮探测结束，保存当前最优解（最优解为 78.5）。

（6）回溯到上一步，将草莓取出，当前背包的总重量为 5，背包中物品的总价值为 56，判断当前背包中物品总价值加未探测物品的总价值是否大于最优解（当前背包中物品的总价值为 56，未探测物品为菠萝，二者之和为 123，大于最优解 78.5），判断结果为需要继续探测。

（7）将菠萝放入背包，此时背包的总重量为 11，大于背包的最大载重，不满足规则，因此再次将菠萝取出。

（8）回溯到上一步，将香蕉取出，再放入草莓……

上述操作类似于穷举法，即列出所有情况，再进行比较。不同的是，背包问题不需要探测所有结果，如果探测到某一物品时，发现当前重量已经超过最大载重，则无须再探测后续物品；如果当前背包中物品的总价值加上未探测物品的总价值小于目前的最优解，同样也无须再探测后续物品。这种探测方式采用了解空间树的思想，并按照深度优先搜索的方式进行探测，如图 7.21 所示。

假设当前有 3 个物品 $x[1]$、$x[2]$、$x[3]$，树中结点的左孩子表示选取，右孩子表示不选取，则选取物品的方案有 $2^3=8$ 种（n 个物品的选取方案有 2^n 种）。具体分析如下。

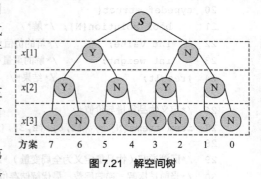

图 7.21　解空间树

（1）如果第一个物品不选取，第二个物品不选取，第三个物品也不选取，则为方案 0，此时得到一个暂时的最优解。

（2）回溯到上一步，选取第三个物品，则为方案 1。比较当前值与最优解，以较大值作为新的最优解。

（3）回溯到探测第二个物品时，选取第二个物品，不选取第三个物品，则为方案 2。同样，比较当前值与最优解，以较大值作为新的最优解。

（4）回溯到上一步，选取第三个物品，则为方案 3。再次比较当前值与最优解，以较大值作为新的最优解。

（5）依此类推，通过不断递归和回溯，最终确定最优解。

采用回溯法处理背包问题时，处理的数据量不宜过大，如果有 n 个数据对象，则对应的解决方案有 2^n 种。随着 n 的增长，其解的数量将以 2^n 级增长。

7.4.2　算法实现

采用回溯法解决背包问题，如例 7-8 所示。

例 7-8　回溯法解决背包问题。

```
1    #include <stdio.h>
2
```

```
3      /*常量定义*/
4      #define N 5           /*物品总数量*/
5      #define limit 10      /*背包容量*/
6      #define true 1        /*布尔类型*/
7      #define false 0       /*布尔类型*/
8
9      /*类型定义*/
10     typedef enum{
11         true_,
12         false_
13     } bool;  /*布尔类型*/
14
15     typedef struct{
16         int weight;   /*重量*/
17         int value;    /*价值*/
18     }item;  /*物品*/
19
20     typedef struct{
21         bool solution[N]; /*解*/
22         int value;         /*解的价值*/
23         int weight;        /*解的重量*/
24     }result;               /*结果*/
25
26     /*定义物品重量与价值*/
27     item items[N] = {{2,6},{2,3},{6,5},{4,4},{5,6}};  /*物品集合*/
28
29     /*回溯递归（物品集定义为全局变量）*/
30     /*当前试探解、递归层数、最优解储存位置*/
31     void Optimal_Solution(result test, int floor, result *op)
32     {
33         int i;  /*循环变量*/
34         int restValue = 0;   /*剩余可获取价值*/
35         if(floor >= N){          /*判断是否完成全部搜索*/
36             if(test.value > op->value) *op = test;  /*是否为更优解*/
37         }
38         else{
39             /*判断背包中的物品重量与当前物品重量之和是否超过限制*/
40             if(test.weight + items[floor].weight <= limit){
41                 test.solution[floor] = true;   /*本轮次物品放入背包*/
42                 /*更新重量与价值*/
43                 test.value += items[floor].value;
44                 test.weight += items[floor].weight;
45                 /*递归加入下一个物品*/
46                 Optimal_Solution(test, floor+1, op);
47                 /*回溯时，取出本轮次加入背包的物品*/
48                 test.solution[floor] = false; /*本轮次物品取出背包*/
49                 /*更新重量与价值*/
50                 test.value -= items[floor].value;
51                 test.weight -= items[floor].weight;
```

```
52              }
53          /*计算除本次探测的物品外剩余可获取的总价值*/
54          for(i = floor+1; i < N; i++){
55              restValue += items[i].value;
56          }
57          /*如果当前总价值加剩余结点价值大于当前试探解,则继续探测*/
58          if(op->value < test.value + restValue){
59              Optimal_Solution(test, floor+1, op);  /*递归探测下一轮次的物品*/
60          }
61      }
62  }
63
64  /*结果展示函数*/
65  void Show_Result(result *test){
66      int i;
67      /*输出最优解的物品组合*/
68      printf("\n----------------------\n");
69      printf("最优解:\n----------------------\n");
70      printf("物品\t 重量\t 价值\n");
71      for(i = 0; i < N; i++){
72          if((test->solution)[i])
73              printf("%d\t%dkg\t%d 元\n", i+1, items[i].weight,items[i].value);
74      }
75      /*输出最优解的重量与价值*/
76      printf("----------------------\n");
77      printf("总量: \t%dkg\t%d 元\n", test->weight, test->value);
78      printf("----------------------\n");
79      /*输出所有物品的重量与价值*/
80      printf("\n----------------------\n");
81      printf("全部物品:\n----------------------\n");
82      printf("物品\t 重量\t 价值\n");
83      for(i = 0; i < N; i++){
84          printf("%d\t%dkg\t%d 元\n", i+1, items[i].weight, items[i].value);
85      }
86      /*输出背包的容量*/
87      printf("----------------------\n");
88      printf("背包容量: %dkg\n", limit);
89      printf("----------------------\n");
90  }
91  /*主函数*/
92  int main(int argc, const char *argv[])
93  {
94      /*递归初始变量定义*/
95      result test = {{0},0, 0};
96      int floor = 0;  /*递归层数*/
97
98      /*递归调用求最优解*/
99      Optimal_Solution(test, floor, &test);
100
101     /*展示最优解*/
```

```
102      Show_Result(&test);
103      return 0;
104 }
```

例 7-8 中，Optimal_Solution()函数用来求背包问题的最优解，函数通过嵌套的方式实现递归探测下一个物品，如果当前探测的物品加入背包后，背包总重量超过最大载重，则直接跳过当前探测的物品。程序运行结果如下所示。

```
linux@ubuntu:~/1000phone/data/chap7$ ./a.out
-----------------------
最优解：
-----------------------
物品 重量 价值
1    2kg  6元
2    2kg  3元
5    5kg  6元
-----------------------
总量：    9kg  15元
-----------------------

-----------------------
全部物品：
-----------------------
物品 重量 价值
1    2kg  6元
2    2kg  3元
3    6kg  5元
4    4kg  4元
5    5kg  6元
-----------------------
背包容量：10kg
-----------------------
```

由运行结果可知，最优解的物品组合为物品 1、物品 2、物品 5，对应的重量分别为 2kg、2kg、5kg，价值分别为 6 元、3 元、6 元，最终得到的最优解为 15 元。

7.5 地图着色问题

7.5.1 算法概述

地图着色问题是著名的 NP 完全问题（多项式复杂程度的非确定性问题）之一。该问题可以详细分为以下 3 种模式。

（1）图的着色问题，即给定无向连通图 G 与 n 种不同的颜色，计算所有不同的着色方法，使得任意相邻的 2 个顶点具有不同的颜色。

（2）图的着色判定问题，即给定无向连通图 G 与 n 种不同的颜色，使用这些颜色为图 G 中的各顶点着色，判断是否存在一种着色法使图 G 中任意相邻顶点具有不同的颜色。

（3）图的着色优化问题，即计算无向联通图 G 中，至少需要多少种颜色使得任意相邻的 2 个顶点具有不同的颜色。

如图 7.22 所示，创建一个虚拟的地图，并将其转换为一个无向连通图（不共享一条边的块不记为相邻）。

由图 7.22 可知，要解决地图着色问题，可以将复杂的地图转换为数据结构中的无向连通图，然后设置顶点之间的关系来表示地图中的区域是否相邻。例如，设置顶点 A 与顶点 B 之间的权值为 1，顶点 A 与顶点 E 之间的权值为 0，表示区域 A 与区域 B 相邻，区域 A 与区域 E 不相邻。

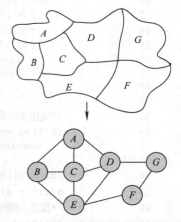

图 7.22　创建地图并转换为无向连通图

7.5.2　算法实现

下面通过代码展示地图着色问题以及地图着色优化问题。

1．地图着色问题

地图着色问题的解决方法与八皇后问题、背包问题类似，都是利用深度优先搜索的方式进行递归并回溯，找到所有问题的子集。具体代码如例 7-9 所示。

例 7-9　解决地图着色问题。

```
1   #include <stdio.h>
2
3   #define N 7
4   #define true 1
5   #define false 0
6
7   /*m 表示边的数量，n 表示顶点的数量，k 表示颜色的数量*/
8   int m, n, k;
9   /*定义二维数组存储图中的顶点之间的关系（邻接矩阵）*/
10  int G[N][N];
11  /*保存颜色*/
12  int color[N];
13  int res, flag;
14  /*地图着色问题*/
15  void dfs(int x) {
16      int i, y;
17      if(x == n+1){   /*一次着色完成*/
18          res++;       /*方案数加 1*/
19          return;
20      }
21      else{
22          /*从第一个颜色开始，使用序号表示颜色的种类*/
23          /*序号改变，表示颜色更换*/
24          for(i = 1; i <= k; i++){
25              flag = false;
```

```
26              /*从第一列开始，即查看顶点与其他顶点的关系*/
27              for(y = 1; y <= x; y++){
28                  /*如果顶点相邻且颜色已被使用，则跳出循环*/
29                  if(G[x][y] == 1 && color[y] == i) {
30                      flag = true;
31                      break;
32                  }
33              }
34              /*跳出循环后，执行 continue 表示不选择同一个颜色*/
35              if(flag == true)
36                  continue;
37
38              color[x] = i;   /*分配新颜色*/
39              dfs(x + 1);         /*递归，判断顶点与其他顶点的关系*/
40              /*探测回溯时，擦除某一颜色，再循环时更换为另一个颜色*/
41              color[x] = 0;
42          }
43      }
44  }
45  int main(int argc, const char *argv[])
46  {
47      /*m 为边数，n 为顶点数，k 为颜色数*/
48      scanf("%d,%d,%d", &n, &m, &k);
49      int i;
50      for(i = 1; i <= m; i++){
51          int x, y;
52          /*输入坐标，表示顶点之间是否相邻*/
53          scanf("%d,%d", &x, &y);
54          /*设置为1，表示相邻*/
55          G[x][y] = 1;
56          G[y][x] = 1;
57      }
58      dfs(1);                     /*计算着色方案*/
59      printf("着色方案有 %d 种\n", res); /*输出着色方案的种类*/
60      return 0;
61  }
```

例 7-9 中，程序使用邻接矩阵的方式（二维数组）实现无向连通图中顶点的存储，函数 dfs()通过遍历二维数组来计算着色的方案数量，并通过函数嵌套的方式递归调用，递归的目的是探测每一个顶点与其他顶点的关系。程序通过回溯的方式对已着色的顶点重新分配颜色，以便探测出所有可行的配色方案。dfs()函数通过判断顶点是否相邻以及颜色是否被使用决定是否分配新的颜色。

程序运行结果如下所示（以图 7.22 中的无向连通图作为测试对象，二维数组的起始下标为 1）。

```
linux@ubuntu:~/1000phone/data/chap7$ ./a.out
7,11,3          /*输入 7 个顶点、11 条边、3 种颜色*/
1,2             /*输入顶点关系*/
1,3
1,4
2,3
2,5
3,4
3,5
```

4,5
4,7
5,6
6,7
着色方案有 18 种

由运行结果可知，图 7.22 中的虚拟地图在只有 3 种颜色的情况下，有 18 种配色方案。

2. 地图着色优化问题

地图着色优化问题即计算地图的最小色数，该问题只需要求出可行着色方案中的一种，要求使用的颜色数量最少，不需要考虑顶点之间的颜色调换。具体代码如例 7-10 所示。

例 7-10 解决地图着色优化问题。

```
1    #include <stdio.h>
2    #include <stdlib.h>
3
4    #define N 32
5    #define M 4                    /*颜色的数量*/
6    typedef int datatype_t;   /*类型重定义*/
7    typedef char vextype;
8    /*定义结构体*/
9    typedef struct{
10       vextype v[N];        /*存放顶点的数据*/
11       int matrix[N][N]; /*二维数组表示矩阵，记录顶点之间的关系*/
12       int vnum, arcnum; /*图的顶点数和边数*/
13   }graph_t;
14
15   int color[30] = {0};  /*存储对应顶点的对应颜色*/
16   /*创建图*/
17   graph_t *graph_create(){
18       int i;
19       /*为表示图形结构的结构体申请内存空间*/
20       graph_t *g = (graph_t *)malloc(sizeof(graph_t));
21
22       return g;
23   }
24   /*通过输入的顶点确定顶点的下标*/
25   int locatevex(graph_t *g, char u){
26       int i;
27       for(i = 1; i <= g->vnum; i++){
28           if(u == g->v[i])
29               return i;
30       }
31       return 0;
32   }
33   /*确定顶点之间的关系*/
34   void graph_input(graph_t *g){
35       int x, y, i, j, k, w;
36       char c;
37       vextype v1, v2;
38
39       printf("输入图的顶点数和边数:\n");
```

```
40        scanf("%d %d", &(g->vnum), &(g->arcnum));
41        getchar();
42
43        printf("输入图中各顶点:\n");
44        for(i = 1; i <= g->vnum; i++){
45            scanf("%c", &(g->v[i]));
46            getchar();
47        }
48        /*初始邻接矩阵为0*/
49        for(i = 0; j < g->vnum; i++){
50            for(j = 0; j < g->vnum; j++){
51                g->matrix[i][j] = 0;
52            }
53        }
54        printf("输入相邻的顶点与权值:\n");
55        /*读取输入*/
56        for(k = 0; k < g->arcnum; k++){
57            scanf("%c", &v1);
58            getchar();  /*消除输入时的垃圾字符*/
59            scanf("%c", &v2);
60            getchar();
61            scanf("%d", &w);
62            getchar();
63
64            /*获取输入顶点的下标*/
65            i = locatevex(g, v1);
66            j = locatevex(g, v2);
67            g->matrix[i][j] = w;
68            g->matrix[j][i] = w;
69        }
70        return ;
71    }
72    /*输出顶点之间的关系（邻接矩阵）*/
73    void graph_output(graph_t *g){
74        /*遍历整个二维数组*/
75        int i, j;
76
77        printf("图中的各顶点:\n");
78        for(i = 1; i <= g->vnum; i++){
79            printf("%c ", g->v[i]);
80        }
81        printf("\n");
82        printf("图的邻接矩阵:\n");
83        for(i = 1; i <= g->vnum; i++){
84            for(j = 1; j <= g->vnum; j++){
85                printf("%d ", g->matrix[i][j]);
86            }
87            printf("\n");
88        }
89        return ;
90    }
91    /*判断当前顶点的着色是否满足规则*/
92    int colorsame(int s, graph_t *g){
93        int i, flag = 0;
94        /*与已着色的顶点进行对比*/
```

```
95      for(i = 1; i <= s-1; i++){
96          /*如果顶点相邻且颜色已被使用，则跳出循环*/
97          if(g->matrix[i][s] == 1 && color[i] == color[s]){
98              /*标志为 1，表示不能着色*/
99              flag = 1;
100             break;
101         }
102     }
103     return flag;
104 }
105 /*输出着色方案*/
106 void output(graph_t *g){
107     int i;
108     for(i = 1; i <= g->vnum; i++){
109         printf("%d ", color[i]);
110     }
111     printf("\n");
112 }
113 /*地图着色，s 表示着色的顶点*/
114 void map_overlay(int s, graph_t *g){
115     int i;
116     if(s > g->vnum){    /*全部着色完成，输出着色方案*/
117         output(g);
118         exit(1);
119     }else{
120         /*对每一种颜色逐个测试*/
121         /*如果顶点不能着该颜色则换一个颜色*/
122         for(i = 1; i <= M; i++){
123             color[s] = i;
124             if(colorsame(s, g) == 0){
125                 /*对下一个顶点进行着色*/
126                 map_overlay(s+1, g);
127             }
128         }
129     }
130 }
131 /*主函数*/
132 int main(int argc, const char *argv[])
133 {
134     graph_t *g = graph_create(); /*调用创建函数，创建图*/
135
136     graph_input(g);     /*输入图中顶点之间的关系*/
137     graph_output(g);    /*输出顶点之间的关系*/
138
139     printf("着色方案:\n");
140     map_overlay(1, g); /*着色*/
141     return 0;
142 }
```

例 7-10 中，graph_input() 函数用来读取终端输入的顶点与边以及二者之间的关系；map_overlay() 函数用来实现着色，并通过函数嵌套完成递归调用，每一次调用的目的是对下一个顶点进行着色；colorsame() 函数用来判断顶点之间是否相邻以及颜色是否被使用；output() 函数输出着色方案，并通过编号表示颜色种类。

程序运行结果如下所示（以图 7.22 作为测试对象）。

```
linux@ubuntu:~/1000phone/data/chap7$ ./a.out
输入图的顶点数和边数：
7 11
输入图中各顶点：
a b c d e f g
输入相邻的顶点与权值：          /*权值全部设置为1*/
a-b 1
a-c 1
a-d 1
b-c 1
c-d 1
b-e 1
c-e 1
d-e 1
e-f 1
d-g 1
f-g 1
图中的各顶点：              /*以下为输出内容*/
a b c d e f g
图的邻接矩阵：
0 1 1 1 0 0 0
1 0 1 0 1 0 0
1 1 0 1 1 0 0
1 0 1 0 1 0 1
0 1 1 1 0 1 0
0 0 0 0 1 0 1
0 0 0 1 0 1 0
着色方案：
1 2 3 2 1 2 1
```

由运行结果可以看出，图 7.22 中的虚拟地图只需要 3 种颜色即可完成着色，其中顶点 A、顶点 E、顶点 G 使用相同的颜色，顶点 B、顶点 D、顶点 F 使用相同的颜色，顶点 C 单独使用一种颜色，如图 7.23 所示。

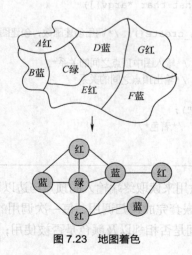

图 7.23　地图着色

图 7.23 所示的着色方案只是可行方案中的一种。

7.6 旅行商问题

7.6.1 算法概述

旅行商问题是一个经典的组合优化问题。具体的问题描述为：一个推销员必须访问 n 个城市，且所有城市只访问一次，然后回到起始的城市（城市与城市之间有旅行费用，且推销员希望旅行费用之和最小）。也可以换一种描述：给定一系列城市和每对城市之间的距离，求访问每一座城市一次并回到起始城市的最短回路。

解决旅行商问题的方法有很多，如贪心算法、动态规划法、分支界限法、遗传算法、蚁群算法等。本节将主要介绍采用动态规划法实现旅行商问题，并通过具体的示例展示动态规划法的分析过程。

创建一个有向图，表示城市及城市之间的连通关系，如图 7.24 所示。

根据图 7.24 创建一个邻接矩阵，表示顶点与顶点之间的关系，如图 7.25 所示。

假设当前的需求是从城市 0 出发，经过[1,2,3]这三个城市，然后再回到城市 0，计算最佳路线，使旅行费用最低。根据需求，应从以下三个方案中选择消费最少的方案。

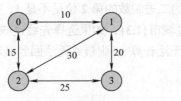

图 7.24 有向图

	0	1	2	3
0	∞	10	15	∞
1	10	∞	30	20
2	15	30	∞	25
3	∞	20	25	∞

图 7.25 邻接矩阵

（1）从城市 0 出发，经过城市 1，再从城市 1 出发，经过[2,3]这两个城市，然后回到城市 0。

（2）从城市 0 出发，经过城市 2，再从城市 2 出发，经过[1,3]这两个城市，然后回到城市 0。

（3）从城市 0 出发，经过城市 3，再从城市 3 出发，经过[1,2]这两个城市，然后回到城市 0。

由上述描述可知，一个大的需求可以分为三个小问题，并且需要求得这三个小问题的最优解。因此，这个需求具有最优子集，可以用动态规划来实现。

设置一个二维的动态规划表 dp，定义符号{1,2,3}表示经过[1,2,3]这三个城市，然后回到城市 0。因此上述需求可以用动态规划表表示为 dp[0][{1,2,3}]，如果用 C 表示两个城市之间的旅行费用，则 dp[0][{1,2,3}]=min{C_{01}+dp[1][{2,3}]，C_{02}+dp[2][{1,3}]，C_{03}+dp[3][{1,2}]}。其中，min 表示求最小值，C_{01} 表示从城市 0 到城市 1 的旅行费用，dp[1][{2,3}]表示从城市 1 出发，经过城市[2,3]，然后回到城市 0，其他依此类推。按照上述表示方法，继续推导可以得出，dp[1][{2,3}]=min{C_{12}+dp[2][{3}]，C_{13}+dp[3][{2}]}，dp[2][{3}]表示从城市 2 出发，经过城市 3，然后回到城市 0。再次进行推导，dp[2][{3}]=C_{23}+dp[3][{}]，dp[3][{}]指的是从城市 3 出发，不经过任何城市，回到城市 0，即 C_{30}。

将城市编号设置为二进制数，城市 1 为 001，城市 2 为 010，城市 3 为 100（假设城市编号为 m，则其二进制数对应的 m 位为 1，计算的方式为 1≪($m-1$)），依此类推，则上述动态规划表达式中，{1,2,3}可以表示为 111，转换成十进制数为 7，{2,3}可以表示 110，转换成十进制数为 6。例如，dp[0][{1,2,3}]=dp[0][7]，dp[1][{2,3}]=dp[1][6]。由此得出整个需求对应的动态规划表，如表 7.2 所示。

（假设城市有 n 个，则 dp 表的列数为 2^{n-1}，也可以表示为 $1 \ll (n-1)$。）

表 7.2   动态规划表

	{}	{1}	{2}	{1,2}	{3}	{1,3}	{2,3}	{1,2,3}
	0	1	2	3	4	5	6	7
0	∞	20	30	55	∞	∞	∞	70
1	10	∞	45	∞	∞	∞	60	∞
2	15	40	∞	∞	∞	55	∞	∞
3	∞	30	40	65	∞	∞	∞	∞

表 7.2 中，第一列表示从哪一个城市出发，其余列表示经过某些城市并回到城市 0 所产生的费用。例如，表中的第 4 行第 4 列，表示从城市 1 出发经过城市 2，然后回到城市 0 的费用为 45；表中的第 5 行第 7 列，表示从城市 2 出发经过城市[1,3]，然后回到城市 0 的费用为 55。

由上述分析可以看出，整个问题的需求为计算 dp[0][7]的值，而 dp[0][7]=min{C_{01}+dp[1][6]，C_{02}+dp[2][5]，C_{03}+dp[3][3]}，因此计算 dp[0][7]的最优解就是计算 dp[1][6]、dp[2][5]、dp[3][3]三者中的最小值，其中，dp[1][6]=min{C_{12}+dp[2][4]，C_{13}+dp[3][2]}。同理，计算 dp[1][6]的最优解就是计算 dp[2][4]、dp[3][2]二者中的较小值。依此类推，经过层层选取即可得到最终的最优解。

需要注意的是，计算 dp[2][3]即从城市 2 出发，经过城市{1,2}，这显然不合理，因{1,2}中已经包含了城市 2，这种情况需要忽略掉（即判断数字 3 的二进制数的第 2 位是不是 1，如果为 1 表示不合理）。同样，计算 dp[2][5]时，从城市 2 出发，经过城市{1,3}，如果选择先经过城市 1，再经过城市 3（城市 3 与城市 0 不直接相连，即 dp[3][{}]的值无法计算），则最终无法回到城市 0。

7.6.2 算法实现

采用动态规划法解决旅行商问题，如例 7-11 所示。

例 7-11 动态规划法解决旅行商问题。

```
1    #include <stdio.h>
2    #include <stdlib.h>
3
4    #define N 5
5    #define INF 10e7
6    #define false 0
7    #define true 1
8    #define min(a,b) ((a>b) ? b : a)
9    #define M (1 << (N-1))
10
11   /*存储城市之间距离的矩阵*/
12   int g[N][N] = {{0,3,INF,8,9},
13                  {3,0,3,10,5},
14                  {INF,3,0,4,3},
15                  {8,10,4,0,20},
16                  {9,5,3,20,0}};
17   /*保存顶点 i 到状态 S 最后回到起始点的最小距离*/
18   int dp[N][M];
19   /*保存最优路径*/
20   int path[N] = {0};
21   int pos = 0;
```

```
22    /*核心函数，求出动态规划表*/
23    void TSP(){
24        /*初始化 dp[i][0]*/
25        int i = 0, j, k;
26        for(i = 0; i < N; i++){
27            /*矩阵的第一列，表示其他城市直接到城市 0 的距离*/
28            dp[i][0] = g[i][0];
29        }
30        /*求 dp[i][j]，先更新列再更新行*/
31        for(j = 1; j < M; j++){
32            for(i = 0; i < N; i++){
33                dp[i][j] = INF;
34                /*如果集合 j（或状态 j）包含顶点 i，则不符合条件，退出*/
35                /*判断方法为：判断 j 对应的二进制数的第 i 位是否为 1*/
36                /*判断的目的是除去不合理的情况
37                *例如，从城市 2 出发再经过城市 2 为不合理的情况
38                */
39                if(((j >> (i - 1)) & 1) == 1){
40                    continue;
41                }
42                for(k = 1; k < N; k++){
43                    /*跳过不合理的路径选择*/
44                    if(((j >> (k - 1)) & 1) == 0){
45                        continue;
46                    }
47                    /*更新 dp[i][j]的值*/
48                    /*计算从城市 i 开始经过状态 j 回到起始城市的最短距离*/
49                    if(dp[i][j] > g[i][k] + dp[k][j ^ (1 << (k - 1))]){
50                        dp[i][j] = g[i][k] + dp[k][j ^ (1 << (k - 1))];
51                    }
52                }
53            }
54        }
55    }
56    /*判断顶点是否都已访问，不包括 0 号顶点*/
57    int isVisited(int visited[]){
58        int i;
59        for(i = 1; i < N; i++){
60            if(visited[i] == false){
61                return false;
62            }
63        }
64        return true;
65    }
66    /*将顶点加入路径，即下一次访问的顶点*/
67    void push_back(int v){
68        path[pos] = v;
69        pos++;
70    }
71    /*获取最优路径，保存在 path 中*/
72    void getPath(){
73        int i;
```

```
74      /*标记访问数组*/
75      int visited[N] = {false};
76      /*前驱顶点编号*/
77      int pioneer = 0, min = INF, S = M - 1, temp;
78      /*把起始顶点编号加入path*/
79      push_back(0);
80      /*根据动态规划公式反向找出最短路径结点*/
81      while(!isVisited(visited)){
82          for(i = 1; i < N; i++){
83              if(visited[i] == false && (S & (1 << (i - 1))) != 0){
84                  if(min > g[i][pioneer] + dp[i][(S ^ (1 << (i - 1)))]){
85                      min = g[i][pioneer] + dp[i][(S ^ (1 << (i - 1)))];
86                      temp = i;
87                  }
88              }
89          }
90          pioneer = temp;
91          push_back(pioneer);
92          visited[pioneer] = true;
93          S = S ^ (1 << (pioneer - 1));
94          min = INF;
95      }
96  }
97  /*输出路径*/
98  void printPath(){
99      int i;
100     printf("最短路径为:");
101     for(i = 0; i < N; i++){
102         printf("%d--->", path[i]);
103     }
104     /*单独输出起始顶点编号*/
105     printf("0\n");
106 }
107 /*主函数，计算最优解决方案*/
108 int main(int argc, const char *argv[])
109 {
110     TSP();              /*核心函数*/
111     printf("最短路径的值为:%d\n", dp[0][M-1]);
112
113     getPath();          /*获取最优路径*/
114     printPath();        /*输出路径*/
115     return 0;
116 }
```

例 7-11 中，TSP()函数主要用来构建动态规划表 dp[N][M]，通过已知的记录顶点间距离的矩阵，推算出 dp[N][M]中每一个元素的值。其中，dp[N][M]表示从顶点 N 出发经过状态 M，最后到达起始点的总距离。根据 7.6.1 小节的分析可知，从起始点出发再回到起始点的最短路径为 dp[N][（1<<(N−1)）−1]（N 表示顶点的个数）。getPath()函数则通过动态规划表 dp[N][M]计算出从顶点 0 出发再回到顶点 0 的最短路径，即计算动态规划表 dp[N][M]中的最小子集（最优解）。printPath()函数用来输出最优的路径。程序运行结果如下所示。

```
linux@ubuntu:~/1000phone/data/chap7$ ./a.out
最短路径的值为:23
最短路径为:0--->1--->4--->2--->3--->0
```

由运行结果可知，最短路径的长度为 23，经过顶点的顺序为 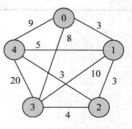 0→1→4→2→3→0。为了测试上述输出是否正确，可以根据例 7-11 中列出的矩阵画出对应的无向图，如图 7.26 所示。

根据顶点之间的权值可以看出，从顶点 0 出发，可以直接到达顶点 1、顶点 3、顶点 4，其权值分别为 3、8、9，因此下一个到达的顶点为顶点 1。再从顶点 1 出发，可以直接到达顶点 2、顶点 3、顶点 4，其权值分别为 3、10、5，如果选择先经过顶点 2，则接下来必须经过顶点 3、顶点 4，由于顶点 3 与顶点 4 之间的权值为 20（最大值），因此这里不能选择经过顶点 2。选择经过顶点 4，从顶点 4 出发，可以直接到达顶点 2、顶点 3，其权值分别为 3、20，这里选择经过顶点 2。再从顶点 2 出发，经过最后一个未经过的顶点 3，最后回到顶点 0。从图 7.26 中可以计算得出，此路径为最优路径，其权值最小，为 23，与程序输出结果一致。

图 7.26　无向图

7.7　本章小结

本章主要展示了一些经典算法的操作实例。其中，约瑟夫问题与球钟问题都涉及了对数据结构的操作，包括单向循环链表的插入与删除、队列与栈的插入与删除等。本章通过回溯法解决了八皇后问题、背包问题以及地图着色问题，通过动态规划法解决了旅行商问题。望读者通过对具体实例的学习熟悉数据结构的基本操作，在理解算法设计思想的基础上，掌握代码操作方法，从而提高实际开发中的代码设计能力。

7.8　习题

1.　思考题

（1）思考通过链表操作解决约瑟夫问题的设计思路。

（2）什么是回溯法？

（3）什么是动态规划法？

2.　编程题

已知一个无向图所对应的邻接矩阵，采用动态规划法，通过该矩阵得出无向图的动态规划表。（只需要写出构建动态规划表的代码。）

第 8 章　数学算法

本章学习目标

* 理解各种数学算法的设计思想
* 掌握各种经典算法的操作原理
* 熟练掌握算法的代码编写方法

　　本章将主要介绍一些数学算法的实例。学习数学算法有助于提升 C 语言程序设计能力。本章将选取一些常见的涉及数学领域的算法进行分析，并且通过代码展示编程技巧，望读者理解算法的设计思想，熟练编写操作代码。

8.1　分解质因数

8.1.1　算法概述

　　分解质因数指的是把一个合数用质因数相乘的形式表示出来。换句话说，每个合数都可以写成几个质数相乘的形式，其中每个质数都是这个合数的因数，例如，$20=2 \times 2 \times 5$。

　　分解质因数只针对合数进行分解，如果被分解的数为质数则分解无效。具体的分解思路为：假设一个被分解的合数为 n，则需要在 $2 \sim n-1$ 的范围内（1 既不是质数也不是合数）顺序查找 n 的因数，第一个找到的因数 i 一定是 n 的质因数；接下来继续对 n/i 以相同的方式分解质因数，直到 n/i 为质数为止。因此，分解质因数可以采用递归的思想解决。

　　代码实现的具体步骤如下。

　　（1）i 初始为 2，判断 $n\%i==0$ 是否成立。

　　（2）如果成立，说明 i 是质因数，输出 i。

　　（3）判断 n/i 是否为质数，如果为质数则输出 n/i。

（4）如果 *n*/*i* 不是质数，则继续进行分解，重复步骤（1）~（3），直到 *n*/*i* 为质数，则本轮递归结束。

（5）如果 *n*%*i*==0 不成立，则执行 *i*++，继续判断，直到 *i*=*n*-1，分解质因数结束。

8.1.2　算法实现

在分解质因数的过程中，需要多次判断一个数是否为质数，判断一个数是否为质数的代码如下。

```
int prime(int v){
    int i;
    for(i = 2; i <= v-1; i++){
        if(v%i != 0){
            continue;
        }
        else{
            return 0;   /*如果不是质数，返回0*/
        }
    }
    return 1;            /*如果为质数，返回1*/
}
```

由以上代码可知，判断一个数是否为质数，只需要判断这个数是否能被大于 1 且小于本身的数整除，如果不能则说明该数为质数。

采用递归的思想分解质因数，具体代码如例 8-1 所示。

例 8-1　采用递归的思想分解质因数。

```
1   #include <stdio.h>
2
3   /*判断数是否为质数*/
4   int prime(int v){
5       int i;
6       for(i = 2; i <= v-1; i++){
7           if(v%i != 0){
8               continue;
9           }
10          else{
11              return 0;   /*如果不是质数，返回0*/
12          }
13      }
14      return 1;            /*如果为质数，返回1*/
15  }
16  /*递归调用，求合数所有的质因数*/
17  void factorization(int n){
18      int i;
19      if(prime(n)){
20          printf("输入的数为质数\n");
21      }
22      else{
23          /*从 2 开始，判断合数是否可以被整除*/
```

```
24            /*如果不可以整除则 i 加 1*/
25            for(i = 2; i <= n-1; i++){
26                if(n%i == 0){
27                    /*如果可以整除，则 i 为 n 的第一个质因数*/
28                    printf("%d * ", i);
29                    /*判断 n/i 是否为质数，如果为质数，则跳出循环，运行结束*/
30                    if(prime(n/i)){
31                        printf("%d\n", n/i);
32                        break;
33                    }
34                    else{
35                        /*如果 n/i 不是质数，则递归调用，计算 n/i 的质因数*/
36                        factorization(n/i);
37                        /*递归返回时，已经得出最终结果，无须再增加 i 进行测试*/
38                        break;
39                    }
40                }
41            }
42        }
43    }
44    int main(int argc, const char *argv[])
45    {
46        int n;
47        printf("输入需要分解的合数：");
48        scanf("%d", &n);      /*读取输入的合数*/
49
50        factorization(n);     /*分解质因数*/
51        return 0;
52    }
```

例 8-1 中，factorization()函数通过调用自身实现递归，通过递归操作，按顺序得到一个合数所有的质因数。程序的运行结果如下所示。

```
linux@ubuntu:~/1000phone/data/chap8$ ./a.out
输入需要分解的合数：30
2 * 3 * 5
```

由运行结果可知，输入的合数 30 可以由质数 2、3、5 相乘得出。

8.2 最大公约数与最小公倍数

8.2.1 算法概述

最大公约数指的是两个数的公共因数中最大的数。例如，12 与 6 的最大公约数为 6。最小公倍数指的是两个数的公共倍数中最小的数。例如，2 与 3 的最小公倍数为 6。

计算最大公约数的思路为：假设存在两个数 m 与 n，则选取这两个数中较小的数（设为 i），然后判断 i 能否同时成为 m 与 n 的因数，如果可以，则 i 就是 m 与 n 的最大公约数；如果不可以，则

递减 *i*，直到满足条件为止。

计算最小公倍数的思路为：假设存在两个数 *m* 与 *n*，则选取这两个数中较大的数（设为 *j*），然后判断 *j* 能否同时被 *m* 与 *n* 整除（即取余等于 0），如果可以，则 *j* 就是 *m* 与 *n* 的最小公倍数；如果不可以，则递增 *j*，直到满足条件为止。

8.2.2 算法实现

计算最大公约数与最小公倍数的具体代码如例 8-2 所示。

例 8-2 计算最大公约数与最小公倍数。

```c
1    #include <stdio.h>
2
3    /*计算最大公约数*/
4    int greatest_common_divisor(int a, int b){
5        int min;
6        /*如果输入的数不符合要求，则退出*/
7        if(a <= 0 || b <= 0){
8            return -1;
9        }
10       /*选取输入的两个数中较小的数，保存到min*/
11       if(a > b){
12           min = b;
13       }
14       else{
15           min = a;
16       }
17       /*判断这两个数能否同时被min整除*/
18       while(min){
19           /*如果可以被min整除，则min就是最大公约数*/
20           if(a%min == 0 && b%min == 0){
21               return min;
22           }
23           else{
24               /*如果不可以被min整除，则min减1，再测试*/
25               min--;
26           }
27       }
28       return -1;
29   }
30   /*计算最小公倍数*/
31   int minimum_common_multiple(int a, int b){
32       int max;
33
34       if(a <= 0 || b <= 0){
35           return -1;
36       }
37       /*选取输入的两个数中较大的数，保存到max*/
38       if(a > b){
39           max = a;
40       }
41       else{
```

```
42              max = b;
43          }
44          /*判断max能否同时被这两个数整除*/
45          while(max){
46              /*如果可以被整除，则max就是最小公倍数*/
47              if(max%a == 0 && max%b == 0){
48                  return max;
49              }
50              else{
51                  /*如果不可以被整除，则max加1，再测试*/
52                  max++;
53              }
54          }
55          return -1;
56      }
57      int main(int argc, const char *argv[])
58      {
59          int m, n;
60
61          printf("请输入两个数，并计算二者最大公约数与最小公倍数：");
62          scanf("%d %d", &m, &n);
63
64          printf("%d 与%d 的最大公约数为:%d\n", m, n, greatest_common_divisor(m, n));
65          printf("%d 与%d 的最小公倍数为:%d\n", m, n, minimum_common_multiple(m, n));
66          return 0;
67      }
```

程序运行结果如下所示。

```
linux@ubuntu:~/1000phone/data/chap8$ ./a.out
请输入两个数，并计算二者最大公约数与最小公倍数：12 16
12 与16 的最大公约数为:4
12 与16 的最小公倍数为:48
```

由运行结果可以看出，当输入数字 12 与 16 时，计算得出二者的最大公约数为 4，最小公倍数为 48。

8.3 数字全排列

8.3.1 算法概述

数字全排列即根据一组数字，得到该数列的所有排列方式。例如，输入数字 1、2、3，则该数列的排列方式有 6 种，即 1、2、3，1、3、2，2、1、3，2、3、1，3、1、2，3、2、1。

设计程序实现输入数字序列的元素个数 n，并输入 n 个元素，最终显示这 n 个数字的所有排列方式。全排列中的每一个数字都不重复，可以考虑采用递归的思想解决这一问题。

以输入数字 1、2、3 为例，计算全部排列方式的步骤如下。

（1）选定 1，排列 2、3。

（2）选定 2，排列 3。

（3）输出排列 1、2、3。

（4）跳转到步骤（2），选定 3。

（5）输出排列 1、3、2。

（6）跳转到步骤（1），选定 2。

（7）重复步骤（2）~（6），得到排列 2、1、3 与 2、3、1。

（8）跳转到步骤（1），选定 3。

（9）重复步骤（2）~（6），得到排列 3、1、2 与 3、2、1。

8.3.2　算法实现

采用递归的思想实现数字全排列，如例 8-3 所示。

例 8-3　递归思想实现数字全排列。

```
1   #include <stdio.h>
2
3   #define N 32
4
5   void Arrange(int a[], int n, int s, int r[], int m){
6       int i,j,k,flag = 0;
7
8       int b[N];
9       /*通过此循环，在递归回溯时更换数字位置*/
10      for(i = 0; i < n; i++){
11          flag = 1;
12          r[s] = a[i];          /*选取要排序的数字固定*/
13          j = 0;
14          /*将待排序的数字存到b[]中*/
15          for(k = 0; k < n; k++){
16              if(i != k){
17                  b[j] = a[k];
18                  j++;
19              }
20          }
21          /*递归调用对待排序的数字继续进行排序*/
22          Arrange(b, n-1, s+1, r, m);
23      }
24      /*排序完成，输出一种排序结果*/
25      if(flag == 0){
26          for(k = 0; k < m; k++){
27              /*排序结果在r[]中*/
28              printf("%d ", r[k]);
29          }
30          printf("\n");
31      }
32  }
33  int main(int argc, const char *argv[])
34  {
35      int a[N], r[N];
```

```
36        int i, n;
37
38        printf("输入元素个数: ");
39        scanf("%d", &n);
40
41        printf("输入数字序列: ");
42        /*输入序列中所有的数字*/
43        for(i = 0; i < n; i++){
44            scanf("%d", &a[i]);
45        }
46
47        /*输出序列所有的排列方式*/
48        printf("数列的排列方式:\n");
49        Arrange(a, n, 0, r, n);
50
51        return 0;
52 }
```

例 8-3 中，Arrange()函数通过调用自身实现递归操作，函数操作的核心为从前向后依次固定数列中的数字，然后在回溯时，从后向前对数列中的数字进行交换，得到新的序列。程序运行结果如下所示。

```
linux@ubuntu:~/1000phone/data/chap8$ ./a.out
输入元素个数: 3
输入数字序列: 6 7 8
数列的排列方式:
6 7 8
6 8 7
7 6 8
7 8 6
8 6 7
8 7 6
```

由运行结果可知，输入数列元素的个数为 3，元素为 6、7、8，总共输出 6 种排列方式。

8.4 杨辉三角

8.4.1 算法概述

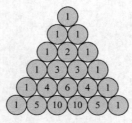

图 8.1 杨辉三角

杨辉三角又可以称为帕斯卡三角，是二项式系数在三角形中的一种几何排列。本节将设计程序实现根据输入的行数，输出金字塔形的杨辉三角，如图 8.1 所示。

由图 8.1 可以看出杨辉三角具有以下一些特殊的性质。

（1）每行数字左右对称，从 1 开始，从左至右，依次增大再减小到 1。

（2）第 n 行的数字个数为 n。

（3）每个数字等于上一行的左右两个数字之和。

（4）第 n 行的第 1 个数为 1，第 2 个数为 $1 \times (n-1)$，第 3 个数为 $1 \times (n-1) \times [(n-2)/2]$，第 4 个数为 $1 \times (n-1) \times [(n-2)/2] \times [(n-3)/3]$，依此类推。

采用递归的思想，结合上述性质（3），即可实现杨辉三角的输出。

8.4.2　算法实现

根据输入行数输出杨辉三角，具体代码如例 8-4 所示。

例 8-4　杨辉三角。

```
1    #include <stdio.h>
2
3    #define N 10
4    /*计算输出的数字*/
5    int num(int i, int j){
6        if(i == j || j == 0){      /*开头和末尾为1*/
7            return 1;
8        }
9        else{
10           /*每一行的数等于上一行的两个数的和*/
11           /*例如，第3行的第2个数等于第2行的第1个数和第3个数的和*/
12           /*递归调用*/
13           return (num(i-1, j-1) + num(i-1, j));
14       }
15   }
16   int main(int argc, const char *argv[])
17   {
18       int n, i, j, k;
19
20       printf("输入需要打印的行数: ");
21       scanf("%d", &n);
22       /*每一次循环输出一行*/
23       for(i = 0; i < n; i++){
24           /*每个输出的数占用4个字符宽度，每一行输出少输出两个空格*/
25           /*为打印杨辉三角，将每行输出*/
26           for(k = 0; k < 20-2*i; k++){
27               printf(" ");
28           }
29           /*每一行的个数等于行数*/
30           for(j = 0; j <= i; j++){
31               printf("%4d", num(i, j));
32           }
33           printf("\n");
34       }
35       return 0;
36   }
```

例 8-4 中，num() 函数通过调用自身实现递归操作，递归的目的是得到某一具体位置上的数字。程序运行结果如下所示。

```
linux@ubuntu:~/1000phone/data/chap8$ ./a.out
输入需要打印的行数: 6
                    1
                  1   1
                1   2   1
              1   3   3   1
            1   4   6   4   1
          1   5  10  10   5   1
```

对比运行结果与图 8.1 可知，程序输出正确。

8.5　进制转换

8.5.1　算法概述

进制转换即二进制数、八进制数、十进制数、十六进制数之间的转换。本节将编程实现将二进制数、八进制数以及十六进制数转换为十进制数，同时也可将十进制数转换为二进制数、八进制数以及十六进制数。

关于进制转换的具体分析如下。

（1）二进制数转换为十进制数，只需将二进制数各位上的数字乘以 2 的相应次幂，最后求和即可。例如，二进制数 110010 对应的十进制数为 $1 \times 2^5 + 1 \times 2^4 + 1 \times 2^1 = 50$。

（2）八进制数转换为十进制数，与二进制转换类似。例如，八进制数 0333 对应的十进制数为 $3 \times 8^2 + 3 \times 8^1 + 3 \times 8^0 = 219$。

（3）十六进制数转换为十进制数，与二进制、八进制转换类似。例如，十六进制数 0x11 对应的十进制数为 $1 \times 16^1 + 1 \times 16^0 = 17$。

（4）十进制数转换为二进制数，只需要将十进制数除以 2，每次取余从低位到高位排列。

（5）十进制数转换为八进制数或十六进制数与二进制转换类似。

8.5.2　算法实现

进制转换的具体代码如例 8-5 所示。

例 8-5　进制转换。

```
1    #include <stdio.h>
2    #include <stdlib.h>
3    #include <string.h>
4
5    #define N 32
6    /*输出选项菜单*/
7    void mune(){
8        printf("*******************************************************\n");
9        printf("**                                               **\n");
10       printf("**                  进制转换                      **\n");
11       printf("**                                               **\n");
```

```
12    printf("**               1.十进制转换二进制              **\n");
13    printf("**               2.十进制转换八进制              **\n");
14    printf("**               3.十进制转换十六进制            **\n");
15    printf("**               4.二进制转换十进制              **\n");
16    printf("**               5.八进制转换十进制              **\n");
17    printf("**               6.十六进制转换十进制            **\n");
18    printf("**               0.      退出                    **\n");
19    printf("**                                              **\n");
20    printf("**************************************************\n");
21  }
22  /*十进制数转换为二进制数*/
23  void TenToTwo(){
24      int num,m, c, i = 0;
25      int n = 2;
26      int a[N];
27      printf("输入一个整数: ");
28      scanf("%d", &num);
29      m = num;
30      /*循环对输入的十进制数 num 进行取余，保存在 a[]中*/
31      while(num > 0){
32          c = (num % n);
33          a[i] = c;
34          num = num / n;
35          i++;
36      }
37      printf("十进制数%d 转换成二进制数为: ", m);
38      for(--i; i >= 0; i--){          /*将数组倒序输出*/
39          printf("%d", a[i]);
40      }
41      printf("\n");
42  }
43  /*十进制数转换为八进制数*/
44  void TenToEight(){
45      int num, m, c, i = 0;
46      int n = 8;
47      int a[N];
48      printf("输入一个整数: ");
49      scanf("%d", &num);
50      m = num;
51      while (num > 0){
52          c = (num % n);
53          a[i] = c;
54          num = num / n;
55          i++;
56      }
57      printf("十进制数%d 转换成八进制数为: ", m);
58      for (--i; i >= 0; i--){         /*将数组倒序输出*/
59          printf("%d", a[i]);
60      }
61      printf("\n");
62  }
63  /*十进制数转换为十六进制数*/
```

```
64    void TenToSixteen(){
65        /*arr 数组保存十六进制的所有个位数字*/
66        char arr[] = "0123456789ABCDEF";
67        char hex[16];
68        int i = 0;
69        int j = 0;
70        int num = 0,a = 0;
71        printf("输入一个整数: ");
72        scanf("%d", &num);
73        a = num;
74        while(num){
75            hex[i++] = arr[num % 16];
76            num = num / 16;
77        }
78        printf("十进制数%d转换成十六进制数为: ", a);
79        for (j = i - 1; j >= 0; --j){      /*将数组倒序输出*/
80            printf("%c", hex[j]);
81        }
82        printf("\n");
83    }
84    /*计算一个数的幂*/
85    static int power(int v, int n){
86        int i = 0, count = 1;
87        for(i = 0; i < n; i++){           /*计算v的n次方的值*/
88            count = v*count;
89        }
90        return count;
91    }
92    /*二进制数转换为十进制数*/
93    void TwoToTen(){
94        long long n,a;
95        int sum = 0, i = 0, m;
96        printf("输入一个二进制数: ");
97        scanf("%lld", &n);
98        a = n;
99        while (n != 0){
100       /*将二进制数视为十进制数处理*/
101           m = n % 10;                /*获得二进制数的最低位的数字 0 或 1*/
102           n /= 10;                    /*去除二进制数的最低位*/
103           sum += m*power(2, i);      /*计算得出二进制数*/
104           ++i;
105       }
106       printf("二进制数 %lld 转换为十进制数为 %d\n", a, sum);
107   }
108   /*八进制数转换为十进制数*/
109   void EightToTen(){
110       int n, a;
111       int sum = 0, i = 0, m;
112       printf("输入一个八进制数: ");
113       scanf("%d", &n);
114       a = n;
115       while (n != 0){
```

```
116          /*将八进制数视为十进制数处理*/
117          m = n % 10;              /*获得八进制数的最低位的数字*/
118          n /= 10;                 /*去除八进制数的最低位
119          sum += m*power(8, i);    /*计算得出十进制数*/
120          ++i;
121      }
122      printf("八进制数 %d 转换为十进制数为 %d\n", a, sum);
123  }
124  /*十六进制数转换为十进制数*/
125  void SixteenToTen(){
126      int i, m, t, sum = 0, j = 0;
127      char str[9];
128      printf("输入一个十六进制数: ");
129      scanf("%s", str);            /*将十六进制数作为字符串处理*/
130
131      m = strlen(str);             /*计算十六进制数的长度*/
132
133      /*从十六机制数的最低位开始进行转换*/
134      for(i = m - 1; i >= 0; i--){
135          /*如果该位的数字为字母（大于 9）*/
136          if(str[i] >= 'A'){
137              t = str[i] - 'A' + 10;
138              sum += t*power(16, j);
139          }
140          else{
141              /*如果该位的数字为数字（小于 9）*/
142              t = str[i] - '0';
143              sum+= t*power(16, j);
144          }
145          j++;
146      }
147
148      printf("十六进制数 %s 转换为十进制数为 %d\n", str, sum);
149  }
150  /*主函数*/
151  int main(int argc, const char *argv[])
152  {
153      int n = 0;
154      while (1){
155      mune();    /*输出选项菜单*/
156          printf("请选择: ");
157          scanf("%d", &n);
158          switch (n){
159          case 1:
160              TenToTwo();
161              break;
162          case 2:
163              TenToEight();
164              break;
165          case 3:
166              TenToSixteen();
167              break;
```

```
168          case 4:
169              TwoToTen();
170              break;
171          case 5:
172              EightToTen();
173              break;
174          case 6:
175              SixteenToTen();
176              break;
177          case 0:
178              exit(0);
179              break;
180          default:
181              printf("选择错误!!!\n");
182              break;
183          }
184     }
185     return 0;
186 }
```

例 8-5 中，程序设置了菜单界面，用户可以根据自己的转换需求，选择进制转换。程序运行结果如下所示。

```
linux@ubuntu:~/1000phone/data/chap8$ ./a.out
**********************************************************
**                                              **
**                 进制转换                       **
**                                              **
**          1.十进制转换二进制                     **
**          2.十进制转换八进制                     **
**          3.十进制转换十六进制                   **
**          4.二进制转换十进制                     **
**          5.八进制转换十进制                     **
**          6.十六进制转换十进制                   **
**          0.   退    出                        **
**                                              **
**********************************************************
请选择：1
输入一个整数：15
十进制数 15 转换成二进制数为：1111
```

由以上运行结果可知，选择将十进制数转换为二进制数，输入的十进制数为 15，转换为二进制数为 1111。

```
**********************************************************
**                                              **
**                 进制转换                       **
**                                              **
**          1.十进制转换二进制                     **
**          2.十进制转换八进制                     **
```

```
**                 3.十进制转换十六进制        **
**                 4.二进制转换十进制          **
**                 5.八进制转换十进制          **
**                 6.十六进制转换十进制        **
**                 0.   退    出              **
**                                          **
*************************************************
```
请选择：2
输入一个整数：15
十进制数 15 转换成八进制数为：17

由以上运行结果可知，选择将十进制数转换为八进制数，输入的十进制数为 15，转换为八进制数为 17。

```
*************************************************
**                                          **
**              进制转换                     **
**                                          **
**                 1.十进制转换二进制          **
**                 2.十进制转换八进制          **
**                 3.十进制转换十六进制        **
**                 4.二进制转换十进制          **
**                 5.八进制转换十进制          **
**                 6.十六进制转换十进制        **
**                 0.   退    出              **
**                                          **
*************************************************
```
请选择：3
输入一个整数：20
十进制数 20 转换成十六进制数为：14

由以上运行结果可知，选择将十进制数转换为十六进制数，输入的十进制数为 20，转换为十六进制数为 14。

```
*************************************************
**                                          **
**              进制转换                     **
**                                          **
**                 1.十进制转换二进制          **
**                 2.十进制转换八进制          **
**                 3.十进制转换十六进制        **
**                 4.二进制转换十进制          **
**                 5.八进制转换十进制          **
**                 6.十六进制转换十进制        **
**                 0.   退    出              **
**                                          **
*************************************************
```

请选择：4

输入一个二进制数：11001

二进制数 11001 转换为十进制数为 25

由以上运行结果可知，选择将二进制数转换为十进制数，输入的二进制数为 11001，转换为十进制数为 25。

```
************************************************
**                                          **
**              进制转换                      **
**                                          **
**          1.十进制转换二进制                 **
**          2.十进制转换八进制                 **
**          3.十进制转换十六进制               **
**          4.二进制转换十进制                 **
**          5.八进制转换十进制                 **
**          6.十六进制转换十进制               **
**          0.   退    出                     **
**                                          **
************************************************
```

请选择：5

输入一个八进制数：333

八进制数 333 转换为十进制数为 219

由以上运行结果可知，选择将八进制数转换为十进制数，输入的八进制数为 333，转换为十进制数为 219。

```
************************************************
**                                          **
**              进制转换                      **
**                                          **
**          1.十进制转换二进制                 **
**          2.十进制转换八进制                 **
**          3.十进制转换十六进制               **
**          4.二进制转换十进制                 **
**          5.八进制转换十进制                 **
**          6.十六进制转换十进制               **
**          0.   退    出                     **
**                                          **
************************************************
```

请选择：6

输入一个十六进制数：1C

十六进制数 1C 转换为十进制数为 28

由以上运行结果可知，选择将十六进制数转换为十进制数，输入的十六进制数为 1C，转换为十进制数为 28。

```
**********************************************************
**                                                      **
**                    进制转换                          **
**                                                      **
**              1.十进制转换二进制                       **
**              2.十进制转换八进制                       **
**              3.十进制转换十六进制                     **
**              4.二进制转换十进制                       **
**              5.八进制转换十进制                       **
**              6.十六进制转换十进制                     **
**              0.    退    出                          **
**                                                      **
**********************************************************
请选择：0
linux@ubuntu:~/1000phone/data/chap8$
```

由以上运行结果可知，输入 0，程序退出。

8.6 尼科彻斯定理

8.6.1 算法概述

尼科彻斯定理指的是任何一个整数的立方都可以写成 n 个连续奇数的和。例如，$6 \times 6 \times 6 = 216 = 51 + 53 + 55 + 57$。

证明尼科彻斯定理的具体过程如下。

（1）对于任意一个正整数 a，不论 a 是奇数还是偶数，可推理出整数$(a \times a - a + 1)$必然为奇数。因为$(a \times a - a + 1) = [a \times (a - 1) + 1]$，偶数与奇数相乘必得偶数，所以 $a \times (a + 1)$ 必为偶数，再加 1 必为奇数。

（2）构造一个等差数列，数列的首项为$(a \times a - a + 1)$，等差数列的差值为 2（奇数数列），则前 a 项的和为 $a \times [(a \times a - a + 1) + (a \times a - a + 2(a - 1) + 1)] / 2$（首项加末尾项乘以项数除以 2）。

（3）$a \times [(a \times a - a + 1) + (a \times a - a + 2(a - 1) + 1)] / 2 = a \times (a \times a - a + 1 + a \times a - a + 2a - 2 + 1) / 2 = a \times (a \times a + a \times a) / 2 = a \times 2(a \times a) / 2 = a \times a \times a$（任意数的立方）。

（4）由上述推理可知，任意一个整数的立方都可以由 n 个连续的奇数求和得到。

设计程序证明上述定理，关键的步骤是确定这串连续奇数的最大值的范围。假设任何数的立方的一半为 x，如果 x 为奇数，则这些连续奇数的最大值不会超过 x；如果 x 为偶数，则这些连续奇数的最大值不会超 $x+1$。基于这一规则，可以采用穷举法证明尼科彻斯定理。

8.6.2 算法实现

证明尼科彻斯定理的代码如例 8-6 所示。

例 8-6 证明尼科彻斯定理。

```c
1    #include <stdio.h>
2
3    /*证明定理*/
4    void Nicoches_theorem(){
5        int i, j, k = 0, l, n, m, sum, flag = 1;
6
7        printf("Input number: ");
8        scanf("%d", &n);
9
10       m = n * n * n;            /*计算整数的立方*/
11       /*计算立方值的一半，连续奇数的最大值不会超过该数值*/
12       i = m/2;
13       /*判断该数是否为偶数*/
14       if(i%2 == 0){
15           i = i + 1;
16       }
17
18       while(i >= 1){
19           sum = 0;
20           k = 0;
21
22           while(1){
23               sum += (i - 2 * k);    /*计算连续奇数的和，等差数列，差值为2*/
24               k++;
25               /*当 sum 等于 m 时，求和结束，输出累加过程*/
26               if(sum == m){
27                   printf("%d * %d * %d = %d = ", n, n, n, m);
28                   /*输出累加过程*/
29                   for(l = 0; l < k - 1; l++){
30                       printf("%d + ", i - l * 2);
31                   }
32                   /*输出最后一个累加的奇数*/
33                   printf("%d\n", i - (k - 1) * 2);
34                   break;
35               }
36               /*如果累加数值大于 m，直接退出循环*/
37               if(sum > m){
38                   break;
39               }
40           }
41           /*将最大值-2，开始计算新的累加方案，列出所有可行的方案*/
42           i -= 2;
43       }
44   }
45
46   int main(int argc, const char *argv[])
47   {
48       Nicoches_theorem();   /*证明定理*/
49       return 0;
50   }
```

例 8-6 中，算法的核心操作是得到整数立方值一半，即满足条件的连续奇数的最大值，然后从该值依次减 2，找到满足条件的连续奇数为止，同时可以得到满足条件的所有连续奇数。程序运行结果如下所示。

```
linux@ubuntu:~/1000phone/data/chap8$ ./a.out
Input number: 6
6 * 6 * 6 = 216 = 109 + 107
6 * 6 * 6 = 216 = 57 + 55 + 53 + 51
6 * 6 * 6 = 216 = 41 + 39 + 37 + 35 + 33 + 31
6 * 6 * 6 = 216 = 29 + 27 + 25 + 23 + 21 + 19 + 17 + 15 + 13 + 11 + 9 + 7
```

由运行结果可以看出，6 的立方换算为连续奇数之和的情况一共有 4 种。

8.7 分数计算器

8.7.1 算法概述

分数形式的计算在数学中十分常见，使用分数可以表示不能整除的情况。本节将通过程序设计实现分数的加、减、乘、除四则运算。

实现分数计算器，需要了解分数四则运算的计算原理。

（1）加法。分数相加，首先需要将分母通分，即找出分母的最小公倍数；然后将分母转换为最小公倍数的形式，得到对应的分子；最后将分子相加。如果需要约分，则找到分子分母的最大公约数，得到最后的分数结果。

（2）减法。与加法类似，首先需要通分，并将分子相减，最后约分。

（3）乘法。将分子与分子相乘，分母与分母相乘，然后对分子与分母进行约分。

（4）除法。分数相除可以转换为第一个分数乘以第二个分数的倒数（即分子与分母调换），然后按照分数相乘的方式计算结果。

8.7.2 算法实现

分数计算器实现分数四则运算的具体代码如例 8-7 所示。

例 8-7 分数计算器实现四则运算。

```
1    #include <stdio.h>
2
3    /*计算最大公约数*/
4    int greatest_common_divisor(int a, int b){
5        int min;
6        /*如果输入的数不符合要求，则退出*/
7        if(a <= 0 || b <= 0){
8            return -1;
9        }
10       /*选取输入的两个数中较小的数，保存到min*/
11       if(a > b){
12           min = b;
```

```
13          }
14      else{
15          min = a;
16      }
17      /*判断这两个数能否同时被min整除*/
18      while(min){
19          /*如果可以被min整除，则min就是最大公约数*/
20          if(a%min == 0 && b%min == 0){
21              return min;
22          }
23          else{
24              /*如果不可以被min整除，则min减1，再测试*/
25              min--;
26          }
27      }
28      return -1;
29  }
30  /*计算最小公倍数*/
31  int minimum_common_multiple(int a, int b){
32      int max;
33
34      if(a <= 0 || b <= 0){
35          return -1;
36      }
37
38      /*选取输入的两个数中较大的数，保存到max*/
39      if(a > b){
40          max = a;
41      }
42      else{
43          max = b;
44      }
45      /*判断max能否同时被这两个数整除*/
46      while(max){
47          /*如果可以被整除，则max就是最小公倍数*/
48          if(max%a == 0 && max%b == 0){
49              return max;
50          }
51          else{
52              /*如果不可以被整除，则max加1，再测试*/
53              max++;
54          }
55      }
56      return -1;
57  }
58  /*对分数约分*/
59  void yf(int molecule, int denominator){
60      /*计算分子与分母的最大公约数*/
61      int s = greatest_common_divisor(molecule, denominator);
62      /*约分*/
63      molecule /= s;
64      denominator /= s;
65
```

```
66      /*输出最终约分后的结果*/
67      printf("The result: %d/%d\n", molecule, denominator);
68  }
69  /*计算相加的结果*/
70  void add(int a, int b, int c, int d){
71      int u1, u2, molecule, denominator;
72      /*计算分母的最小公倍数，通分*/
73      int v = minimum_common_multiple(b, d);
74
75      /*分子相加*/
76      u1 = v/b*a;
77      u2 = v/d*c;
78      molecule = u1 + u2;
79
80      denominator = v;
81      /*约分*/
82      yf(molecule, denominator);
83  }
84  /*计算相减的结果*/
85  void sub(int a, int b, int c, int d){
86      int u1, u2, molecule, denominator;
87
88      int v = minimum_common_multiple(b, d);
89
90      u1 = v/b*a;
91      u2 = v/d*c;
92      molecule = u1 - u2;
93      denominator = v;
94
95      yf(molecule, denominator);
96  }
97  /*计算相乘的结果*/
98  void mul(int a, int b, int c, int d){
99      int u1, u2;
100     /*分子相乘，分母相乘*/
101     u1 = a * c;
102     u2 = b * d;
103     /*约分*/
104     yf(u1, u2);
105 }
106 /*计算相除的结果*/
107 void div(int a, int b, int c, int d){
108     int u1, u2;
109     /*分数 1 乘以分数 2 的倒数*/
110     u1 = a * d;
111     u2 = b * c;
112     /*约分*/
113     yf(u1, u2);
114 }
115 int main(int argc, const char *argv[])
116 {
117     char p;
```

```
118        int a, b, c, d;
119        printf("输入：数 1 分子 分母 四则运算符号 数 2 分子 分母\n");
120        scanf("%d %d %c %d %d", &a, &b, &p, &c, &d);
121
122        switch(p){
123            case '+':
124                add(a, b, c, d);
125                break;
126            case '*':
127                mul(a, b, c, d);
128                break;
129            case '-':
130                sub(a, b, c, d);
131                break;
132            case '/':
133                div(a, b, c, d);
134                break;
135            default :
136                printf("输入错误\n");
137                break;
138        }
139        return 0;
140 }
```

例 8-7 中，程序根据输入的四则运算符号执行对应的运算操作。程序运行结果如下所示。

```
linux@ubuntu:~/1000phone/data/chap8$ ./a.out
输入：数 1 分子 分母 四则运算符号 数 2 分子 分母
1 3 + 3 4
The result: 13/12
```

由运行结果可知，计算分数 1/3 与分数 3/4 的和，输出 13/12，测试结果正确。

```
linux@ubuntu:~/1000phone/data/chap8$ ./a.out
输入：数 1 分子 分母 四则运算符号 数 2 分子 分母
1 3 * 3 4
The result: 1/4
```

由运行结果可知，计算分数 1/3 与分数 3/4 的积，输出 1/4，测试结果正确。

```
linux@ubuntu:~/1000phone/data/chap8$ ./a.out
输入：数 1 分子 分母 四则运算符号 数 2 分子 分母
1 3 - 1 4
The result: 1/12
```

由运行结果可知，计算分数 1/3 与分数 1/4 的差，输出 1/12，测试结果正确。

```
linux@ubuntu:~/1000phone/data/chap8$ ./a.out
输入：数 1 分子 分母 四则运算符号 数 2 分子 分母
```

```
1 3 / 3 4
The result: 4/9
```

由运行结果可知，计算分数 1/3 与分数 3/4 的商，输出 4/9，测试结果正确。

8.8　勾股数组

8.8.1　算法概述

我国数学家对二维勾股数组的研究由来已久。公元前 11 世纪，周朝数学家商高就提出了"勾三股四弦五"的概念。在《周髀算经》中记录着商高与周公的一段对话，商高说："……故折矩，以为勾广三，股修四，径隅五。"意为：当直角三角形的两条直角边分别为 3（勾）和 4（股）时，径隅（弦）则为 5。后来人们就简单地将这个事实说成"勾三股四弦五"，根据该典故称勾股定理为商高定理。

由上述描述可知，凡满足方程 $a^2+b^2=c^2$ 的正整数数组(a,b,c)就称为一个二维勾股数组（注意，这里的二维数组与计算机中的二维数组非同一概念）。

8.8.2　算法实现

下面设计程序得到 100 以内的所有二维勾股数组，如例 8-8 所示。

例 8-8　计算勾股数组。

```
1    #include <stdio.h>
2
3    /*求一个数的平方根*/
4    double Sqrt(double y){
5        int w, i;
6        double ss;
7        double x;
8
9        /*将 y 赋值给 x 保存*/
10       x = y;
11       ss = 1.0;
12
13       /*把 x 压缩成小数，如 100.45 变成 0.10045*/
14       for(w = 0; x >= 1; w++){
15           x = x / 10;
16       }
17
18       /*而 w 即为 x 压缩位数减一，以上数为例，把 100.45 改为 0.10045，则 w=2*/
19       w = w - 1;
20
21       /*求出这个数的最高位*/
22       for(i = 1; i <= w; i++){
23           ss = ss * 10;
24       }
```

```
25      x = 0;
26
27      /*整个循环用来缩小范围，提高计算精度，使 x 值不断接近正确值*/
28      while(ss > 1.0/10e6){
29          /*x 的值先从给定值 y 的最高位开始设置*/
30          /*例如，y 的值为 17，则 x 的值设置为 10*/
31          for( ; x*x < y; x = x+ss);
32
33          /*如果 x^2 的值大于 y，则缩小 ss 的精度*/
34          /*ss 的精度缩小为原来的十分之一*/
35          /*下一次执行 for 循环使 x 值更接近正确值*/
36          if (x*x > y){
37              x = x-ss;
38              ss = ss / 10;
39          }
40          /*如果 x^2 等于 y，表示刚好找到平方根的值*/
41          if (x*x == y){
42              break;
43          }
44      }
45      /*对求得的值取整*/
46      return (int)x;
47  }
48  int main(int argc, const char *argv[])
49  {
50      int a, b, c, count = 0;
51      double d;
52      printf("100 以内的勾股数组有: \n");
53      printf(" a   b   c    a   b   c    a   b   c    a   b   c\n");
54      /*求 100 以内勾股数组*/
55      /*列举所有情况并筛选满足条件的数组*/
56      for(a = 1; a <= 100; a++){
57          for(b = a+1; b <= 100; b++){
58              d = a*a + b*b;
59              /*求平方根，得出的平方根取整*/
60              /*即 c 如果不为整数，则取整，此时 c^2 < a^2 + b^2*/
61              c = Sqrt(d);
62              /*判断是否为符合条件的勾股数组*/
63              if(c*c == a*a + b*b && a+b > c && a+c > b && b+c > a && c <= 100){
64                  printf("%4d %4d %4d    ", a, b, c);
65                  count++;
66                  if(count%4 == 0)   /*每输出 4 组解换行*/
67                      printf("\n");
68              }
69          }
70      }
71      printf("\n");
72      return 0;
73  }
```

例 8-8 中，主函数通过循环测试 1~100 的所有 a、b 的值，并且通过 Sqrt()函数计算所有 a^2+b^2 取平方根后的值，即 c 的值。特别需要注意的是，得到的 c 值为取整后的值。如果 c 经过取整，那么 $c^2 < a^2+b^2$。例如，$\sqrt{17}$ =4.123106，取整为 4，而 $4^2 < 1^2+4^2$，二者不相等，因此(1,4,4)非勾股数组。

Sqrt()函数使用探测的方式，使探测值无限接近于正确值。例如，计算 $\sqrt{17}$，首先选择 17 的最高位进行探测（即 x=10），显然 $10^2 > 17$，则下一次探测精度缩小为原来的 $\frac{1}{10}$，$1^2 < 17$，x 加 1 继续探测，判断 $2^2 < 17$，依此类推，直到 x 的值为 5 时，$5^2 < 17$，可知 $\sqrt{17}$ 的值介于 4 与 5 之间，再次缩小探测精度，继续探测 4.1、4.2……。探测精度由 ss 控制。

程序运行结果如下所示。

```
linux@ubuntu:~/1000phone/data/chap8$ ./a.out
100 以内的勾股数组有：
    a    b    c       a    b    c       a    b    c       a    b    c
    3    4    5       5   12   13       6    8   10       7   24   25
    8   15   17       9   12   15       9   40   41      10   24   26
   11   60   61      12   16   20      12   35   37      13   84   85
   14   48   50      15   20   25      15   36   39      16   30   34
   16   63   65      18   24   30      18   80   82      20   21   29
   20   48   52      21   28   35      21   72   75      24   32   40
   24   45   51      24   70   74      25   60   65      27   36   45
   28   45   53      28   96  100      30   40   50      30   72   78
   32   60   68      33   44   55      33   56   65      35   84   91
   36   48   60      36   77   85      39   52   65      39   80   89
   40   42   58      40   75   85      42   56   70      45   60   75
   48   55   73      48   64   80      51   68   85      54   72   90
   57   76   95      60   63   87      60   80  100      65   72   97
```

以上输出结果为所有满足条件的勾股数组。

8.9　本章小结

本章主要介绍了一些常见的涉及数学思维的算法操作，每一个算法的实现都涉及了 C 语言的一些编程技巧。望读者理解这些算法的原理，并熟练操作，从中总结经验，提高实际开发中的 C 语言程序设计能力。

8.10　习题

（1）编写程序，判断一个数是否为质数。
（2）编写程序，计算最大公约数与最小公倍数（本章展示的方法除外，尽可能简洁）。
（3）编写程序，实现二进制数转换为八进制数、十六进制数。

09 第9章 综合项目——企业员工管理系统

本章学习目标

- 理解项目的整体框架
- 掌握项目功能模块的设计思想
- 熟练应用数据结构中的队列
- 掌握项目中数据的操作流程

在本章之前，本书已经详细地介绍了基于 C 语言的各种数据结构以及基本的算法，如线性表、队列、栈、二叉树、插入与排序等。本章将以企业办公自动化（Office Automation, OA）系统为参考原型，展示通过数据结构以及文件实现各种功能需求，意在帮助读者熟练操作数据以及提升代码处理能力。本章将知识点与实际开发结合，望读者通过对本章的学习，为实际开发奠定基础。

9.1 项目概述

9.1.1 开发背景

随着计算机技术的不断发展，计算机作为知识经济时代的产物，已被广泛应用于社会各个行业和领域。随着我国市场经济的日趋繁荣，企业间的竞争日益激烈，迫使企业采用先进的计算机硬件设备以及高质量的辅助软件来管理企业的各项运作，以提高劳动生产率以及人员效率。

人力资源管理系统的发展历史可以追溯到 20 世纪 60 年代末期。由于当时计算机技术已经进入实用阶段，同时大型企业用手工来计算和发放薪资既费时费力又非常容易出差错，因此，第一代人力资源管理系统应运而生。受技术条件和需求的限制，当时的管理系统用户非常少，而且那种系统充其量是一种自动计算薪资的工具，既不包含非财务的信息，也不包含薪资的历史信息，几乎没有报表生成功能和薪资数据分析功能。但是，它的出现为人力资源管理展示了美好的前景，即用计算机的高速度和自动化来代替手工的巨大工作量，用计算机的高准确性来避免手工的错误和误差。自此，大规模集中处理大型企业的薪资成为可能。

第二代人力资源管理系统出现于 20 世纪 70 年代末。随着计算机技术的飞速发展，无论是计算机的普及性，还是计算机系统工具和数据库技术的进步，都为人力资源管理系统的升级提供了可能。第二代人力资源管理系统基本上解决了第一代系统的主要缺陷，对非财务的人力资源信息和薪资的历史信息都给予了考虑，其报表生成和薪资数据分析功能也都有了较大的改善。但这一代系统主要是由计算机专业人员开发研制的，未能系统地考虑人力资源的需求和理念，而且其非财务的人力资源信息也不够系统和全面。

人力资源管理系统的革命性变化出现在 20 世纪 90 年代末。由于市场竞争的需要，如何吸引和留住人才，激发员工的创造性、工作责任感和工作热情已成为关系企业兴衰的重要课题，人才成为企业最重要的资产之一。"公正、公平、合理"的企业管理理念和企业管理水平的提高，使社会对人力资源管理系统有了更高的需求，同时，个人计算机的普及，数据库技术、客户/服务器技术，特别是因特网技术的发展，使第三代人力资源管理系统的出现成为必然。第三代人力资源管理系统的特点是从人力资源管理的角度出发，用集中的数据库处理几乎所有与人力资源相关的数据，如职位信息、签到信息、考勤信息、岗位描述、个人信息和历史资料。这些数据被统一管理起来，形成了集成信息源。

9.1.2　项目需求分析

本项目案例以 Linux 操作系统为平台，以 C 语言为开发语言，通过对文件的操作模拟数据库的存储数据功能，通过链式队列实现数据操作。企业员工管理系统可供两种类型的用户使用：人力资源（Human Resources，HR）管理人员与普通员工。不同类型用户登录系统使用的功能也不同。普通员工的功能需求为查看个人信息、修改密码、申请请假、申请加班；HR 管理人员则拥有最高权限，其功能需求包括查询员工信息、更新员工信息、添加新员工、移除离职员工。项目整体框架如图 9.1所示。

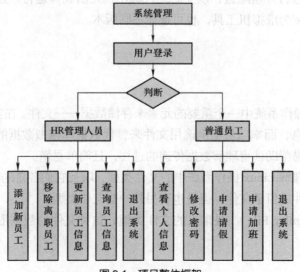

图 9.1　项目整体框架

图 9.2　登录界面

该系统在用户登录后，根据用户类型判断用户级别。如果用户为 HR 管理人员，则进入 HR 操作界面；如果用户为普通员工，则进入普通操作界面。

运行程序，登录界面如图 9.2 所示。

如果使用 HR 管理人员的账号（工号）登录，登录后的界面如图 9.3 所示。

如果使用普通员工的账号（工号）登录，登录后的界面如图 9.4 所示。

图 9.3　HR 操作界面

图 9.4　普通操作界面

9.1.3　环境使用说明

企业员工管理系统的环境使用说明如表 9.1 所示。

表 9.1　　　　　　　　　　　　　　　　系统环境使用说明

名称	系统配置条件
操作系统	Linux 操作系统（如 Ubuntu 12.04）
语言	C 语言
开发工具	WMware 10
使用环境	本地网络

读者可参考该说明进行环境配置，以免后续代码示例无法编译运行。运行平台（操作系统）可选取不同版本，WMware 为虚拟机工具，也可选择不同版本。

9.1.4　项目技术拓展

1. 文件

本项目选取 Linux 操作系统中一个重要的元素来存储数据——文件。在实际开发中，大部分数据操作都用数据库存储信息，而本项目案例选用文件来替代数据库模拟数据的存储。相对于操作数据库来说，操作文件更容易帮助读者理解数据传递的过程，且简单易懂。

了解文件首先需要理解 Linux 操作系统中的文件类型，以及它们各自的特点。Linux 操作系统中的大多数文件是普通文件或目录文件，但是也有另外一些文件类型。

（1）普通文件（Regular File）。最常见的文件类型，这种文件的数据形式可以是文本或二进制数据。

（2）目录文件（Directory File）。这种文件包含其他类型文件的名字以及指向与这些文件有关的信息的指针。对一个目录文件具有可读权限的任一进程都可以读该目录文件的内容，但只有内核具有写目录文件的权限。

（3）字符设备文件（Character Special File）。这种文件被视为对字符设备的一种抽象，它代表的是应用程序对硬件设备的访问接口，Linux 应用程序通过对该文件进行操作来实现对设备的访问。

（4）块设备文件（Block Special File）。这种文件类似于字符设备文件，只是这种文件用于磁盘设备。Linux 操作系统中的所有设备或者抽象为字符设备文件，或者抽象为块设备文件。

（5）管道（Pipe）文件。这种文件用于进程间的通信，有时也将其称为命名管道。

（6）套接字（Socket）。这种文件用于进程间的网络通信。套接字也可用于在一台宿主机上的进程之间的本地通信。

（7）符号连接（Symbolic Link）。这种文件指向另一个文件。

本项目选择普通文件作为操作对象，并通过一些库函数完成对文件的操作。

2. 文件的操作

在 Linux 操作系统中，对文件的操作方式很多，这里只介绍通过库函数实现对文件的处理。操作文件首先需要打开文件，然后对文件进行读写，最后关闭文件。

（1）打开文件的库函数为 fopen()，具体的功能以及参数如表 9.2 所示。

表 9.2　　　　　　　　　　　　　　　　　打开文件的函数 fopen()

函数原型			FILE *fopen(const char *path, const char *mode);
功能			打开文件
参数	path		路径名或文件名
	mode	打开文件的方式	
		r	以只读的方式打开文件，文件必须存在，如果不存在则操作失败
		r+	以读写的方式打开文件，文件必须存在，如果不存在则操作失败
		w	以只写的方式打开文件，如果文件不存在则自动创建，如果文件存在则清空文件中的内容
		w+	以读写的方式打开文件，如果文件不存在则自动创建，如果文件存在则清空文件中的内容
		a	以只写的方式打开文件，如果文件不存在则自动创建，如果文件存在则在文件数据的末尾继续写操作
		a+	以读写的方式打开文件，如果文件不存在则自动创建，如果文件存在则在文件数据的末尾继续读写操作
返回值	成功		流指针
	失败		NULL

该函数的参数有两个，一个为文件名，另一个为打开文件的方式。打开文件的方式共有 6 种，且每一种都有特定的权限。例如，mode 参数传入 r 表示只读，文件被打开后，程序只能对该文件进行读操作，不能写入。函数返回值为流指针，通过对流指针进行操作，可实现对文件中数据的读写。

（2）读文件的库函数为 fread()，具体的功能以及参数如表 9.3 所示。

表9.3 　　　　　　　　　　　　　　　　　　　**读文件的函数 fread()**

函数原型		size_t fread(void *ptr, size_t size, size_t nmemb, FILE *stream);
功能		读取文件内容
参数	ptr	泛型指针，指向一个内存区域，保存读取的数据
	size	读取的数据的大小
	nmemb	读取数据的个数
	stream	流指针，fopen()的返回值
返回值	成功	读取的数据的个数
	失败	小于 0

该函数的参数 ptr 用来指向保存读取到的数据的区域，由于该指针的类型为 void，因此数据的格式是不固定的，即读取的数据可以是字符、字符串以及结构体等。操作的核心为第 4 个参数 stream，即流指针，操作该流指针即可完成对指定文件的读取。

（3）读文件的库函数还有 fgets()，具体的功能以及参数如表 9.4 所示。

表9.4 　　　　　　　　　　　　　　　　　　　**读文件的函数 fgets()**

函数原型		char *fgets(char *s, int size, FILE *stream);
功能		从文件中读取一个字符串，即一次读取一个字符串
参数	s	指向保存读取的数据的区域
	size	读取的数据的大小
	stream	流指针，fopen()的返回值
返回值	成功	返回参数 s
	失败	NULL

fgets()函数在读取文件时，读取的数据格式只能是字符或字符串（只有一个字符的字符串）。参数 size 用来设置读取的数据的大小，建议选择一个较大值，否则可能会导致读取的数据不全。例如，字符串为 abcdef，size 设置为 4，则读取的字符串为 abc'\0'，其中'\0'表示字符串的结尾。

（4）写文件的库函数为 fwrite()，具体的功能以及参数如表 9.5 所示。

表9.5 　　　　　　　　　　　　　　　　　　　**写文件的函数 fwrite()**

函数原型		size_t fwrite(const void *ptr, size_t size, size_t nmemb, FILE *stream);
功能		写入文件内容
参数	ptr	泛型指针，指向一个内存区域，保存写入的数据
	size	写入的数据的大小
	nmemb	写入的数据的个数
	stream	流指针，fopen()的返回值
返回值	成功	写入的数据的个数
	失败	小于 0

函数 fwrite()与 fread()的数据传输方向刚好相反。

（5）关闭文件的库函数为 fclose()，具体的功能以及参数如表 9.6 所示。

表 9.6　　　　　　　　　　　　　　　　　　　　关闭文件的函数 fclose()

函数原型		int fclose(FILE *fp);
功能		关闭流指针
参数	fp	需要关闭的流指针
返回值	成功	0
	失败	EOF

函数 fclose() 的功能为关闭流指针，流指针关闭后，该流指针失效，无法通过该流指针操作文件。

9.1.5　系统软件设计

本项目案例使用两个文件完成信息的处理。第一个文件用来保存用户的登录信息，即用户登录时需要访问该文件。如果文件中的信息与输入的登录信息匹配，则登录成功；如果不匹配，则登录失败。第二个文件用来保存用户的详细信息，用来实现查询、删除、修改等操作，如图 9.5 所示。

接下来对项目案例中需要实现的功能进行具体分析。

（1）用户登录。系统设置了两种类型的用户，即 HR 管理人员与普通员工。系统对员工的信息进行录入时，对用户类型进行了设置，从而保证用户登录时根据类型的不同进入不同的操作界面。User.dat 文件中保存了所有已经录入系统的员工的登录信息，如姓名、账号、密码、员工类型。用户登录流程如图 9.6 所示。

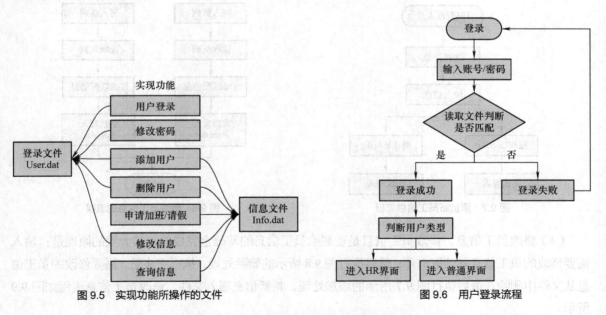

图 9.5　实现功能所操作的文件　　　　　　　　　　　　　　图 9.6　用户登录流程

（2）添加新员工信息。添加新员工信息只限 HR 管理人员操作，即只能在 HR 操作界面完成。添加新员工信息的操作包括两部分：第一部分为向 User.dat 文件中添加员工的登录信息，保证该员工可以使用自己的账号登录系统；第二部分为向 Info.dat 文件中添加员工的具体信息，用来实现后续的查询、修改、删除操作。添加新员工信息流程如图 9.7 所示。

（3）删除员工信息。在员工离职后，需要将系统中员工的信息删除。同理，删除员工仅限 HR 管理人员进行操作，其操作包括两部分：第一部分为从 User.dat 文件中将员工的登录信息删除，保证该员工无法再使用自己的账号登录系统；第二部分为从 Info.dat 文件中删除员工的具体信息。删除操作使用了数据结构中的队列来完成，具体原理为：将文件中的信息依次读取出，然后写入队列进行保存；再将信息从队列中读取出并过滤匹配的信息；最后将未过滤掉的信息重新写入文件（保证不需要删除的信息仍然存在于文件中）。

综上所述，删除员工信息流程如图 9.8 所示。

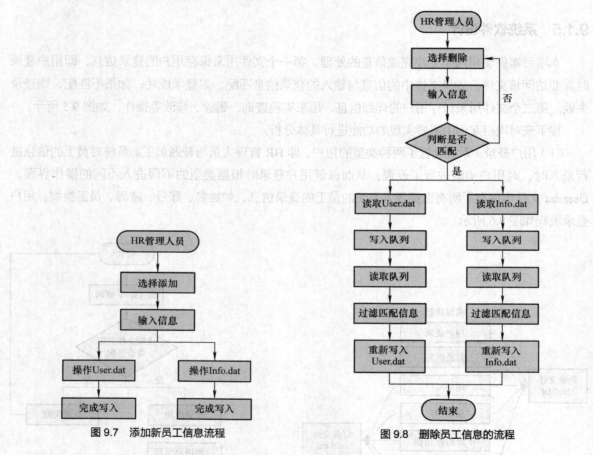

图 9.7　添加新员工信息流程　　　　　图 9.8　删除员工信息的流程

（4）修改员工信息。修改员工信息是在删除员工信息的基础上完成的。其大致的原理是：输入需要修改的员工信息并读取文件；然后执行图 9.8 所示的删除处理，执行完成后，需要修改的员工信息从文件中删除；最后执行图 9.7 所示的添加处理，将新信息写入文件。修改员工信息流程如图 9.9 所示。

（5）查询员工信息。查询员工信息只需要输入待查询员工的信息并读取文件，如果匹配成功则输出信息。查询员工信息流程如图 9.10 所示。

（6）查询信息。普通员工只能查询自己的信息，其原理与图 9.10 所示的查询员工信息类似。

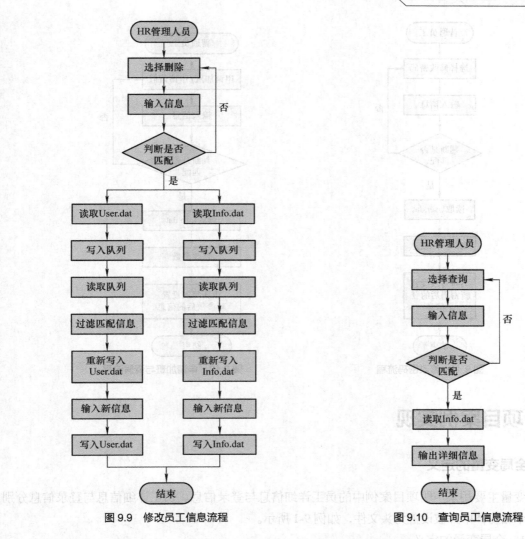

图 9.9 修改员工信息流程

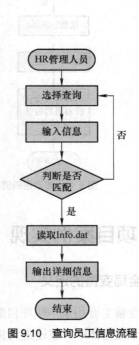

图 9.10 查询员工信息流程

（7）修改密码。普通员工不能修改自己的信息，只能修改登录时的密码。修改密码的方式与 HR 管理人员更新员工信息的操作类似。修改密码流程如图 9.11 所示。

图 9.11 中的删除匹配信息同样采用了队列操作。本项目案例中，修改信息都是采用先删除后添加的方式来完成的。

（8）申请加班与请假。不论是申请加班还是请假，其原理是一致的，与删除匹配信息的操作类似（借助队列完成）。当系统查询到匹配信息时，不进行删除操作，而是对请假或加班的员工的信息进行修改。申请加班与请假流程如图 9.12 所示。

图 9.12 中，修改参数使用了队列操作：首先将信息全部从文件中读取出并保存至队列中；然后判断需要修改参数的员工信息是否存在，如果存在则将队列中其他员工的信息重新写入文件；最后对匹配的员工信息进行参数修改，再写入文件。

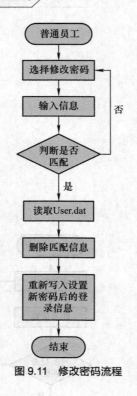

图 9.11　修改密码流程

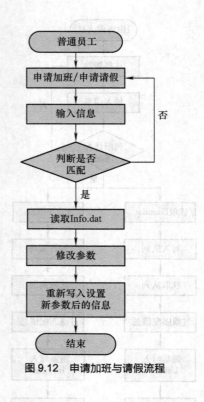

图 9.12　申请加班与请假流程

9.2　项目案例实现

9.2.1　全局变量的定义

全局变量主要用来声明项目案例中的员工详细信息与登录信息。员工详细信息与登录信息分别存储在两个结构体中并被设置为头文件，如例 9-1 所示。

例 9-1　全局变量的定义。

```
1    #define N 64
2    #define READ 1        /*查询员工信息*/
3    #define CHANGE 2      /*修改员工信息*/
4    #define DELETE 3      /*删除员工信息*/
5    #define ADD 4         /*添加员工信息*/
6    #define LOAD 5        /*员工申请登录*/
7    #define QUIT 6        /*员工退出*/
8    #define SUCCESS 7     /*操作成功*/
9    #define FAILED 8      /*操作失败*/
10   #define MODIFY 9      /*修改登录密码*/
11   #define RT 10         /*申请请假*/
12   #define OT 11         /*申请加班*/
13   /*员工级别宏*/
14   #define STAFF 12      /*普通员工*/
15   #define ADM 13        /*HR 管理人员*/
```

```
16
17   typedef struct{
18       int type;          /*判断是否为 HR 管理人员*/
19       char name[N];      /*员工姓名*/
20       char passwd[N];    /*登录密码*/
21       int job_num;       /*员工工号*/
22   }USER;
23
24   typedef struct{
25       char name[N];      /*姓名*/
26       char sex[N];       /*性别*/
27       char addr[N];      /*员工所属部门*/
28       char post[N];      /*职务*/
29       char time[N];      /*入职时间*/
30       int job_num;       /*员工工号*/
31       char edu[N];       /*学历*/
32       int salary;        /*工资*/
33       int type;          /*员工级别*/
34       char phone[N];     /*手机号*/
35       int overtime;      /*加班*/
36       int rest;          /*请假*/
37   }INFO;
38
39   typedef struct{
40       int sign;          /*标志符判断操作是否成功*/
41       int type;          /*判断操作类型*/
42       INFO info;         /*员工信息结构体*/
43       char data[N];      /*操作失败或成功的消息*/
44   }MSG;
```

由例 9-1 可知，员工的登录信息记录在 USER 结构体中，包括员工类型、员工姓名、登录密码、员工工号。其中，员工工号作为员工的唯一标识，不会出现重复，员工工号同时也是系统的登录账号。INFO 结构体用来记录员工的详细信息，其成员 type 与 USER 结构体中的 type 一致。MSG 结构体用来实现对员工的具体操作。

9.2.2 功能代码设计

下面按照代码设计流程具体分析程序实现的功能。

1. 主函数

主函数的代码如例 9-2 所示，menu()函数为核心函数。

例 9-2 主函数。

```
1   #include <stdio.h>
2   #include <string.h>
3   #include <stdlib.h>
4   #include "test.h"
5   int main(int argc, const char *argv[])
```

```
6   {
7       USER user;
8   #if 1                          /*调试符号，将1改为0则注释掉以下代码，代码失效*/
9       /*将第一条 HR 管理人员登录信息写入结构体，并写入登录文件，以便于 HR 管理人员登录系统*/
10      strcpy(user.name, "qianfeng");  /*字符串赋值，将 "qianfng" 赋值给 name*/
11      strcpy(user.passwd, "123");
12      /*设置该用户为 HR 管理人员，并设置账号为10001*/
13      user.type = ADM;
14      user.job_num = 10001;
15      /*打开文件，将信息写入文件*/
16      FILE *fp = fopen("./user.dat", "a");
17      fwrite(&user, sizeof(USER), 1, fp);
18
19      fclose(fp);
20  #endif
21      menu();     /*核心函数，进入系统界面并实现功能，所有的功能都集成在此函数中*/
22      return 0;
23  }
```

2. 界面实现

界面实现的代码如例 9-3 所示。

例 9-3 系统界面。

```
1   /*登录界面实现*/
2   void menu(){
3       MSG msg;
4       USER user;
5
6       /*登录界面，使用循环，保证操作错误时可以返回该界面*/
7       while(1){
8           puts("====================================================");
9           puts("+++++++++++++++++++++++Login+++++++++++++++++++++++++");
10          puts("====================================================");
11          /*读取终端输入的登录信息，保存在 user 中*/
12          printf("请输入您的工号 >");
13          if(scanf("%d", &(user.job_num)) == 0){
14              printf("Input error\n");
15          }
16          getchar();   /*去掉输入的无用字符*/
17
18          printf("请输入您的密码 >");
19          fgets(user.passwd, N, stdin);
20          user.passwd[strlen(user.passwd) - 1] = '\0';
21          /*设置操作的类型为 LOAD，即登录系统*/
22          msg.type = LOAD;
23          /*执行登录操作，传入终端输入的登录信息*/
24          judgment(&msg, &user);
25
26          /*判断是否登录成功，如果登录成功，判断登录员工的类型*/
27          if(msg.sign == SUCCESS){
```

```
28          printf("%d\n", user.type);
29          /*进入 HR 操作界面*/
30          if(user.type == ADM){
31              goto Admin;            /*实现跳转*/
32          }
33          /*进入普通操作界面*/
34          else if(user.type == STAFF){
35              goto User;             /*实现跳转*/
36          }
37      }
38      /*登录失败*/
39      if(msg.sign == FAILED){
40          printf("%s\n", msg.data);
41          continue;
42      }
43   }
44 /*跳转到 HR 操作界面*/
45 Admin:
46   while(1){
47      /*HR 操作界面，采用循环，保证输入出错时，可以再次回到界面*/
48      puts("======================================================");
49      puts("======================================================");
50      puts("======            1.添加新员工信息           ======");
51      puts("======            2.删除员工信息             ======");
52      puts("======            3.修改员工信息             ======");
53      puts("======            4.查询员工信息             ======");
54      puts("======            5.退出系统                 ======");
55      puts("======================================================");
56      puts("======================================================");
57      printf("please input your command > "); /*输入对应的操作数字*/
58
59      int command;
60      char clear[N];
61      MSG msg1;
62      USER user1;
63      /*读取终端输入的命令*/
64      if(scanf("%d", &command) == 0){
65          fgets(clear, N, stdin);    /*输入错误命令处理*/
66          continue;
67      }
68      /*执行分支语句，判断选择操作的类型*/
69      switch(command){
70          case 1:
71              /*添加新员工信息，依次将信息写入 msg1.info*/
72              printf("请输入员工的姓名 > ");
73              getchar();
74              fgets((msg1.info).name, N, stdin);
75              (msg1.info).name[strlen((msg1.info).name) - 1] = '\0';
76              strcpy(user1.name, msg1.info.name);
77
78              printf("请输入员工的性别 > ");
```

```
79              fgets((msg1.info).sex, N, stdin);
80              (msg1.info).sex[strlen((msg1.info).sex) - 1] = '\0';
81
82              printf("请输入员工所属部门 > ");
83              fgets((msg1.info).addr, N, stdin);
84              (msg1.info).addr[strlen((msg1.info).addr) - 1] = '\0';
85
86              printf("请输入员工的职务 > ");
87              fgets((msg1.info).post, N, stdin);
88              (msg1.info).post[strlen((msg1.info).post) - 1] = '\0';
89
90              printf("请输入员工的入职时间 > ");
91              fgets((msg1.info).time, N, stdin);
92              (msg1.info).time[strlen((msg1.info).time) - 1] = '\0';
93
94              printf("请输入员工的手机号 > ");
95              fgets((msg1.info).phone, N, stdin);
96              (msg1.info).phone[strlen((msg1.info).phone) - 1] = '\0';
97
98              printf("请输入员工的学历 > ");
99              fgets((msg1.info).edu, N, stdin);
100             (msg1.info).edu[strlen((msg1.info).edu) - 1] = '\0';
101             char clear[N];
102             /*使用 goto，当输入格式错误时，可以重新输入*/
103  input_job_num:
104             printf("请输入员工的工号 > ");
105             if(scanf("%d", &(msg1.info.job_num)) == 0){
106                 printf("input type error, exp 10001\n");
107                 fgets(clear, N, stdin);
108                 goto input_job_num;
109             }
110             getchar();
111             /*同时将工号写入 user1*/
112             user1.job_num = msg1.info.job_num;
113  input_salary:
114             printf("请输入员工的工资 > ");
115             if(scanf("%d", &(msg1.info.salary)) == 0){
116                 printf("input type error, exp 4500\n");
117                 fgets(clear, N, stdin);
118                 goto input_salary;
119             }
120             getchar();
121  input_type:
122             printf("请输入员工类型 > ");
123             if(scanf("%d", &(msg1.info.type)) == 0){
124                 printf("input error, exp STAFF:12/ADM:13\n");
125                 fgets(clear, N, stdin);
126                 goto input_type;
127             }
128             getchar();
129             /*同时将员工类型写入 user1*/
130             user1.type = msg1.info.type;
131             /*初始时，员工的加班与请假信息为 0*/
```

```
132            msg1.info.overtime = 0;
133            msg1.info.rest = 0;
134
135            printf("请设置员工初始登录密码 > ");
136            fgets(user1.passwd, N, stdin);
137            user1.passwd[strlen(user1.passwd) - 1] = '\0';
138            /*设置操作模式为ADD，表示添加新员工信息*/
139            msg1.type = ADD;
140            /*执行添加新员工操作，传入新员工的信息结构体*/
141            judgment(&msg1, &user1);
142            /*判断操作是否成功*/
143            if(msg1.sign == SUCCESS){
144                puts("添加员工信息成功");
145            }
146            else if(msg1.sign == FAILED){
147                printf("%s\n", msg.data);
148                continue;
149            }
150            break;
151        case 2:
152            /*删除员工信息，输入员工的姓名与工号，写入msg1.info*/
153            printf("请输入删除员工的姓名 > ");
154            getchar();
155            fgets((msg1.info).name, N, stdin);
156            (msg1.info).name[strlen((msg1.info).name) - 1] = '\0';
157            strcpy(user1.name, msg1.info.name);
158
159            printf("请输入删除员工的工号 > ");
160            if(scanf("%d", &(msg1.info.job_num)) == 0){
161                printf("job_num Input error\n");
162            }
163            /*同时将工号写入user1，以便于将该员工的登录信息也删除*/
164            user1.job_num = msg1.info.job_num;
165            /*设置操作模式为删除*/
166            msg1.type = DELETE;
167            /*执行删除员工操作，传入需要删除员工的确认信息结构体*/
168            judgment(&msg1, &user1);
169            /*判断操作是否成功*/
170            if(msg1.sign == SUCCESS){
171                puts("删除员工信息成功");
172            }
173            else if(msg1.sign == FAILED){
174                printf("%s\n", msg1.data);
175                puts("删除员工信息失败");
176                continue;
177            }
178            break;
179        case 3:
180            /*修改员工信息，输入待修改员工的姓名与工号，同时写入修改后的信息*/
181            printf("请输入修改员工的姓名 > ");
182            getchar();
183            fgets((msg1.info).name, N, stdin);
```

```
184                (msg1.info).name[strlen((msg1.info).name) - 1] = '\0';
185                strcpy(user1.name, msg1.info.name);
186
187 input_num:
188                printf("请输入修改员工的工号 > ");
189                if(scanf("%d", &(msg1.info.job_num)) == 0){
190                    printf("input type error, exp 10001\n");
191                    fgets(clear, N, stdin);
192                    goto input_num;
193                }
194                getchar();
195                /*同时将工号写入user1，以便于修改登录信息*/
196                user1.job_num = msg1.info.job_num;
197
198                printf("请重新输入员工的性别 > ");
199                fgets((msg1.info).sex, N, stdin);
200                (msg1.info).sex[strlen((msg1.info).sex) - 1] = '\0';
201
202                printf("请重新输入员工所属部门 > ");
203                fgets((msg1.info).addr, N, stdin);
204                (msg1.info).addr[strlen((msg1.info).addr) - 1] = '\0';
205
206                printf("请重新输入员工的职务 > ");
207                fgets((msg1.info).post, N, stdin);
208                (msg1.info).post[strlen((msg1.info).post) - 1] = '\0';
209
210                printf("请重新输入员工的入职时间 > ");
211                fgets((msg1.info).time, N, stdin);
212                (msg1.info).time[strlen((msg1.info).time) - 1] = '\0';
213
214                printf("请重新输入员工的手机号 > ");
215                fgets((msg1.info).phone, N, stdin);
216                (msg1.info).phone[strlen((msg1.info).phone) - 1] = '\0';
217
218                printf("请重新输入员工的学历 > ");
219                fgets((msg1.info).edu, N, stdin);
220                (msg1.info).edu[strlen((msg1.info).edu) - 1] = '\0';
221
222                char clr[N];
223 input_sly:
224                printf("请重新输入员工的工资 > ");
225                if(scanf("%d", &(msg1.info.salary)) == 0){
226                    printf("input type error, exp 4500\n");
227                    fgets(clr, N, stdin);
228                    goto input_sly;
229                }
230                getchar();
231 input_tp:
232                printf("请重新输入员工类型 > ");
233                if(scanf("%d", &(msg1.info.type)) == 0){
234                    printf("input type error, exp STAFF/ADM\n");
235                    fgets(clr, N, stdin);
236                    goto input_tp;
```

```
237                }
238            getchar();
239            /*同时将员工类型写入user1，以便于修改员工登录信息*/
240            user1.type = msg1.info.type;
241
242            printf("请重新设置员工初始登录密码 > ");
243            fgets(user1.passwd, N, stdin);
244            user1.passwd[strlen(user1.passwd) - 1] = '\0';
245            /*设置操作模式为修改信息模式*/
246            msg1.type = CHANGE;
247            /*执行修改操作，传入需要修改的员工的确认信息以及新信息*/
248            judgment(&msg1, &user1);
249            /*判断修改操作是否成功*/
250            if(msg1.sign == SUCCESS){
251                puts("修改员工信息成功");
252            }
253            else if(msg1.sign == FAILED){
254                printf("%s\n", msg1.data);
255                puts("修改员工信息失败");
256                continue;
257            }
258            break;
259        case 4:
260            /*查询员工信息，输入待查询员工的确认信息*/
261            printf("请输入员工的姓名 > ");
262            getchar();
263
264            fgets((msg1.info).name, N, stdin);
265            (msg1.info).name[strlen((msg1.info).name) - 1] = '\0';
266
267            printf("请输入员工的工号 > ");
268            if(scanf("%d", &(msg1.info.job_num)) == 0){
269                msg1.info.job_num = 0;
270            }
271            /*设置操作模式为查询模式*/
272            msg1.type = READ;
273            /*执行查询操作，传入待查询员工的确认信息*/
274            judgment(&msg1, &user1);
275            /*判断操作是否执行成功*/
276            if(msg1.sign == SUCCESS){
277                printf("姓名:%s\n", msg1.info.name);
278                printf("性别:%s\n", msg1.info.sex);
279                printf("员工所属部门:%s\n", msg1.info.addr);
280                printf("职务:%s\n", msg1.info.post);
281                printf("入职时间:%s\n", msg1.info.time);
282                printf("员工工号:%d\n", msg1.info.job_num);
283                printf("学历:%s\n", msg1.info.edu);
284                printf("工资:%d\n", msg1.info.salary);
285                printf("用户类型:%d\n", msg1.info.type);
286                printf("电话:%s\n", msg1.info.phone);
```

```
287                     printf("加班:%d\n", msg1.info.overtime);
288                     printf("请假:%d\n", msg1.info.rest);
289                 }
290                 else if(msg1.sign == FAILED){
291                     printf("%s\n", msg1.data);
292                     puts("员工信息不存在");
293                     continue;
294                 }
295                 break;
296             case 5:
297                 msg1.type = QUIT;
298                 exit(0);
299         }
300     }
301 /*跳转到普通操作界面*/
302 User:
303     while(1){
304         /*普通操作界面，采用循环，保证输入出错时，可以再次回到界面*/
305         puts("================================================");
306         puts("================================================");
307         puts("======               1.查询信息            ======");
308         puts("======               2.修改密码            ======");
309         puts("======               3.申请请假            ======");
310         puts("======               4.申请加班            ======");
311         puts("======               5.退出系统            ======");
312         puts("================================================");
313         puts("================================================");
314         printf("please input your command > "); /*输入对应的数字*/
315
316         int command;
317         char clear[N];
318         MSG msg2;
319         USER user2;
320         /*读取终端输入的命令*/
321         if(scanf("%d", &command) == 0){
322             fgets(clear, N, stdin);        /*处理输入错误命令的情况*/
323             continue;
324         }
325         switch(command){
326             case 1:
327                 /*查询员工自己的信息，输入确认信息*/
328                 printf("请输入您的姓名 > ");
329                 getchar();
330                 fgets((msg2.info).name, N, stdin);
331                 (msg2.info).name[strlen((msg2.info).name) - 1] = '\0';
332                 /*登录时的工号作为确认信息*/
333                 msg2.info.job_num = user.job_num;
334                 /*设置操作模式为查询模式*/
335                 msg2.type = READ;
336                 /*执行操作，传入确认信息*/
337                 judgment(&msg2, &user2);
338
```

```
339                /*输出用户自己的信息*/
340                printf("姓名:%s\n", msg2.info.name);
341                printf("性别:%s\n", msg2.info.sex);
342                printf("员工所属部门:%s\n", msg2.info.addr);
343                printf("职务:%s\n", msg2.info.post);
344                printf("入职时间:%s\n", msg2.info.time);
345                printf("员工工号:%d\n", msg2.info.job_num);
346                printf("学历:%s\n", msg2.info.edu);
347                printf("工资:%d\n", msg2.info.salary);
348                printf("用户类型:%d\n", msg2.info.type);
349                printf("电话:%s\n", msg2.info.phone);
350                printf("加班:%d\n", msg2.info.overtime);
351                printf("请假:%d\n", msg2.info.rest);
352                break;
353            case 2:
354                /*修改密码，输入已经确认的信息*/
355                user2.job_num = user.job_num;
356                user2.type = STAFF;
357
358                printf("请输入您的姓名 > ");
359                getchar();
360                fgets(user2.name, N, stdin);
361                user2.name[strlen(user2.name) - 1] = '\0';
362
363                printf("请输入新的登录密码 > ");
364                fgets(user2.passwd, N, stdin);
365                user2.passwd[strlen(user2.passwd) - 1] = '\0';
366                /*设置操作模式为修改密码模式*/
367                msg2.type = MODIFY;
368                /*执行操作，传入确认的信息以及新的密码信息*/
369                judgment(&msg2, &user2);
370                /*判断是否执行成功*/
371                if(msg2.sign == SUCCESS){
372                    puts("修改密码成功");
373                }
374                else if(msg2.sign == FAILED){
375                    printf("%s\n", msg2.data);
376                    puts("修改密码失败");
377                    continue;
378                }
379                break;
380            case 3:
381                /*申请请假，输入确认信息*/
382                msg2.info.job_num = user.job_num;
383                printf("请输入您的姓名 > ");
384                getchar();
385                fgets(msg2.info.name, N, stdin);
386                msg2.info.name[strlen(msg2.info.name) - 1] = '\0';
387                /*设置操作模式为请假模式*/
388                msg2.type = RT;
```

```
389              /*执行操作, 传入确认信息*/
390              judgment(&msg2, &user2);
391              /*判断操作是否成功*/
392              if(msg2.sign == SUCCESS){
393                  printf("%s\n", msg2.data);
394                  puts("请假申请成功");
395              }
396              else if(msg2.sign == FAILED){
397                  printf("%s\n", msg2.data);
398                  puts("请假申请失败");
399                  continue;
400              }
401              break;
402          case 4:
403              /*加班申请, 输入确认信息*/
404              msg2.info.job_num = user.job_num;
405              printf("请输入您的姓名 > ");
406              getchar();
407              fgets(msg2.info.name, N, stdin);
408              msg2.info.name[strlen(msg2.info.name) - 1] = '\0';
409              /*设置操作模式为加班模式*/
410              msg2.type = OT;
411              /*执行操作, 传入确认的信息*/
412              judgment(&msg2, &user2);
413              /*判断操作是否成功*/
414              if(msg2.sign == SUCCESS){
415                  printf("%s\n", msg2.data);
416                  puts("加班申请成功");
417              }
418              else if(msg2.sign == FAILED){
419                  printf("%s\n", msg2.data);
420                  puts("加班申请失败");
421                  continue;
422              }
423              break;
424          case 5:
425              msg2.type = QUIT;
426              exit(0);
427          }
428      }
429      return;
430  }
```

上述代码根据用户登录后的选择执行不同的功能，执行操作由传入的宏进行确认，并通过 judgment()函数完成具体的操作。因此在此部分代码中，judgment()为核心函数。

3. 控制实现

实现操作控制的函数为 judgment()，该函数通过 switch 语句对用户的不同请求做出响应。具体代码如例 9-4 所示。

例 9-4　操作控制。

```
1    /*实现操作控制*/
2    int judgment(MSG *msg, USER *user){
3        switch(msg->type){
4            case READ:                      /*查询员工信息*/
5                FindMsg(msg);               /*查询员工详细信息*/
6                break;
7            case CHANGE:                     /*修改员工信息*/
8                DelUser(msg, user);         /*删除员工登录信息*/
9                DelMsg(msg);                /*删除员工详细信息*/
10               AddUser(msg, user);         /*增加员工登录信息*/
11               AddMsg(msg);                /*增加员工详细信息*/
12               break;
13           case ADD:                        /*添加员工信息*/
14               AddUser(msg, user);         /*增加员工登录信息*/
15               AddMsg(msg);                /*增加员工详细信息*/
16               break;
17           case DELETE:                     /*删除员工信息*/
18               DelUser(msg, user);         /*删除员工登录信息*/
19               DelMsg(msg);                /*删除员工详细信息*/
20               break;
21           case LOAD:                       /*员工登录*/
22               FindUser(msg, user);        /*查询员工登录信息*/
23               break;
24           case MODIFY:                     /*修改密码*/
25               DelUser(msg, user);         /*删除员工登录信息*/
26               AddUser(msg, user);         /*增加员工登录信息*/
27               break;
28           case RT:                         /*申请请假*/
29               rest(msg);                  /*执行请假操作*/
30               break;
31           case OT:                         /*申请加班*/
32               overtime(msg);              /*执行加班操作*/
33               break;
34           default:
35               break;
36       }
37       return 0;
38   }
```

例 9-4 中，执行修改操作的原理是将旧的信息删除，再增加新的信息。函数 judgment()可以根据用户的不同选择，跳转到不同的函数执行具体的操作。

4. 功能实现

judgment()函数中有很多具体的操作子函数,接下来对这些函数(函数的参数都是通过 judgment()函数传入)进行分析。

例 9-5 查询员工登录信息。

```
1    /*查询员工登录信息，用于员工登录*/
2    void FindUser(MSG *msg, USER *user){
3        FILE *fp;
4        int flag = 0;
5        /*打开存放登录信息的文件*/
6        if((fp = fopen("./user.dat", "rb")) == NULL){
7            msg->sign = FAILED;
8            strcpy(msg->data, "no file");
9            return;
10       }
11
12       USER user_temp;
13
14       /*读取文件中的信息，将结构体 USER 中的信息依次取出，保存至 user_temp 中*/
15       while(fread(&user_temp, sizeof(USER), 1, fp) != 0){
16           /*将文件中读取出的结构体信息中的工号与登录请求的
17            *结构体中的工号进行对比，判断是否有一致的工号
18            */
19           if(user_temp.job_num == user->job_num){
20               /*如果工号一致，则继续判断登录密码，strcmp()判断字符串是否相同*/
21               if(strcmp(user_temp.passwd, user->passwd) == 0){
22                   /*满足以上条件，则判断登录成功，设置对应的标志位*/
23                   /*将读取出的登录信息赋值给传入的 user 指针，便于返回时判断员工类型*/
24                   *user = user_temp;
25                   flag = 1;
26                   msg->sign = SUCCESS;  /*设置标志，表示操作成功*/
27                   strcpy(msg->data, "all is right");
28                   return;
29               }
30           }
31       }
32       /*如果 flag 没有变化，说明未找到匹配信息，设置对应的标志位*/
33       if(flag == 0){
34           msg->sign = FAILED;
35           strcpy(msg->data, "find user failed\n");
36           return;
37       }
38
39       fclose(fp);
40   }
```

例 9-5 中，函数的功能为查询员工的登录信息，核心操作为读取写入登录文件的信息，并将其与传入的确认信息进行对比，判断是否匹配。如果匹配则将读取出的信息赋值给从函数参数传入的结构体，用于函数返回时获取操作结果。

例 9-6 查询员工详细信息。

```
1    /*实现查询员工信息，用于输出员工详细信息*/
2    void FindMsg(MSG *msg){
```

```
3        INFO info_temp;
4        int flag = 0;
5        FILE *fp;
6
7        /*读取存储员工详细信息的文件*/
8        if((fp = fopen("./info.dat", "rb")) == NULL){
9            msg->sign = FAILED;
10           strcpy(msg->data, "no file");
11           return;
12       }
13
14       if(strcmp(msg->info.name, "NULL") != 0){
15           /*从文件中依次读取描述员工详细信息*/
16           while(fread(&info_temp, sizeof(INFO), 1, fp) != 0){
17               /*判断需要查询的员工姓名与从文件中读取的是否一致*/
18               if(strcmp(info_temp.name, msg->info.name) == 0){
19                   /*如果名字相同，则判断其工号，避免员工名字相同，查询出错*/
20                   if((msg->info.job_num != 0) && (msg->info.job_num ==
info_temp.job_num)){
21                       /*将读取的详细信息赋值给从参数传入的msg*/
22                       msg->info = info_temp;
23                       msg->sign = SUCCESS;
24                       strcpy(msg->data, "find it");
25                       flag = 1;
26                       return;
27                   }
28               }
29               else{
30                   continue;
31               }
32           }
33           if(flag == 0){
34               msg->sign = FAILED;
35               strcpy(msg->data, "no find");
36               return;
37           }
38       }
39       fclose(fp);
40   }
```

例 9-6 中，函数的功能为查询员工的详细信息，核心操作为读取存储员工详细信息的文件，并将传入的确认信息（姓名与工号）与读取的信息进行对比，如果匹配则将读取的信息赋值给从参数传入的结构体，用于函数返回时输出用户的详细信息。

例 9-7 增加员工登录信息。

```
1    /*增加员工时，增加员工的登录信息*/
2    void AddUser(MSG *msg, USER *user){
3        FILE *fp;
4
5        /*打开存放用户登录信息的文件*/
6        if((fp = fopen("./user.dat", "ab")) == NULL){
7            msg->sign = FAILED;
```

```
8          strcpy(msg->data, "no file");
9          return;
10     }
11     /*写入新用户的登录信息*/
12     fwrite(user, sizeof(USER), 1, fp);
13
14     /*写入成功，发送写入成功标志*/
15     msg->sign = SUCCESS;
16     strcpy(msg->data, "add user ok\n");
17
18     fclose(fp);
19 }
```

例 9-7 中，函数的功能为增加员工的登录信息，核心操作为将传入的结构体变量 user 写入存放登录信息的文件。

例 9-8　增加员工详细信息。

```
1  /*增加员工时，增加员工的详细信息*/
2  void AddMsg(MSG *msg){
3      FILE *fp;
4
5      /*打开用于存储员工详细信息的文件*/
6      if((fp = fopen("./info.dat", "ab")) == NULL){
7          msg->sign = FAILED;
8          strcpy(msg->data, "no file");
9          return;
10     }
11
12     /*将新员工的详细信息写入文件保存*/
13     fwrite(&(msg->info), sizeof(INFO), 1, fp);
14
15     /*写入成功，设置对应的标志位*/
16     msg->sign = SUCCESS;
17     strcpy(msg->data, "write info ok\n");
18
19     fclose(fp);
20 }
```

例 9-8 中，函数的功能为增加员工的详细信息，核心操作为将传入的结构体变量 info 写入存放员工详细信息的文件。

例 9-9　删除员工登录信息。

```
1  /*删除员工时，删除员工的登录信息*/
2  void DelUser(MSG *msg, USER *user){
3      FILE *fp;
4      /*定义队列*/
5      typedef struct node{
6          USER user_temp;     /*结点数据为 USER 结构体*/
7          struct node *next; /*指向下一个结点*/
8      }linknode_t;
```

```
9
10      typedef struct{
11          /*指向队列头结点与尾结点的指针*/
12          linknode_t *front;
13          linknode_t *rear;
14      }linkqueue_t;
15
16
17      /*使用malloc()函数为指向对队列头尾结点的指针所在的结构体申请内存空间*/
18      linkqueue_t *lq = (linkqueue_t *)malloc(sizeof(linkqueue_t));
19      /*使用malloc()函数为队列头结点申请内存空间*/
20      /*将front指针与rear指针指向队列的头结点*/
21      lq->front = lq->rear = (linknode_t *)malloc(sizeof(linknode_t));
22      /*将头结点中的指针指向NULL,表示此时没有其他结点*/
23      lq->front->next = NULL;
24
25      /*打开存放员工登录信息的文件*/
26      if((fp = fopen("./user.dat", "rb")) == NULL){
27          msg->sign = FAILED;
28          strcpy(msg->data, "no file");
29          return;
30      }
31      /*通过循环依次读取文件中的员工信息*/
32      while(1){
33          linknode_t *temp;
34          /*使用malloc()函数为结点申请内存空间*/
35          temp = (linknode_t *)malloc(sizeof(linknode_t));
36
37          /*将文件中所有的员工登录信息全部取出,保存到队列中,队列中的结点为user*/
38          if(fread(&(temp->user_temp), sizeof(USER), 1, fp) != 0){
39              temp->next = NULL;
40              lq->rear->next = temp;   /*入队,将新结点加到队列尾部*/
41              lq->rear = temp;         /*移动rear指针,指向新加入的结点*/
42          }
43          else{
44              break;
45          }
46      }
47      fclose(fp);
48
49      /*重新打开文件,并清空文件中原有的数据*/
50      if((fp = fopen("./user.dat", "wb")) == NULL){
51          msg->sign = FAILED;
52          strcpy(msg->data, "no file");
53          return;
54      }
55      /*循环操作,将登录信息依次重新写入文件*/
56      while(1){
57          if(lq->front == lq->rear){
58              break;
59          }
60          /*从头结点开始读取队列中的结点,包括头结点*/
```

```
61        linknode_t *tp = (linknode_t *)malloc(sizeof(linknode_t));
62
63        tp = lq->front;   /*获取结点*/
64        lq->front = lq->front->next; /*移动 front 指针到下一个结点*/
65        /*判断队列中存储的登录信息（工号）与参数传入的确认信息是否匹配
66         *如果不匹配，则将该结点存储的登录信息重新写入文件
67         *如果匹配，则不写入，从而导致员工登录信息在文件中被删除
68         */
69        if(user->job_num != tp->user_temp.job_num){
70            fwrite(&(tp->user_temp), sizeof(USER), 1, fp);
71            free(tp);         /*释放结点占用的内存空间*/
72            tp = NULL;        /*避免出现野指针*/
73        }
74        else{
75            continue;
76        }
77    }
78
79    /*操作完成后，设置对应的标志位*/
80    msg->sign = SUCCESS;
81    strcpy(msg->data, "delete user ok\n");
82
83    fclose(fp);
84    free(lq);
85    lq = NULL;
86 }
```

例 9-9 中，函数的功能为删除员工的登录信息，即删除登录文件中员工的记录。核心操作为使用队列完成数据的传递，且在传递过程中完成数据的删除。

例 9-10　删除员工详细信息。

```
1    /*删除员工的详细信息，其原理与删除登录信息一致*/
2    void DelMsg(MSG *msg){
3        FILE *fp;
4        /*定义队列*/
5        typedef struct node{
6            INFO info_temp;    /*结点数据为 INFO 结构体*/
7            struct node *next; /*指向下一个结点*/
8        }linknode_t;
9        /*指向队列头结点与尾结点的指针*/
10       typedef struct{
11           linknode_t *front;
12           linknode_t *rear;
13       }linkqueue_t;
14
15       linkqueue_t *lq;
16
17       /*使用 malloc()函数为指向对队列头尾结点的指针所在的结构体申请内存空间*/
18       lq = (linkqueue_t *)malloc(sizeof(linkqueue_t));
19       /*使用 malloc()函数为队列头结点申请内存空间*/
```

```
20       /*将 front 指针与 rear 指针指向头结点*/
21       lq->front = lq->rear = (linknode_t *)malloc(sizeof(linknode_t));
22       /*将头结点中的指针指向 NULL，表示此时没有其他结点*/
23       lq->front->next = NULL;
24
25       /*打开用于存储员工详细信息的文件*/
26       if((fp = fopen("./info.dat", "rb")) == NULL){
27           msg->sign = FAILED;
28           strcpy(msg->data, "no file");
29           return;
30       }
31
32       while(1){
33           linknode_t *temp;
34           /*使用 malloc()函数为结点申请内存空间*/
35           temp = (linknode_t *)malloc(sizeof(linknode_t));
36           /*将存储用户详细信息的结构体从文件中读出，并保存在队列中*/
37           if(fread(&(temp->info_temp), sizeof(INFO), 1, fp) != 0){
38               temp->next = NULL;
39               lq->rear->next = temp;    /*入队，将新结点加到队列尾部*/
40               lq->rear = temp;          /*移动 rear 指针，指向新加入的结点*/
41           }
42           else{
43               break;
44           }
45       }
46       fclose(fp);
47       /*重新打开文件*/
48       if((fp = fopen("./info.dat", "wb")) == NULL){
49           msg->sign = FAILED;
50           strcpy(msg->data, "no file");
51           return;
52       }
53       while(1){
54           if(lq->front == lq->rear){
55               break;
56           }
57           /*从头结点开始，包括头结点*/
58           linknode_t *tp = (linknode_t *)malloc(sizeof(linknode_t));
59
60           tp = lq->front;    /*获取队列结点*/
61           lq->front = lq->front->next; /*移动 front 指针到下一个结点*/
62           /*判断工号，如果队列中的结构体信息与传入的确认信息匹配则不写入文件*/
63           if(msg->info.job_num != tp->info_temp.job_num){
64               fwrite(&(tp->info_temp), sizeof(INFO), 1, fp);
65               free(tp);       /*释放结点的内存空间*/
66               tp = NULL;      /*避免出现野指针*/
67           }
68           else{
69               continue;
70           }
```

269

```
71          }
72      msg->sign = SUCCESS;
73      strcpy(msg->data, "delete info ok\n");
74
75      fclose(fp);
76      free(lq);
77      lq = NULL;
78  }
```

例 9-10 中，删除员工的详细信息与删除登录信息的原理是一致的，只是操作的结构体与文件不同。

例 9-11 员工申请请假。

```
1   /*申请请假*/
2   void rest(MSG *msg){
3       FILE *fp;
4       /*定义队列*/
5       typedef struct node{
6           INFO info_temp;     /*结点数据为 INFO 结构体*/
7           struct node *next; /*指向下一个结点*/
8       }linknode_t;
9       /*指向队列头结点与尾结点的指针*/
10      typedef struct{
11          linknode_t *front;
12          linknode_t *rear;
13      }linkqueue_t;
14
15      linkqueue_t *lq;
16
17      /*使用 malloc()函数为指向对队列头尾结点的指针所在的结构体申请内存空间*/
18      lq = (linkqueue_t *)malloc(sizeof(linkqueue_t));
19      /*使用 malloc()函数为队列头结点申请内存空间*/
20      /*将 front 指针与 rear 指针指向头结点*/
21      lq->front = lq->rear = (linknode_t *)malloc(sizeof(linknode_t));
22      /*将头结点中的指针指向 NULL，表示此时没有其他结点*/
23      lq->front->next = NULL;
24
25       /*打开用于存储用户详细信息的文件*/
26      if((fp = fopen("./info.dat", "rb")) == NULL){
27          msg->sign = FAILED;
28          strcpy(msg->data, "no file");
29          return;
30      }
31
32      while(1){
33          linknode_t *temp;
34          /*使用 malloc()函数为结点申请内存空间*/
35          temp = (linknode_t *)malloc(sizeof(linknode_t));
36          /*将存储用户详细信息的结构体从文件中读出，并保存在链表中*/
37          if(fread(&(temp->info_temp), sizeof(INFO), 1, fp) != 0){
```

```
38              temp->next = NULL;
39              lq->rear->next = temp;    /*入队，将新结点加到队列尾部*/
40              lq->rear = temp;          /*移动 rear 指针，指向新加入的结点*/
41          }
42          else{
43              break;
44          }
45      }
46      fclose(fp);
47      /*重新打开文件*/
48      if((fp = fopen("./info.dat", "wb")) == NULL){
49          msg->sign = FAILED;
50          strcpy(msg->data, "no file");
51          return;
52      }
53      while(1){
54          /*队列中的结点读取完后，结束读取*/
55          if(lq->front == NULL){
56              break;
57          }
58          /*从头结点开始，包括头结点*/
59          linknode_t *tp = (linknode_t *)malloc(sizeof(linknode_t));
60
61          tp = lq->front;    /*获取结点*/
62          lq->front = lq->front->next; /*移动 front 指针到下一个结点*/
63          /*如果不匹配则将队列中的信息再次写入文件*/
64          if(msg->info.job_num != tp->info_temp.job_num){
65              fwrite(&(tp->info_temp), sizeof(INFO), 1, fp);
66              free(tp);       /*释放结点的内存空间*/
67              tp = NULL;      /*避免出现野指针*/
68          }
69          else{
70              /*如果匹配，则对指定的信息修改请假参数，然后将信息再写入文件*/
71              tp->info_temp.rest = tp->info_temp.rest + 1;
72              fwrite(&(tp->info_temp), sizeof(INFO), 1, fp);
73              free(tp);
74              tp = NULL;
75          }
76      }
77      msg->sign = SUCCESS;
78      strcpy(msg->data, "Successful application\n");
79      fclose(fp);
80      free(lq);
81      lq = NULL;
82  }
```

例 9-11 中，函数的功能为申请请假，即修改申请人的请假参数。核心操作与删除员工信息类似，同样使用队列传递数据，不同的是在该函数中，如果从文件中找到匹配的信息，不执行跳过处理，而是修改参数后，再将信息重新写入文件。

例 9-12   员工申请加班。

```
1    /*申请加班*/
2    void overtime(MSG *msg){
3        FILE *fp;
4        /*定义队列*/
5        typedef struct node{
6            INFO info_temp;      /*结点数据为 INFO 结构体*/
7            struct node *next;  /*指向下一个结点*/
8        }linknode_t;
9
10       typedef struct{
11           linknode_t *front;  /*指向队列头结点与尾结点的指针*/
12           linknode_t *rear;
13       }linkqueue_t;
14
15       linkqueue_t *lq;
16
17       /*使用 malloc()函数为指向对队列头尾结点的指针所在的结构体申请内存空间*/
18       lq = (linkqueue_t *)malloc(sizeof(linkqueue_t));
19       /*使用 malloc()函数为队列头结点申请内存空间*/
20       /*将 front 指针与 rear 指针指向头结点*/
21       lq->front = lq->rear = (linknode_t *)malloc(sizeof(linknode_t));
22       /*将头结点中的指针指向 NULL，表示此时没有其他结点*/
23       lq->front->next = NULL;
24
25       /*打开用于存储用户详细信息的文件*/
26       if((fp = fopen("./info.dat", "rb")) == NULL){
27           msg->sign = FAILED;
28           strcpy(msg->data, "no file");
29           return;
30       }
31
32       while(1){
33           linknode_t *temp;
34           /*使用 malloc()函数为结点申请内存空间*/
35           temp = (linknode_t *)malloc(sizeof(linknode_t));
36           /*将存储用户详细信息的结构体从文件中读出，并保存在队列中*/
37           if(fread(&(temp->info_temp), sizeof(INFO), 1, fp) != 0){
38               temp->next = NULL;
39               lq->rear->next = temp;   /*入队，将新结点加到队列尾部*/
40               lq->rear = temp;           /*移动 rear 指针，指向新加入的结点*/
41           }
42           else{
43               break;
44           }
45       }
46       fclose(fp);
47
48       /*重新打开文件*/
49       if((fp = fopen("./info.dat", "wb")) == NULL){
50           msg->sign = FAILED;
```

```
51          strcpy(msg->data, "no file");
52          return;
53      }
54      while(1){
55          if(lq->front == NULL){
56              break;
57          }
58          /*从头结点开始，包括头结点*/
59          linknode_t *tp = (linknode_t *)malloc(sizeof(linknode_t));
60
61          tp = lq->front;    /*获取结点*/
62          lq->front = lq->front->next; /*移动 front 指针到下一个结点*/
63          /*如果不匹配，重新将信息写入文件*/
64          if(msg->info.job_num != tp->info_temp.job_num){
65              fwrite(&(tp->info_temp), sizeof(INFO), 1, fp);
66              free(tp);        /*释放结点的内存空间*/
67              tp = NULL;       /*避免出现野指针*/
68          }
69          else{
70              /*如果匹配，修改参数，再将信息写入文件*/
71              tp->info_temp.overtime = tp->info_temp.overtime + 1;
72              fwrite(&(tp->info_temp), sizeof(INFO), 1, fp);
73              free(tp);
74              tp = NULL;
75          }
76      }
77      msg->sign = SUCCESS;
78      strcpy(msg->data, "Successful application\n");
79      fclose(fp);
80      free(lq);
81      lq = NULL;
82  }
```

例 9-12 中，函数的功能为申请加班，即修改申请人的加班参数。核心操作与删除员工信息类似，同样使用队列传递数据，不同的是在该函数中，如果从文件中找到匹配的信息，不执行跳过处理，而是修改参数后，再将信息重新写入文件。

9.2.3 系统展示

将 9.2.2 小节展示的代码整合为一个文件，并执行编译，运行结果如下所示。

1. HR 管理人员登录

第一次登录需要由 HR 管理人员完成，登录后的界面如图 9.13 所示。

HR 管理人员的工号（账号）为 10001，密码为 123，登录成功后，进入 HR 操作界面。

2. 添加新员工信息

在 HR 操作界面选择"添加新员工信息"，按照提示输入员工的信息，如图 9.14 所示。

3. 删除员工信息

当员工离职后，需要将该员工从系统中删除，删除员工在管理员操作界面进行，如图 9.15 所示。

选择删除员工信息，当输入员工的姓名与工号后，员工成功删除。

4. 修改员工信息

如果系统中某个员工的信息需要修改，则可以进行修改操作。在 HR 操作界面选择"修改员工信息"，如图 9.16 所示。

图 9.13　HR 管理人员登录

图 9.14　添加新员工信息

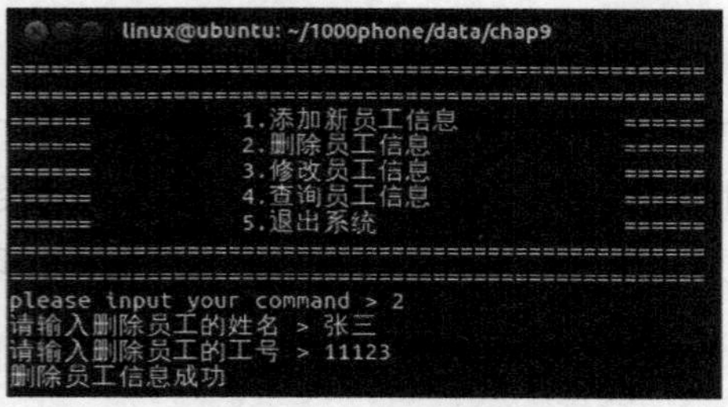

图 9.15　删除员工信息

图 9.16　修改员工信息

修改员工信息需要输入员工的姓名与工号进行确认，系统将提示用户重新输入。

5. 查询员工信息

如果系统中有员工信息，则可以随时进行查询。在 HR 操作界面选择"查询员工信息"，如图 9.17 所示。

选择"查询员工信息"后，只需要输入员工的姓名与工号，系统即可输出该员工的详细信息。

6. 普通员工登录

如果员工的信息已经添加到系统中，则可进行系统登录，如图 9.18 所示。

输入新添加员工的工号与密码即可登录，登录后进入普通操作界面。

7. 查询信息

普通员工进入操作界面后，可以查询自己的信息。在操作界面选择"查询信息"，如图 9.19 所示。在查询自己的信息时，只需要输入名字即可，系统将显示员工的详细信息。

8. 修改密码

普通员工在操作界面可进行密码修改操作，如图 9.20 所示。

图 9.17　查询员工信息

图 9.18　普通员工登录

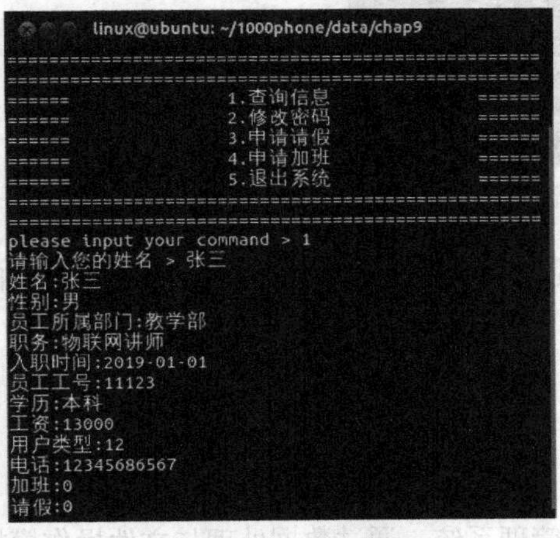

图 9.19　查询信息

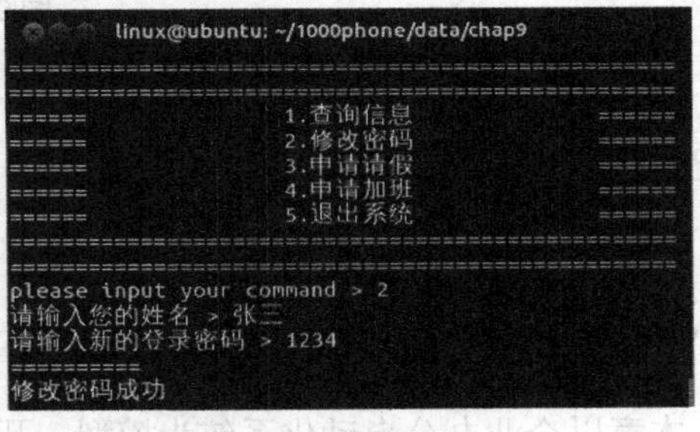

图 9.20　修改密码

选择"修改密码"后，需要输入自己的名字，再输入新的密码。

9. 申请请假

普通员工可在操作界面进行申请请假操作，如图 9.21 所示。

选择"申请请假"后，输入自己的名字，即可完成申请。

10. 申请加班

普通员工可在操作界面进行申请加班操作，如图 9.22 所示。

选择"申请加班"后，输入自己的名字，即可完成申请。

图 9.21　申请请假

图 9.22　申请加班

11.　查看申请记录

员工申请了请假或加班后，用户即可在普通操作界面或 HR 操作界面进行查询，如图 9.23 所示。

图 9.23　查看申请记录

在 HR 操作界面输入要查询的员工姓名与工号，可见在系统输出的详细信息中，加班与请假的记录已发生变化。

9.3　本章小结

本章以企业办公自动化系统为模型，开发企业员工管理系统，通过数据处理与文件操作模拟完成各种功能。数据操作是本项目案例的核心，其中比较重要的是数据在文件与队列间的传递。读者需要理解各种功能实现的原理，熟悉各种功能实现中涉及的数据处理。本章实现的项目功能有限，望读者可以在此基础上，学习更多技术知识，开发出更人性化的系统。

9.4　习题

（1）简述项目中实现删除员工信息的原理。

（2）画出项目中实现修改员工信息的操作简图。